JN415554

운전심리학
The Psychology of Driving

운전심리학

THE PSYCHOLOGY OF DRIVING

Graham Hole 지음 | 이재식 옮김

박학사

The Psychology of Driving

Authorized translation from the English language edition, entitled THE PSYCHOLOGY OF DRIVING, ISBN 0805844252 by Graham Hole, published by Lawrence Erlbaum Associates, Inc., Copyright © 2007

All rights reserved. No part of this book may be reproduced in any form, by photostat, microform, retrieval system, or any other menas, without prior written permission of the publisher.

KOREAN translation Copyright © 2009 by PAK HAK SA
All rights reserved.
Authorized translation from English language edition published by Lawrence Erlbaum Associates, Inc., part of Tayor & Francis Group LLC through Agency One Korea, Seoul.

Printed in Seoul, KOREA

ISBN 978-89-91633-64-3

이 책의 한국어판 저작권은 에이전시 원을 통해 저자와의 독점 계약으로 도서출판 **박학사**에 있습니다. 저작권에 의해 한국 내에서 보호를 받는 저작물이므로 무단전재와 무단복사를 금합니다.

역자 서문

흔하게 경험하는 것은 실제보다 위험하지 않은 것처럼 보인다. 운전이 이제 일상의 일이 되었다는 말은 새삼스러운 표현이고, 교통사고 사망자가 매년 몇 명인지에 대한 것은 어떤 사람들에게는 남의 이야기처럼 들릴 수도 있을 것이다. 그러나 교통사고 사망은 우리나라 인구의 주된 사망 원인 중 하나이다. 1970년에 교통사고 사망자는 약 3,000명 정도였지만, 1991년에는 13,000명 이상이 교통사고로 사망하였다. 지금은 교통사고 사망자 수가 대략 6,000명 정도이다. 교통사고 사망자 수가 가장 많았던 1991년에 비해 지금은 많이 감소한 것이 사실이지만, 절대적 수치에서 보더라도 교통사고로 인한 사망자의 수는 여전히 우리 사회에 심각한 문제를 던져주고 있다.

이 때문에 교통사고를 줄이기 위한 노력이 여러 방면에서 진행되고 있다. 자동차와 도로를 좀 더 안전하게 만들고자 할 뿐만 아니라, 각종 교통법규를 시행하여 위험한 교통행동을 규제하고 있다. 그러나 대부분의 교통사고가 운전자의 잘못에 의해 발생한다는 점을 감안하면, 교통사고를 줄이기 위한 노력의 초점이 운전자에 맞춰져야 한다는 것은 당연할 수 있다.

외국의 경우 방대한 운전-관련 심리학 연구 자료들이 말해주듯이 심리학에 기반하여 운전행동을 이해하고 안전한 운전을 하려는 노력이 많이 있었다. 그러나 우리나라에서 운전자 행동을 심리학적 관점에서 분석하고 이해하며 나아가 교통사고를 줄이기 위한 방안을 제시하기 위해 수행된 연구는 비교적 소수의 심리학자들에 의해 부분적으로 수행된 것으로 보인다. 우리나라에서 운전과 관련하여 심리학자가 저술한 최초의 저서는 서울대학교 심리학과 조대경 교수의 "사람과 자동차"(서울대학교출판부, 1994)였다. 이후 발간된 충북대학교 이순철 교수의 "교통심리학"(학지사, 1999년)은 교통심리학의 연구방법, 운전자의 행동특성, 교통환경의 영향, 그리고 교통사고 등을 포함한 다양한 주제들을 체계적이고 심층적으로 이해할 수 있게 해 주었다.

이 책은 Graham Hole의 "The Psychology of Driving"을 번역한 것이다. 위에서 소개한 두 저서 이외에 우리나라에 운전행동을 심리학적 관점에서 심층적으로 이해할 수 있도록 저술된 참고문헌이 많지 않다는 것과, 이 책이 운전행동과 관련된 여러 측면들을 포괄적이고 자세하게 다루어 운전자의 심리적 특성에 관심이 있는 독자들에게 많은 도움이 될 수 있겠다는 생각이 들어 번역을 결심하였다. 이 책은 학부나 대학원에서 운전자의 행동과 심리적 특성에 대해 공부하는 학생들을 포함하여 이 영역에 대해 관심을 갖고 있는 많은 독자들에게 도움이 될 수 있을 것이다.

책이 출간되는데 지원을 아끼지 않은 박학사의 구본하 사장님께 감사드린다. 또한 1차 교정을 위해 수고해 준 조가희와 이영희에게 감사한다. 특히 2차 교정뿐만 아니라 독자의 입장에서 이 책의 문장이 좀 더 쉽게 이해되고 어색하지 않도록 꼼꼼하고 예리하게 지적해 준 주미정 선생님에게 그동안의 성실함과 노고에 고마움을 표한다.

2009년

이재식

저자 서문

아마도 미래 세대는 자동차가 등장한 지 한 세기 정도를 뒤돌아보면서 교통사고로 인해 사람이 죽고 자동차가 망가지는 것에 대해 우리 사회가 왜 그렇게 둔감했는지 의아해할지도 모른다. 이 책을 쓸 당시 미국과 영국 정부는 테러 위험에 대해 거의 피해망상에 가까운 공포에 휩싸여 있었다. 2003년 한 해에만 영국에서는 자동차 사고로 인해 3,508명이 사망하였고, 34,000명이 중상을 입었다(Department for Transport statistics for Great Britain, 2004). 같은 해 미국에서도 자동차 사고로 42,643명이 사망하였고, 2,888,601명이 중상을 당하였다(U.S. Highway Traffic Safety Administration, 2003). 선진국에서의 자동차 사고는 젊은층 사망의 주된 원인이다.

이러한 통계치들은 분명 실망스러운 것이다. 그러나 좀 더 긍정적인 측면으로 말하면 운전은 인간의 적응성을 보여주는 것이기도 하다. Rumar(1990)가 지적하였듯이 인간은 사바나 평원을 시속 8~15km 정도의 속도로 돌아다닐 수 있게 진화된 유인원이다. 그러나 21세기가 시작된 지금 우리는 산업화된 세계의 꽉 막힌 도로에서 자동차를 이보다 훨씬 더 빠른 속도로 운전하고 있다. 그것도 다른 자동차 혹은 장애물과 충돌하지 않고 말이다. 이 책의 주된 목적은 운전자들의 이러한 놀라운 능력을 이해하는 데 심리학이 어떻게 공헌할 수 있는지를 보여주는 것이다. 또한 왜 가끔 엄청난 사고가 발생하는지 설명하는 것이다.

저자는 이 책의 독자들을 서로 다른 두 독자층, 즉 학생과 전문적 사고 조사관을 염두에 두고 있다(물론 이 외에 다른 독자들도 이 책을 읽는다면 저자는 매우 행복할 것이다!). 심리학과 학생들에게는 심리학이 실세계의 문제 해결에 적격이라는 것을 보여주고 싶다. 저자는 수년간 응용심리학의 마지막 학년 과목을 강의했다. 많은 학생이 심리학의 실용적 적용을 공부하는 것이 이전에 배웠던 약간 추상적이고 난해했던 심리학 연구들의 가치를 이해하는 데 도움이 됐다고 말하였다. 이 책을 통해 저자는 많은 학생이 지각, 주의, 노화 혹은 추론 등과 같은 주제에 대한 심리학적 이론이나 연구 사례들이 실생활에서의 인간 행동을 이해하는 데 얼마나 유용하고 적절하게 적용될 수 있는지 배우기를 바란다.

그러나 이 책을 저술하기로 마음먹은 더 중요한 동기는 일반인들은 말할 것도 없고 많은 사고 조사관이 심리학이 무엇인지, 그리고 운전에서 심리적 요인들이 어떤 역할을 하는지에 대해 잘 이해하지 못한다는 데 있다. 심리학은 인간 행동에 대한 학문이며, 이러한 인간 행동에는 운전도 포함된다. 응용적 장면에서 심리학은 인간과 작업환경 사이의 관계를 연구하는 인간 공학의 주요 부분이기도 하다.

이 책은 운전과 관련된 모든 심리학적 영역을 다루지는 않는다. 이 책의 대부분은 인지심리학, 특히 시지각(visual perception) 측면을 다루고 있다. 그 이유 중 하나는 저자의 전공이 이 영역이기 때문에, 책의 내용이 여기에 치우친 것은 어쩌면 불가피한 일이었다. 그러나 인간은 고도로 시각적인 동물이고 운전 역시 시각적 활동이 매우 중요하다는 것을 감안하면 이러한 편향을 그렇게 부정적으로만 볼 일은 아닌 것 같다. 시지각은 운전에서 가장 중요한 감각이다. 눈을 감고 차를 운전할 수 있겠는가? 지각 체계는 운전 이외의 다른 목적을 위해서도 진화되었기 때문에 지각 체계가 갖는 한계점들은 운전을 얼마나 잘할 수 있는지 혹은 때로 사고가 왜 발생하는지를 이해하는 데 중요한 시사점을 갖는다.

이 책의 나머지 부분에서는 운전에 영향을 미치는 다른 요인들, 특히 운전 중 휴대전화 사용과 같은 차 안에서의 주의분산, 피로, 약물(특히 알코올), 그리고 연령의 효과 등에 대해 살펴볼 것이다. 지각과 주의의 중요성을 강조한 다음, 많은 사고에서 볼 수 있는 사회심리학적 요인들의 중요성을 언급할 것이다. 사회심리학에서는 태도형성, 태도변화와 위험지각과 같은 주제를 다룬다. 이러한 주제들은 왜 운전자들(특히 젊은 운전자들)이 위험을 감수하고자 하는지, 그리고 운전자들로 하여금 좀 더 안전하게 운전하도록 어떻게 설득할 수 있는지에 대한 중요한 시사점을 제공한다. 다음 장들에서 언급하겠지만 이 문제들은 사회심리학에 대해 저자보다 더 전문적인 지식이 있는 사람의 다른 책들에서 더욱 심도 있게 다루어져야 할 것이다. 사고 조사관들이 심리학을 이해해야 하는 이유는 무엇인가? 먼저, 많은 사고 조사관이 사고의 원인을 소위 공학적 관점에서 보려는 경향이 있다. 경우에 따라서는 이것만으로도 충분할 수 있을 것이다. 그러나 운전자의 심리적 상태를 제대로 파악하지 못했을 때는 사고 발생 직전에 어떠한 일이 일어났는지 알아내기 어려운 경우가 많이 있다. 가상적인 사례를 하나 들어보자. 어떤 운전자가 굴곡이 심한 도로에서 사고를 일으켰다고 상상해 보라. 사고 조사관들은 물리학적 지식을 동원하여 얻을 수 있는 사고 증거를 수집하고자 할 것이다. 예를 들어 운전거리와 차가 미끄러진 흔적, 그리고 운전자의 차량이 충돌한 나무의 패인 정도 등을 통해 사고 당시 운전속도를 계산하고자 할 것이다. 차량의 타이어 상태나 도로 표면 상태, 그리고 날씨 조건 등도 모두 고려된다. 이러한 정보들은 사고 바로 직전에 어떠한 일이 발생했는지를 자세하게 재구성할 것이며, 저자는 이러한 종류의 분석이 갖는 중요성에 대해 이의를 제기할 생각은 전혀 없다. 그러나 운전자의 심리상태에 대한 정보는 처음에 왜 운전자가 굴곡이 심한 도로를 너무 빠르게 운전했는지를 설명하는 데 중요한 역할을 할 수 있다. 그 운전자는 주변 환경으로부터 제공되는 시각 단서들을 잘못 해석해서 굴곡이 매우 심하다는 것을 늦게까지 알아차리지 못했을 수 있다. 혹은 그 운전자는 이전에 그 도로를 빠른 속도로 운전해 본 경험이 있어서 같은 속도로 운전했지만 도로가 젖어 있을 경우 그 도로가 얼마나 위험한지 충분하게 인식하지 못했을 수도 있다(앞으로 살펴보겠지만 운전자들은 운전의 위험성을 제대로 평가하지 못한다). 또 다른 측면으로 사회심리학적 요인들이 기여했을 수 있다. 예를 들어 어떤 젊은 운전자는 같은 차에 타고 있던 친구들에게 자신이 굴곡 있는 도로를 얼마나 빠르게 운전할 수 있는지를 과시하고 싶어 했을 수도 있다.

운전행동을 이해하는 데 심리학이 가장 중요한 공헌을 할 수 있는 것은 심리학적 연구방법이고, 이것을 1장에서 자세하게 다룬 것도 이러한 이유 때문이다. 심리학자들은 인간이 어떻게 작동하는지에 대해서는 아직 많은 것을 밝혀내지 못했을 수 있지만, 인간의 작동 방식을 어떻게 연구해야 하는지에 대해서는 잘 이해하고 있다. 심리학자들이 받는 훈련의 대부분은 어떻게 실험을 설계하고 수행할 것인지, 그리고 얻어진 자료를 어떻게 분석하고 해석할 것인지를 배우는 데 할애된다. 심리학자들은 어떤 것을 단순히 믿기보다는 어떤 이론을 지지하거나 혹은 이론에 반하는 증거들을 가능한 객관적으로 평가하도록 훈련받는다. 운전과 관련된 주장들에는 구체적으로 입증되지 않은 것들이 많이 있다. 예를 들어 "운전자들은 교차로에서 오토바이를 잘 볼 수 없어서 오토바이와 자주 충돌한다", "노령 운전자들은 시력이 나쁘기 때문에 더 많은 사고에 휘말린다" 혹은 "운전 중 휴대전화를 사용하는 것은 위험한데 그 이유는 운전자들이 두 손으로 핸들을 잡지 않기 때문이다" 등의 주장이 그러한 것들이다. 앞으로 살펴보겠지만 이러한 주장들을 뒷받침할만한 증거는 거의 없다. 각각의 주장 속에 담겨 있는 진실들은 더 복잡하고, 더 많은 흥미를 유발한다. 그러나 저자가 우려하는 것은 정책 결정이 이러한 주장과 유사한 "직관적으로 그럴듯해 보이는" 것에 기반하여 이루어진다는 점이다. 일반인들이 알고 있는 심리학이나 상식에 기반하여 만들어진 정책은 실효성이 없는 정도로 끝나면 다행이다. 최악의 경우 그러한 정책은 사람들이 문제의 본질을 제대로 보지 못하게 하여 오히려 인명을 위협할 수도 있다.

심리학이 운전과 그렇게 밀접하게 관련된다면 심리학자가 아닌 사람들은 왜 그렇게 심리학에 대해 알지 못하는 것일까? 그 이유 중 하나는 대부분의 심리학 연구가 주로 이론적 관심에서 수행되기 때문에 연구 결과들이 실용적이지 못하거나 실제 세계에서 발생하는 문제들에 직접 적용하기 어렵기 때문일 것이다. 또 다른 문제는 운전 혹은 운전과 관련된 주제를 다룬 과학적 연구 문헌들은 엄청나지만 이들의 대부분은 학술적 전문용어나 통계방법으로 기술되기 때문에 비전문가들이 접하기 어렵다는 것이다. 따라서 이 책에서는 가급적 어려운 전문용어를 피함과 동시에 그렇다고 너무 통속적으로 쓰지 않도록 노력하였다. 아무리 복잡한 문제라 해도 충분한 시간을 갖고 열심히 노력한다면 설명하지 못할 것이 없다는 것이 저자의 굳은 신념이고, 이 책을 저술할 때 저자 역시 그렇게 했기를 진심으로 바란다.

이 책을 저술하는 동안 많은 분이 원고를 읽어 주었고, 도움이 되는 제안을 해 주었다. 저자는 건설적인 코멘트를 해 준 Gemma Briggs와 Donna Jessop에게 특히 감사한다. 또한 사진 자료를 준비하는 데 도움을 준 David와 1년 안에 마쳤어야 할 저술을 3년이나 기다려준 편집장 Emily Wilkinson의 인내와 지지에 대해 감사한다. 마지막으로 원고를 편집하는 데 도움을 준 Joy Simpson과 책이 완성될 때까지 저술 과정을 살펴 준 Nadine Simms에게도 감사한다.

목차

CHAPTER 1

운전행동 연구의 방법론적 문제

서론

운전심리학에 대한 연구 결과들을 논의하기 전에 이러한 결과들을 얻는 데 사용된 연구 방법이 갖는 한계점을 먼저 언급하는 것이 더 좋을 것 같다. 언론은 가끔 어떤 새로운 과학적 발견에 대해 두 전문가의 서로 상충되는 의견을 보도하곤 한다. 문제가 되는 주제에 대해 사람들이 잘 모르고 있다면 이러한 상충되는 의견이 나올 법도 하지만 이것은 매우 예외적인 경우이다. 그러나 과학이 현실적 문제에 적용되는 경우, 특히 사고 문제와 관련하여서는 접근하는 방법에 따라 상충되는 의견이 제시되는 경우가 많이 있다. 이 장에서는 운전연구에 사용되는 몇 가지 방법들을 개관할 것이다. 특히 각각의 방법이 갖는 한계점을 주의 깊게 고려하기 바란다.

사고 통계치

운전행동과 관련된 문제가 무엇인지 알아내기 위한 가장 분명한 방법 중 하나는 교통사고 통계치를 살펴보는 일이다. 예를 들어 운전 중 휴대전화를 사용하는 것과 관련된 문제를 고려해 보자. 4장에서도 언급되었듯이, 운전 중 휴대전화 사용은 사고 가능성을 증가시킨다는 주장이 제기되어 왔다. 이 주장이 맞는지 확인하려면 사고를 경험한 전체 운전자 중에서 사고 당시에 휴대전화를 사용한 사람의 비율이 얼마나 되는지 살펴보면 될 것이다. 그러나 이 문제가 실제로는 그렇게 간단한 것이 아니다. 아래에 열거한 것과 같은 다양한 이유로 교통사고 통계치는 해석하기 매우 어려운 경우가 종종 있다.

하나의 원인만으로 사고가 발생하는 경우는 거의 없다.

대부분의 사고는 하나의 원인만으로 발생하지 않는다. 그보다는 여러 요인이 복합적으로 작용하여 발생한다. 심리학적인 관점에서 본다면 이러한 문제 때문에 사고 자료가 복잡해지는 것이다. 가상적인 예로서 운전 중 휴대전화를 사용하다 발생한 두 건의 사망 사고를 생각해 보자. Jones씨는 운전 중에 거의 매일같이 휴대전화를 사용하지만 그는 앞차와의 안전거리를 유지하며 적당한 속도로 신중하게 운전하는 사람이었다. 어느 날, 그가 휴대전화를 사용하면서 운전하고 있을 때 다른 차량이 갑자기 끼어들었고, 이 때문에 브레이크를 급히 밟았다. 그 순간 그의 차 뒤를 바짝 따라오던 버스가 차 뒷부분을 받았고, Jones씨의 차는 통제력을 잃고 다른 차와 충돌하고 말았다. 한편, Smith씨는 앞차의 뒤에 바짝 붙어서 시속 약 160km의 속도로 운전하면서 휴대전화로 통화하고 있었다. 그때 앞차가 갑자기 감속하는 바람에 Smith씨는 앞차를 들이받았고, 이로 인해 그는 사망하였다. 이 두 사고는 모두 운전 중 휴대전화를 사용하던 상황에서 발생한 사고라고 할 수 있을 것이다. 그러나 두 사고의 근본 원인은 다르다. Smith씨 사고의 경우는 그가 운전 중에 휴대전화를 사용했기 때문에 사고가 발생하였다기보다는 그의 조급함이나 전반적인 운전미숙이 더 큰 원인이었을 것이다. 반면, Jones씨는 비록 운전 중 휴대전화 사용이 사고가 발생하는 상황에서 차량을 통제할 수 있는 능력을 어느 정도 감소시켰다고 할 수도 있지만, 그보다는 그의 차 앞으로 갑자기 끼어들었던 운전자가 더 주된 원인이었을 것이다.

통계치의 질적 한계

때로 사고 통계는 우리가 원하는 정보를 얻기 어렵게 정리되거나 혹은 원하는 자료를 전혀 포함하고 있지 않을 수 있다. 미국 경찰은 교통사고와 관련된 매우 중요한 자료를 제공해 줄 수 있는데, 그들은 교통사고와 관련된 자세한 정보를 사고 조사 보고서에 기록할 뿐만 아니라 이러한 정보를 컴퓨터 데이터베이스에 저장해 놓기 때문이다. 그러나 Violanti(1998)가 지적하였듯이 우리가 운전 중 휴대전화 사용과 관련된 교통사고 자료를 얻는 것은 쉬운 일이 아닌데, 그것은 경찰이 이 항목을 항상 기록해 놓고 있는 것은 아니기 때문이다. 오클라호마 주의 경찰은 사망자가 발생한 교통사고 보고서에 운전 당시 휴대전화를 사용했는지의 여부(심지어는 차 안에 휴대전화가 있었는지의 여부)를 기록하였다. 그러나 이것이 사고 자료를 해석하는데 또 다른 문제를 가져왔는데, 그것은 오클라호마 운전자들이 미국 전체 운전자들을 대표하는 운전자들인지 불분명하기 때문이다(물론 이들이 다른 산업화된 나라의 운전자들을 대표한다는 보장도 없다).

교통사고 자료가 갖는 또 다른 문제는 그 자료들이 질적 수준에서 많이 다르다는 점이다. 일반적으로, 사망 교통사고 자료가 가장 정확하고 상세하게 기록되는데, 가장 큰 이유는 사망 사고의 결과로 보험처리나 법적문제 등이 수반되기 때문이다. 그러나 사망 교통사고는 그렇게 자주 발생하는 것이 아니기 때문에, 한 해에 발생한 전체 사망 교통사고를 사고 유형으로 쪼개어 보면 유용하게 사용할 수 있는 사고 사례 수가 너무 적어질 수 있다(8장 참조).

자료 해석에서의 또 다른 문제는 에러 유형에 따라 사고의 결과도 달라진다는 점이다. 운전자들은 많은 에러를 범하지만 그 중 극히 일부만이 심각한 사고로 이어진다. 문제는 몇 가지 심각한 사고 사례들을 통해 운전자가 범한 에러의 대부분을 제대로 파악하는 것이 매우 어렵다는 점이다. 예를 들어 어떤 운전자가 선행 차량을 추월하는 데 필요한 주행거리를 잘못 판단했다면 (그리고 전방에서 다가오던 차량과 충돌했다면) 그 결과는 사망이나 심각한 부상으로 이어질 가능성이 높다. 따라서 사망 교통사고 보고서에는 추월과 관련하여 운전자가 범한 모든 에러의 대표적 내용들이 기록될 것이다. 이와는 대조적으로 운전 중 휴대전화 사용으로 인한 사망 교통사고 보고서에는 휴대전화 사용이 운전자에게 끼쳤던 영향에 대해 잘못된 해석을 유도하는 정보가 포함될 수 있다.

휴대전화를 사용하는 운전자가 범할 수 있는 모든 에러와 관련지어 운전 중 휴대전화 사용으로 인한 사망 교통사고를 생각해 보자. 사망 교통사고 보고서는 휴대전화 사용이 운전자의 차량 통제를 방해했을 것이라는 내용이 주로 포함될 것이다. 그러나 운전 중 휴대전화 사용의 주요 효과는 운전자의 차량 통제를 방해하는 것보다는 운전자의 주의를 빼앗는 것일 수 있다. 운전 중 휴대전화 사용으로 인한 대다수의 교통사고는 경찰보다는 보험회사가 주로 신경 써야 할 저속 추돌사고이다. 이 때문에 운전 중 휴대전화 사용으로 인해 발생했던 소수의 사망 교통사고만이 경찰 보고서에 포함된다. 이러한 사망 교통사고 보고서를 살펴보는 것은 운전 중 휴대전화 사용이 운전자에게 미치는 효과에 대한 잘못된 해석을 유도할 수 있다. 간단히 말하자면, 교통사고 통계치를 사용할 때는 크게 두 가지 질문을 염두해 두어야 한다. 첫째, 사고 보고서는 사고와 관련된 정확한 정보를 포함하고 있는지의 여부이다. 둘째, 심각한 교통사고 보고서에는 운전자가 범한 에러의 일부만이 반영되어 있기 때문에 그러한 자료의 분석을 통해 운전자가 범하는 에러의 대부분을 이해할 수 있겠는지의 여부이다. 이 두 가지 질문에 확신 있게 답하는 것은 매우 어려운 일이다. 두 번째 질문은 특히 까다로운데, 그것은 에러의 대부분을 포함하고 있는 사고 보고서는 찾기 어렵기 때문이다.

사고 통계치를 통해 운전자의 피로가 교통사고에 미치는 효과를 분석하기는 특히 어려운데, 그것은 피로가 사고의 주요 원인으로 기록되는 경우가 거의 없기 때문이다(6장 참조). 대부분의 경우 교통사고 데이터베이스에는 그 효과가 즉각적이고 분명한 원인들만 기록된다. 예를 들어 사람들은 밤늦게까지 술을 마신 후 차를 몰고 귀가하는 경향이 있고 혹은 술 자체가 진정 작용이 있기 때문에 음주와 피로는 같이 엮이는 경우가 많다. 이 상태에서 만일 어떤 운전자가 사고를 냈다면 사고의 주된 원인은 피로일 수 있지만, 음주 측정은 피로 측정보다 더 용이하고 분명하기 때문에 사고의 원인을 음주라고 결론지을 가능성이 높다. 피로한 운전자는 더 위험하게 다른 차량을 추월하고자 하는 경향을 보인다는 연구 결과들이 있다. 그럼에도 불구하고 교통사고가 발생했다면 그 주된 원인을 운전자의 피로보다는 운전미숙 등과 같은 것으로 돌릴 가능성이 매우 높다.

표본 크기

사고는 그렇게 자주 발생하는 것이 아니고 더군다나 특정 사고 유형을 찾는 것은 쉬운 일이 아니다. 특정한 사고 원인에 관심 있는 연구자는 수천 가지의 사고 자료 중에서 자신이 원하는 자료를 걸러내야 할 것이고, 마지막으로 얻은 표본들은 일반화된 결론을 도출하기에는 사례 수가 턱없이 적을 수 있다. 이것은 사망 교통사고로 연구 범위를 한정하는 경우 특히 더 그렇다. 운전 중 휴대전화 사용으로 발생한 사망 교통사고에 관한 Violanti(1998)의 연구는 이러한 문제를 잘 보여주고 있다. Violanti는 1992~1995년에 걸쳐 발생한 223,137건의 교통관련 사고 보고서를 살펴보는 것에서 시작하였다. 전체 교통관련 사고 중 1,548건이 사망 교통사고였다. 그러나 이 중 4.2%(65건)의 사고에서만 차 안에서 휴대전화가 발견되었고, 사고 발생 시에 실제 휴대전화를 사용한 사례는 65건 중에서도 7.7%(5건)에 불과하였다. 그럴듯해 보이는 통계 자료들은 많지만 적은 수의 표본을 통해 확고한 결론을 도출하는 것은 매우 어려운 일이다. Violanti의 연구는 분석범위를 운전 중 휴대전화 사용으로 인한 사망 교통사고로 한정한 결과 극히 일부의 사례만을 얻을 수 있었다. 사고 자료를 연구에 사용하고자 하는 연구자들은 자료의 양이 방대하다고 그 질도 우수하다는 것을 보장받지 못하는 점에서 항상 난관에 봉착한다. 사망 교통사고 보고서는 심각하지 않은 교통사고 보고서에 비해 일반적으로 더 상세하고 정확하기는 하지만, 이 보고서들은 연구에 사용하기에는 너무 적은 수의 사례만을 제공할 뿐이다.

사고 통계치 보고에서의 편파

사고 자료 해석에서의 또 다른 문제는 사고가 처음에 어떻게 기록되는가와 관련이 있다. 예를 들어 차와 차가 충돌하는 빈도와 차와 오토바이가 충돌하는 빈도를 생각해 보자. 만일 차 두 대가 낮은 속도로 충돌하였다면 차량 손상 정도에 따라 보험회사의 통계 자료에는 이 사고에 대한 정보가 입력되더라도 경찰은 그 사고에 대해 큰 관심을 보이지 않을 것이다. 그러나 차와 오토바이는 낮은 속도로 부딪히더라도 오토바이 운전자가 부상을 입을 가능성이 높기 때문에 이 경우에는 구급차와 경찰이 달려올 것이다. 따라서 차와 차가 충돌할 가능성과 차와 오토바이가 충돌할 가능성이 동일하다 하더라도 경찰 사고 보고서는 후자의 경우가 더 가능성이 높을 것이라는 인상을 줄 수 있다.

사고 통계치를 보고할 때는 편파가 발생할 수 있기 때문에 많은 연구자는 연구범위를 사망 교통사고로 한정하는 경향이 있다. 사망 교통사고 보고서는 일반적으로 더 상세하게 기술되는 경향이 있고, 사고로 누군가 사망하였을 때 이 사고는 누락시키기 어렵다는 점을 감안한다면 사망 교통사고로 연구범위를 한정하는 것도 어느 측면에서는 이점이 있다고 할 수 있다.[1]

---

1. 그러나 위에서 언급한 표본 수의 문제도 고려해 보라.

교통참여율과 사고율의 상대적 괴리

교통사고 통계자료에는 교통참여율(exposure rate)이 제대로 반영되지 않는다는 점이 교통사고 통계치를 해석하는데 또 다른 문제점을 야기한다. 예를 들어 남성과 여성이 교통사고율에서 차이가 있는지 확인하고자 한다고 가정해 보자. 언뜻 보기에는 이 자료를 쉽게 얻을 수 있을 것처럼 보이지만 이것은 그렇게 단순한 문제는 아니다. 남성은 여성에 비해 더 자주 운전하고 한 번 운전할 때에도 더 많은 거리를 주행한다. 또한 남성은 여성에 비해 위험에 노출될 가능성이 더 높다. 예를 들어 남성은 여성에 비해 야간에 운전할 가능성이 더 높은데, 일반적으로 야간 운전은 주간 운전에 비해 사고 가능성이 더 높다. 따라서 남성과 여성은 운전 능력 자체는 전혀 차이가 없다 하더라도 남성이 사고 위험에 더 많이 노출될 수 있다는 점에서 더 많은 사고를 경험할 가능성이 높은 것이다. 연령과 교통사고 위험 가능성 사이의 관계에 대한 것도 해석하기 어려운 부분이 있다. 일반적으로 고령의 운전자들은 중년의 운전자들에 비해 사고에 휘말릴 가능성이 더 높은 것으로 보인다(8장 참조). 그러나 고령의 운전자들은 중년의 운전자들에 비해 운전을 덜 하고, 또한 상대적으로 운전 부담이 적은 환경에서 운전한다는 것(예를 들어 야간운전이나, 혼잡한 도로 혹은 익숙하지 않은 지역에서의 운전을 피하는 것)을 감안하면 연령 증가와 교통사고 가능성 사이의 관계는 처음에 생각했던 것보다는 훨씬 더 크다고 할 수 있다.

단일 집단이라 하더라도 운전 여건이나 면허증 발부 조건에서 지역에 따라 차이가 있기 때문에 사고 통계치를 해석하고자 하는 연구자는 어려움을 겪을 수 있다. 예를 들어 운전면허 소지자 수 대비 교통사고 수를 살펴보면, 핀란드의 70세 이상 운전자들의 사고율은 심각할 정도로 증가하는 반면, 스웨덴의 동일 연령집단 사고율은 그렇지 않다. Hakamies-Blomqvist, Johansson, 그리고 Lundberg(1995, 1996)는 이것이 두 국가에서의 교통 참여율의 차이, 그리고 이 때문에 달라지는 운전면허 발급 과정에서의 차이에 기인한 인위적 결과라는 것을 보여 주었다.

핀란드에서는 70세 이상의 운전자들은 정기적으로 운전면허를 갱신해야 한다. 그러나 면허 갱신은 비용이 많이 들고 성가신 일이라서 운전을 전혀 하지 않거나, 거의 하지 않는 운전자들은 이 시점에서 운전하는 것을 포기한다. 이와는 대조적으로 스웨덴에서는 그와 같은 절차가 없기 때문에 스웨덴의 70세 이상 운전자들은 평생 동안 운전면허를 소지하게 된다. 따라서 스웨덴에서는 고령 운전자들에 의한 교통사고 수가 실제로 운전을 전혀 하지 않거나 운전을 하더라도 매우 드물게 하는 운전자들을 포함한 전체 운전면허 소지자의 수로 나눈 비율로 계산되어 그 수치가 낮아지는 것이다. 스웨덴의 고령 운전자들은 그들의 운전실력이 형편없다 하더라도 실제 운전하는 빈도가 낮기 때문에 사고 위험은 훨씬 낮게 나타난다. 이와는 반대로 핀란드에서는 고령 운전자에 의한 교통사고 수가 실제 운전을 왕성하게 하고 또한 교통사고의 모든 위험에 노출되는 고령 운전자들의 수로 나누어지기 때문에 고령 운전자에 위한 교통사고 비율이 상대적으로 훨씬 더 높아지는 것이다.

이러한 교통참여율에서의 차이에 따른 문제를 해결하는데 사용될 수 있는 한 가지 방법은 **과실-기반 교통참여율 추산 기법**(*induced-exposure technique*)이다. 이 기법은 사고 당시 어느 한쪽이 분명하게 잘못하였다고 알려진 사례들을 이용해 운전자들의 교통참여율을 추산한다. 이 기법은 과실 운전자가 충돌하는 상대 차량은 무선적으로 선택될 것이라고 가정한다. 따라서 이러한 사고에 휘말린 무과실 운전자의 자료들은 실제 운전하고 있는 운전자들의 연령이나 성별 혹은 다른 특성들을 정확하게 반영한다는 것이다. 그러나 Hakamis-Blomqvist (1998)는 이 기법이 갖는 문제점들을 지적하였다. 두 차량이 충돌했을 때 일반적으로 운전자 중 한 운전자는 사고를 일으킨 당사자로, 반면 다른 운전자는 "무과실(innocent)" 운전자로 여겨진다. 그러나 실제로 이러한 "무과실" 운전자도 운전속도와 주의소홀 등의 측면에서 볼 때 잘못이 전혀 없다고 하기에는 무리가 있다는 것이다. 예를 들어 노령층 운전자들은 좀 더 느린 속도로, 그리고 좀 더 방어적으로 운전하는 경향이 있기 때문에, 상대방 차량은 자신의 실수로 인해 발생한 위험한 상황을 바로 잡을 수 있는 기회를 더 많이 가질 수 있고 이에 따라 사고를 면할 수 있을 것이다. 이것은 모순된 상황을 가져온다. 즉 노령층 운전자들은 좀 더 안전하게 운전함으로써 젊고 부주의한 운전자들에 비해 소수의 사고에서 무과실 피해자로 분류될 것이고, 이것은 노령층의 과실 사고를 무과실 사고와의 비율로 추산할 때 이들의 교통사고 가능성을 더 높이는 결과를 낳는다. Hakamis-Blomqvist(1998)가 지적하였듯이 과실-기반 교통참여율 추산 기법이 가져올 수 있는 잘못된 추산은 교통사고 유형에 따라 달라진다. 예를 들어 정면충돌의 경우 무과실 운전자의 운전스타일은 이들이 사고에 휘말릴지의 여부에 별로 영향을 미치지 않기 때문에(반면에 과실 운전자의 운전스타일이 더 많은 영향을 줄 것이기 때문에), 이 기법에 의한 사고 가능성 추정을 그렇게 많이 편파시키지는 않을 것이다. 그러나 교차로 사고의 경우 운전스타일이 사고 가능성에 많은 영향을 미치기 때문에 겉으로 보이는 노령층 운전자들의 사고 가능성은 상당히 과다추정 될 수 있다.

인과관계의 해석 문제

교통사고 통계치를 해석할 때의 중요한 난관 중 하나는 사고를 일으킨 변인들에 대해 확신 있게 단정 지을 수 없다는 점이다. 우리는 특정 유형의 원인이 특정 유형의 사고와 강력하게 연관된다는 것을 발견할 수 있을지는 모르지만 이러한 요인들이 그러한 사고를 일으킨 원인이라고는 결코 확신하지는 못한다. 운전 중 휴대전화 사용으로 인한 사고 가능성의 증가를 예로 들어보자. 만일 운전 중 휴대전화 사용과 교통사고 사이에 유의한 상관관계가 발견된다면, 우리는 교통사고에 운전 중 휴대전화 사용이 어떤 방식으로든 관련될 것이라고 생각할 것이다. 앞으로 살펴보겠지만 실제로 운전 중 휴대전화 사용은 차량에 대한 통제 능력을 손상시키고 운전상황에 대한 운전자의 주의를 분산시킨다.

그러나 이러한 관계에 대한 대안적인 설명도 고려해 보아야 한다. 즉, 운전 중 휴대전화 사용과 교통사고는 모두 교통사고의 좀 더 근본적 원인이 되는 제3의 감춰진 변인과 서로 관련될 수 있다. 예를 들어, 교통사고의 실제 원인은 운전자의 스트레스일 수 있다. 휴대전화를 사서 사용할 가능성이 높은 사람들은 스트레스도 많이 받아 조심성 없이 운전하고 이에 따라 사고를 일으킬 가능성도 높다고 가정해 보자. 이럴 경우 교통사고의 실제 원인은 운전 중 휴대전화 사용이 아닌 그것을 사용하는 사람들의 기분 상태가 될 것이다. 따라서 운전 중 휴대전화 사용을 금지하는 것은 사고를 줄이는 데 별로 효과가 없을 것인데, 왜냐하면 스트레스가 많은 사람은 어찌 되었건 사고를 야기할 것이기 때문이다. 제3의 숨겨진 변인 문제는 다음에 살펴볼 음주와 운전 사이에 관계에서도 찾을 수 있다(7장 참조). 음주가 교통사고와 매우 높은 관련성이 있다는 것은 이미 잘 알려진 사실이다. 그러나 음주 자체만이 사고와 관련된다고 할 수는 없다. 그보다는 음주 상태에서 운전할 때 사람들은 과속이나 신호위반과 같은 다른 위험한 행동을 하기 때문에 사고가 더 많이 발생할 수도 있는 것이다.

면접법

사람들에게 왜 그러한 방식으로 운전하는지 알아보는 좀 더 직접적인 방법은 운전자들에게 질문해 보는 것이다. 이러한 질문은 면대면 면접을 통해 자세하게 이루어질 수도 있고, 많은 표본을 얻고자 할 경우에는 우편을 이용한 설문지를 통해서도 가능하다. 질문 내용으로는 사람들의 사고 기록, 최근에 경험했던 사고에 대한 상세한 기술, 연령이나 성별 혹은 건강상태 등의 인구학적 자료와 같은 것들이 포함될 수 있을 것이다. 면접은 유용한 방법이기는 하지만 문제점도 있다.

보고 편파

사람들은 설문지에 답할 때 혹은 면대면 면접에서 항상 정확하게 보고하는 것은 아니다. 그 이유는 여러 가지가 있다. 먼저, 사람들의 기억에는 한계가 있기 때문에 몇 년 전 사고에 대해서 전혀 기억하지 못할 수 있다. 또한 자신을 나쁘게 보이게 하거나 민감한 내용에 대해서는 답하기를 주저할 것이다. 예를 들어 자신의 음주운전 경험은 말하지 않거나 축소해서 말하려 할 것이다. 때로 질문에 대한 정확한 답을 잘 알지 못할 수도 있지만 사람들은 이에 대해 나름대로의 생각으로 답하는 경향이 있다. 저자의 경험에 의하면 이에 대한 한 가지 좋은 예는 연간 주행거리에 대한 질문이다. 연간 주행거리는 고사하고 사람들은 일주일 동안 대략 몇 킬로미터를 운전하는지 전혀 모르는 것처럼 보인다. 그러나 이러한 경우에도 사람들은 잘 모르겠다고 대답하는 대신 몇 킬로미터라고 대답하는 경향이 있다.

운전자 행동을 연구하는데 우편을 이용한 설문지법은 문제가 많이 있다. 이러한 문제들은 운전자의 도로표지 지식에 대한 한 연구가 잘 보여준다(Al-Madani, 2000). 28개의 도로표지에 대해 알고 있는지의 여부를 묻는 설문지 6,000부가 세 개의 지역에 걸쳐 우편으로 배송되었고, 회수된 설문지에 대한 운전자들의 응답이 분석되었다. 분석 결과, 도로표지에 대한 지식과 교통사고율 사이에는 유의한 관계가 관찰되지 않았다. 실제로 이 두 변인 사이에 관계성이 존재하지 않을 수도 있다. 그러나 이런 결론을 단정하기도 힘들다. 첫째, 우리는 설문지를 다시 보내 준 사람과 그렇지 않은 사람이 서로 어떻게 다른지 모른다. 우편으로 배송한 6,000부의 설문지 중에 47%에 해당하는 2,820부가 회수되었는데, 이러한 회수율은 우편을 통한 설문지법에서 흔히 보이는 회수율에 비해 비교적 높은 수치이다. 그러나 나머지 53%의 운전자들이 높은 교통사고율을 갖고 있어 도로표지에 대한 이들의 지식 수준과는 별개로 설문지를 다시 보내주는 것을 꺼려했거나 혹은 이 설문지에 무관심했을 수도 있다. 만일 이러한 결측 자료를 포함시켜 분석한다면 도로표지에 대한 지식 수준과 교통사고율의 관계성은 전혀 다른 방향으로 얻어질 수도 있다. 둘째, 우리는 설문지를 보내 준 사람들이 실제 자신이 알고 있는 지식으로 설문지를 완성해 돌려 보내줬는지에 대해서도 확신하기 어렵다. 예를 들어 자기 친구나 아는 사람에게 도로표지에 대해 물어보거나, 심지어는 도로표지를 설명하는 책자나 자료를 참조하여 설문지에 답할 수도 있었을 것이다.

자기-통찰의 부족

비록 면접법이나 설문지법이 상당히 많이 활용되고 있기는 하지만 이 기법들로는 왜 운전자가 그렇게 행동하는지에 대한 정보를 제대로 제공해 주지 못할 수 있다. 왜냐하면 운전자들은 왜 그렇게 행동했는지에 대해 자기-통찰이 부족하기 때문이다. 앞으로 살펴보겠지만 많은 운전행동은 운전자들이 말로 표현하기 어려운 과정을 거쳐 수행된다.

관찰법

운전행동을 연구하는 유용한 방법 중 하나는 "실제 세상"에서 운전자들이 보이는 행동을 관찰하는 것이다. 이 방법의 가장 큰 장점은 자연스러운 상황에서 운전자들이 실제로 어떻게 운전하는지를 살펴볼 수 있다는 것이다. 만일 운전자들이 면접을 받는 상황이거나 남이 자신의 운전을 조사하고 있다는 것을 의식한다면 자신의 실제 운전 방식과는 다르게 운전할 것이기 때문이다. 이 방법의 한 가지 문제는 왜 운전자들이 그렇게 행동했는지에 대한 정보를 제한적으로 밖에 얻을 수 없다는 점이다. 또한 관찰을 통해 어떤 유형의 사고가 왜 발생하는지 알아보고자 한다면 표본 수의 문제에 봉착하게 된다. 왜냐하면 운전 중 휴대전화 사용 때문에 발생한 사고라든지 교차로에서 나올 때 오토바이 운전자를 보지 못해 발생한 사고와 같이 자주 발생하지 않는 사고가 발생할 때까지 관찰하려면 엄청난 시간이 소요될 것이기 때문이다.

실험법

심리학자들이 가장 많이 선택하는 방법은 아마 실험법일 것이다. 가장 간단한 방법은 사람들을 두 집단으로 나누고 한 집단에게만 무엇을 하게 한 후에 통계적 검증을 통해 두 집단에서 평균 차이가 있는지 살펴보는 것이다. 예를 들어 운전 중 휴대전화 사용이 운전수행에 어떠한 영향을 미치는지 알아보기 위해 한 집단의 운전자들에게는 휴대전화를 사용하면서 운전하게 하는 반면, 다른 집단의 운전자들에게는 휴대전화 사용 없이 운전하게 한 후에, 두 집단 사이의 수행 차이를 비교하는 것이다(이때 수행은 운전자가 차선을 침범한 횟수라든가 방해물을 발견하고 이에 대처하기까지 소용되는 시간과 같이 양적으로 측정이 가능하도록 객관적으로 정의되어야 한다). 이 실험의 참가자들이 두 조건에 무선적으로 할당되었다면 두 집단 사이에서 관찰되는 수행의 차이는 휴대전화 사용 여부에 의한 것이라고 생각할 수 있을 것이다. 만일 두 집단에서 실제로 수행의 차이가 관찰되었다면 운전 중 휴대전화 사용은 운전수행 차이를 가져오는 원인이라고 확신할 수 있다.

이러한 실험에서는 참가자의 성별이나 연령과 같은 다른 변인을 추가하여 변인들 사이의 상호작용도 살펴볼 수 있다. 예를 들어 변인들 사이의 상호작용 분석을 통해 운전 중 휴대전화 사용으로 인해 운전에서 가장 많은 어려움을 겪는 사람들은 나이 든 여성운전자라는 것을 발견할 수도 있을 것이다(이것은 하나의 가상적 사례이지만, 여러 측면에서 볼 때 하나의 실험에서 여러 변인들을 동시에 고려하는 것이 더 바람직하다).

다른 방법들에 비해 실험법이 갖는 가장 큰 장점은 변인 사이의 인과관계를 명확하게 살펴볼 수 있게 해 준다는 점이다. 실험자는 운전자의 행동이 측정되는 시점에서 휴대전화 사용 여부를 완전하게 통제할 수 있다. 만일 음주와 운전수행 사이의 인과관계를 알아보고자 하는 실험일 경우, 운전자들을 여러 실험 조건들에 무선적으로 할당한 후 특정 조건에만 음주 상태에서 운전하게 하였다면, 그 조건에서 관찰되는 운전수행의 변화는 운전자들의 성격 요인과 같은 다른 요인보다는 음주 자체에서 기인한 것이라고 결론지을 수 있을 것이다. 실험이 잘 설계될수록 얻어진 결과에 대한 대안적 설명의 가능성을 배제할 수 있다. 그러나 실험법도 한계점이 없는 것은 아니며, 특히 응용 연구의 경우는 더욱 그러하다.

생태학적 타당도

실험을 통해 운전을 연구하고자 할 때의 큰 문제 중 하나는 운전자들이 자신의 운전스타일대로 운전하지 않는다는 점이다. 그것은 실험 설계나 실험 장치들이 운전자들로 하여금 평소와는 다르게 운전하게 하거나(다음의 논의를 참조하라), 실험자에게 잘 보이기 위한 행동을 하기 때문일 것이다. 많은 실험참가자는 Orne(1962)이 명명한 이른바 **요구특성**(*demands characteristics*)에 매우 민감하여, 실험을 자신의 능력에 대한 일종의 개인 검사로 여기거나, 그들이 생각하기에 실험자가 원하는 행동이라고 여겨지는 방향으로 행동함으로써 실험자를 만족시키고자 한다.

과제의 인위성

생태학적 타당도와 직접적으로 관련되는 문제는 많은 실험에서 실험참가자들이 수행하는 과제가 어느 정도 인위적이라는 점이다. 이러한 과제들의 인위성은 사람들이 실제로 운전하는 것을 얼마나 반영하는지에 따라 달라질 것이다. 그러나 주어진 과제가 얼마나 인위적인지는 쉽게 판단하기 어려운 문제인데, 왜냐하면 그러한 인위성 정도는 연구자가 운전의 어떤 측면에 관심을 갖는지에 따라 달라지기 때문이다. 중요한 점은 연구 관심사가 되는 현상의 핵심적 측면들이 실험에서 모사되어야 한다는 것이다. 그러나 실제로는 그렇지 않은 경우가 많다. 운전 시뮬레이터를 이용하여 운전행동을 연구하는 것을 예로 들어보자. 시뮬레이터라고 해서 실제 차량과 같은 제어장치들을 그대로 제공하거나 운전자들이 실제 운전상황에서 관찰하는 장면을 3차원으로 모사하여 대형 화면을 통해 제시하는 것은 아니다. 내가 읽은 한 논문에서는 PC 모니터의 검은 배경 위에 두 개의 흰색 선들로 구성된 차선을 제시한 후 조이스틱을 이용하여 운전자의 추적과제를 모사한 실험을 수행하였다. 그러나 이러한 컴퓨터 게임과 같은 방식으로 운전자의 추적과제를 측정한 것은 운전 시뮬레이션을 제대로 했다고 하기에는 너무 부족하다.

수준 높은 운전 시뮬레이션 운전행동에 대한 연구뿐만 아니라 다른 여러 목적으로도 사용될 수 있다. 예를 들어 실제 차량의 제어장치를 충실하게 재현한 고가의 수준 높은 운전 시뮬레이터는 운전자들이 차량의 제어장치들을 어떻게 사용하는가를 연구하는 데 사용될 수 있다. 이를 통해 새로운 차량 제어장치들의 사용성을 차량이 시장에 나오기 전에 미리, 그리고 실제 상황처럼 검증해 볼 수 있을 것이다(Bullinger & Dangelmaier, 2003; 9장 참조). 컴퓨터의 성능이 향상됨에 따라 운전자들이 여러 상황(특히 긴급 상황)에서 서로 상호작용하는 과정을 살펴보는데 시뮬레이터가 점점 더 많은 유용성을 갖게 되었다. 예를 들어 Hancock과 Ridder(2003)는 두 운전자가 실제 운전상황에서처럼 서로 상호작용하도록 두 대의 시뮬레이터를 연결한 후에 두 차량이 서로 충돌할 수 있는 상황을 구현하였다. 이러한 방식을 통해 각각의 운전자들이 보이는 운전형태뿐만 아니라, 상대방의 회피반응에 따라 어떠한 반응을 보이는지에 대해서도 관찰이 가능하였다(충돌을 회피하기 위해 운전자들은 왼쪽 혹은 오른쪽으로 핸들을 돌리는 반면, 다른 운전자들은 오른쪽으로 핸들을 돌리는데, 운전자들에 따라 달리 나타나는 이러한 무선적 회피방략 때문에 많은 경우 충돌이 발생한다). 이러한 유형의 정보는 충돌 탐지나 충돌 회피 시스템 설계자들에게는 유용한 정보가 될 것이다.

그러나 다른 목적으로 생각해 본다면 시뮬레이터의 유용성은 제한적이다. 시뮬레이터의 가격이나 스크린 디스플레이의 그래픽 질과는 상관없이 시뮬레이터를 운전하는 사람들은 어찌 되었건 그것이 실제 운전이 아니고 실험의 하나라는 것을 알고 있는 것이다. 이들은 시뮬레이션을 통해 재현되는 매우 위험한 상황은 자신에게는 실제로 일어나지 않는 상황이고, 시뮬레이션 도중 발생하는 "사고"로 그들이 다칠 일도 없으며, 경찰의 단속에 걸리지도 않고, 다른 차량에 손상을 주지도 않는다는 것을 알고 있다. Evans(1991)가 비꼬아 말했듯이, 시뮬레이션 도중 사고가 발생하면 단지 프로그램을 재설정할 수 있다는 것을 제외하고 실제 운전하는 것과 거의 동일한 운전환경을 제공하는 최상의 운전 시뮬레이터를 상상해 보라. 이러한 시뮬레이터로 당신은 실제 환경의 운전에 대해 무엇을 알 수 있을까?

일반적으로 실험에서는 어떤 변인을 조작하고 또 그 변인의 조작 결과 발생하는 결과를 얼마나 잘 측정할 수 있을지 심사숙고하여야 한다. 사실 모든 실험은 시뮬레이션이다. 실험자는 복잡한 실제 상황에서 실험자가 완전하게 통제할 수 있는 단순한 변인들을 추출해낸다. 그러나 이러한 변인들은 대부분 실험자 개인이 갖고 있는 직관에 의해 추출된다. 예를 들어 앞에서 소개한 PC를 이용한 추적과제의 경우를 생각해 보면, 이것은 실제 차량을 제어할 때 보이는 추적과제를 타당하게 모사한 것일 수도 있고 아닐 수도 있다. PC를 이용한 추적과제와 실제 차량의 조향과제가 모두 공간적 과제이고, 두 방법 모두 실험참가자들로 하여금 어떤 기준에 대한 목표물의 위치(예를 들어 실제 차량의 경우 차선에 대한 차량의 위치 혹은 PC 시뮬레이션의 경우 두 직선에 대한 특정 심벌의 위치)를 지속적으로 감시해야 한다는 것을 생각하면 PC 시뮬레이션도 안면 타당도는 있다고 할 수 있을 것이다.

그러나 이 두 가지 방법 사이에는 근본적인 차이가 있다. 즉, 경험이 있는 운전자라면 실제 운전상황에서 차량을 조향하는 것을 충분히 연습했을 것이기 때문에 이것은 과잉학습된 것이고 또한 상당히 자동적인 수준에서 처리할 수 있는 과제이다. 이와는 대조적으로 PC 스크린을 통해 제시되는 두 선분 사이에서 특정 심벌을 추적하는 과제는 이전에 경험하지 못한 생소한 것일 수 있다. 실제 운전상황에서 조향과제는 3차원 환경에서 이루어지는 반면, 시뮬레이션을 통한 추적과제는 3차원 장면을 2차원으로 제시한 상황에서 수행되는 것이다. 그리고 추적과제에서의 에러는 실험참가자를 약간 당황스럽게 만들겠지만, 실제 운전상황에서의 조향 실패는 치명적 결과를 가져올 수 있다.

이러한 차이는 실제로 그렇게 중요한 것은 아닐지라도, 무시되어서는 안 되는 문제이다. 시뮬레이터와 실제 운전장면에서 관찰되는 운전자의 수행을 직접 비교한 연구들이 있다(Harms, 1996; Dodley, Triggs, & Filders, 2002). 그러나 이러한 유형의 연구만으로 실제 운전상황에 대해 운전 시뮬레이션이 갖는 타당도에 대하여 확고한 결론을 내리기는 부족하다. 시뮬레이션은 특정 운전자 집단 혹은 특정 상황에서는 타당할지 몰라도 다른 운전자 집단이나 다른 상황에 대해서는 그렇지 못할 수 있다. 실제 운전장면을 모사하기 위해 구현된 시뮬레이션에 대해서 이것이 갖는 안면 타당도만 너무 강조하는 것도 문제가 있다. 그러나 어떤 연구가 다른 연구자들에 의해 계속해서 여러 번 인용됨에 따라 이러한 문제는 어느새 간과되어 버린다. 특히 연구자들이 원래 논문을 제대로 읽어보지 않고 다른 사람이 인용한 내용에 기반하여 연구할 때 더 그렇다. 저자는 조잡한 컴퓨터-기반 시뮬레이션을 통해 추적과제를 측정하고 계속 그것을 "운전"이라고 표현한 한 연구를 알고 있다. 다른 논문에서는 이 연구가 중요하다고까지 기술한 것도 보았다. 이 때문에, 그리고 그 논문에서 사용된 용어들이 모두 운전과 관련된 "정상적" 용어들이었기 때문에 저자는 이 논문이 실제로 운전 시뮬레이션 연구에 대한 것인 줄 알았다. 적어도 저자가 원래의 논문을 직접 읽어 보기 전까지는 말이다.

실험법이 갖는 또 다른 문제는 동일한 사람의 수행을 반복적으로 측정한다는 점이다(물론 연구가 어떤 것에 대한 것이냐에 따라 그 문제의 심각성 정도가 달라진다). 그러나 사람들의 수행은 매번 바뀐다. 만일 당신이 사람들의 반응시간을 측정할 경우, 그 반응시간은 측정할 때마다 달라질 것이다. 때에 따라 사람들은 매우 빠르게 혹은 느리게 반응한다. 변산성은 주어진 과제의 특징에 따라 달라지지만, 어떤 사람의 행동을 이해하고자 할 때 이것은 겉으로 드러나지 않는 속성이기도 하다. 이것은 문제가 된다. 어떤 사람의 수행을 단 한 번만 측정한다면 특정 시행에서 관찰되는 전형적이지 못한 수행치를 얻을 수도 있다. 예를 들어 우리가 특정 시행에서 어떤 사람의 반응시간을 단 한 번 측정하고자 하는데, 그 사람이 하필 바로 그 시행에서 딴 생각을 하느라 반응시간이 많이 늦어졌다고 생각해 보라. 이때 관찰된 반응시간은 그 사람이 온전하게 주의를 기울이면서 수행할 때 관찰할 수 있는 반응시간과는 많이 다를 것이다. 이러한 문제를 해결하기 위해 여러 시행에 걸친 점수를 각각 얻은 다음 그 점수들의 평균값을 계산하여 수행치로 사용할 수 있을 것이다. 대부분의 경우 이러한 방법은 개인의 전형적 수행에 대한 신뢰도 높은 측정치를 제공할 수 있기 때문에 그럴듯하다고 할 수 있다. 특히 운전연구의 경우 시행의 반복에 따른 연습이 운전수행에 대한 좀 더 신뢰도 높은 측정치를 제공할 수 있을 것이다. 그러나 한편으로 이러한 방법은 생태학적 타당도를 심각하게 손상시킨다.

예를 들어 보자. 우리가 운전자의 반응시간에 대해 연구하고자 한다면, 우리의 연구관심은 그 운전자가 응급상황에서 얼마나 빠르게 반응(예를 들어 브레이크를 밟는 것)하는지를 측정하는 것이 될 것이다. 실제 운전상황에서는 차 앞으로 어린아이가 갑자기 튀어나오는 것과 같은 흔하지 않은 응급상황에서의 운전자 반응을 예로 들 수 있다. 이 경우 운전자는 최대한 빠르게 반응해야 한다. 이러한 유형의 실험에서는 선행 차량의 급감속(혹은 급정차)에 따른 운전자들의 반응시간을 측정하는 방식을 사용하는 것이 일반적이다. 신뢰도 높은 측정치를 얻기 위해 이러한 응급상황은 한 실험 구획에서 여러 번 제시될 수 있다. 이러한 측정 방식은 신뢰도 높은 자료를 얻기 위한 것이라는 점은 이해할 수 있지만, 실제 운전상황에서 운전자가 수행하는 브레이크 반응에 대한 것인지에 대해서는 의문의 여지가 있다. 이러한 실험을 통해 우리가 알 수 있는 것은 한 실험 안에서 짧은 시간 안에 여러 번 반복하여 발생하는 응급상황에 대해 빠르게 반응해야 한다는 것을 운전자가 알고 있을 때 이들의 반응시간은 어느 정도 인지에 대한 것에 불과하다. 즉 실제 운전상황에서 운전자들이 수행하는 브레이크 반응과 실험 상황에서 관찰되는 이들의 브레이크 반응은 매우 다를 수 있다는 것이다. 운전행동에 대한 신뢰도 높은 측정치를 얻기 위한 대안적 방법은 각각의 실험참가자가 보이는 수행을 한 번만 측정하되, 보다 많은 실험참가자의 자료를 수집하는 것이다. 비록 이러한 방법에서는 상당히 많은 시간과 비용이 요구되겠지만, 실험 결과를 실제 세계로 일반화하고자 할 때는 유일한 방법이 될 수 있다.

실험참가자 대표성

많은 연구에서 실험참가자들은 학부 학생들이다. 그러나 대학생 집단은 연령, 지능, 건강 등에서 일반인들의 전집과는 여러 측면에서 상이하다. 어떤 연구에서는 실험참가자의 대표성을 높이기 위해 신문광고 등을 통해 모집한 자원자를 실험에 참여시키기도 한다. 그러나 이 방법도 문제가 없는 것은 아닌데, 왜냐하면 심리학 실험에 자원하는 사람들은 그렇지 않은 사람과 많은 측면에서 다르다는 것이 밝혀졌기 때문이다. 예를 들어 자원한 실험참가자들은 과학을 매우 중시하거나 혹은 실험자를 만족시키고자 하는 경향이 더 크다고 한다. 후자의 경우는 특히 더 문제가 되곤 한다. 많은 실험참가자는 심리학자들이 평가 염려(evaluation apprehension)라고 명명한 태도를 보이는데, 이것은 일반 전집 구성원들은 실험과제를 마치 개인의 능력을 평가받는 것으로 여기는 것을 의미한다. 이러한 경향 때문에 실험참가자들이 실험자에게 자신이 지적이거나 능력이 있다고 보이는데 더 많이 신경을 쓴다면 실제 실험참가자들이 정상적으로 수행하는 것과는 다른 결과를 가져올 수 있다. 저자의 경험에 비추어 보아도, 일반 실험참가자들은 실험자가 개개인의 수행보다는 다른 여러 사람에게서 얻은 자료를 평균하여 특정 수행의 전반적 양상만 관찰하는 것에 관심이 있다는 것을 알지 못하는 것 같다. 이 때문에 때에 따라서는 학부 학생들을 실험참가자로 참여시키는 것이 더 나은 경우도 있지 않겠는가?

실험참가자들의 대표성 문제는 노령층 운전자를 상대로 운전수행에 대해 연구하는 경우 더 중요성을 갖는다. 누가 "정상적" 노인 운전자인가? 실험에 자발적으로 참여하는 노인 운전자는 신체적으로나 정신적으로 건강할 뿐만 아니라, 자신의 운전능력에 대해 충분한 자신감이 있는 사람일 것이다. 반면 시력에 문제가 있고, 거동이 부자연스러우며, 기억력이 감퇴한 노인들은 다른 사람들 앞에서 자신의 부족함을 노출할 수 있는 실험에 참여하기를 꺼려할 것이다. 피험자 모집과정에서 지원한 노인들만 실험참가자로 포함시킬 경우 대체적으로 능력이 우수한 노인들만이 이 집단에 속할 것이기 때문에 노인 운전자가 갖는 문제들이 과소평가될 수 있다(그러나 다른 노인들에 비해 여러 측면에서 상대적으로 더 우수한 노인들을 상대로 실시한 연구 결과 이들의 수행에서 문제가 발견되었다면, 노인 집단 전체의 문제는 이들의 문제보다 더 심각할 것이다).

실험참가자 대표성과 관련된 이와 유사한 문제는 약물이 운전능력에 미치는 효과를 검증하는 연구에서 찾아볼 수 있다. 자신이 평소 복용하지 않는 약을 한 번만 복용하고 운전 시뮬레이터에 자원한 학생 실험참가자는 평소에 정기적으로 그 약을 복용하면서 실제로 운전하는 사람들과는 다르게 행동할 것이다. 어떤 약물은 사용빈도에 따라 내성이 생긴다. 따라서 이러한 실험실 시뮬레이션 실험에서는 실제 그러한 것보다 약물의 효과를 과다평가하게 할 것이다. 이와는 반대로 실험실 상황보다 실제 세계에서의 약물의 효과가 더 심각하게 나타날 수도 있는데, 그것은 약물의 반복적 사용에 의한 생리학적 손상이 있거나 혹은 약물이 알코올이나 다른 약물과 같이 복용될 수도 있기 때문이다. 따라서 실험실에서 행하는 연구이건, 아니면 실제 세계에서 행하는 연구이건 연구자들은 검증하고자 하는 약물의 진정한 효과에 대해 왜곡된 결과를 얻을 수 있는 것이다(7장 참조).

실험참가자 대표성이 갖는 문제의 심각성 정도는 연구 주제에 따라 달라진다. 분명한 것은 운전과 연령 사이의 관계를 연구하고자 하면서 대학생들을 실험참가자로 참여시킬 경우는 실험참가자의 대표성에 심각한 문제를 줄 수 있다는 것이다. 이들은 젊은 대신 운전경험은 많지 않기 때문이다. 그러나 대학생 실험참가자를 실험에 참여하도록 하는 것이 별로 심각한 문제가 아닌 경우도 있다. 예를 들어 알코올과 피로가 사람들의 반응시간에 미치는 영향은 대학생 집단이건 일반인 집단이건 거의 유사할 것이기 때문이다. 어찌 되었건 실험참가자 대표성 문제는 단편적으로 판단해서는 안 된다. 이상적으로는 대학생 집단이 실험참가자로 참여한 연구의 결론은 (대학생 집단을 대상으로 수행된 연구 결과를 적용하고자 하는) 좀 더 다양한 전집으로부터의 실험참가자들이 참여한 연구의 결론을 통해 확인될 수 있어야 한다.

실험에서의 윤리문제

많은 실험은 여러 가지 이유로 윤리적 문제를 야기할 수 있다. 실험참가자, 실험자, 일반 대중의 안전을 위협하거나 스트레스를 야기할 수 있는 실험은 수행할 수 없다. 물론 실험은 약간의 "속임수"를 써서 수행되기도 하였는데, 예를 들어 운전자의 위험요소에 대한 반응시간을 측정하고자 하는 실험이지만 실험참가자들에게는 차량에 설치된 제어장치들의 성능을 확인하는 실험이라고 말하는 것이다. 그러나 많은 실험자는 실험참가자들을 속이는 것에 대해 불편해하고, 실험에 참가하기로 동의한 실험참가자들은 그들이 어떤 실험에 참가하는지 항상 알고 있어야 한다고 생각한다. 이 때문에 위험요소에 대한 운전자들의 반응을 좀 더 안전한 상황에서 연구하기 위해 버려진 활주로에서 실험을 수행할 수도 있을 것이다. 그러나 이 방법 역시 실제 운전상황에서 운전자들이 보이는 행동과는 다른 결과를 가져올 수 있다.

실험을 수행할 때의 또 다른 문제는 실험자가 실험참가자들을 서로 다른 조건에 무선적으로 할당하기를 원하지만 이것은 몇 가지 현실적인 혹은 윤리적인 문제 때문에 실제 환경에서는 어려운 것일 수 있다는 점이다. 바람직한 실험설계는 서로 다른 실험조건에 걸쳐 참가자들을 완전하게 무선할당할 수 있어야 한다. 그 이유는 서로 다른 실험조건 사이에서 관찰되는 유일하면서도 그리고 일관적인 차이는 실험자가 조작한 조건에 의한 것임을 보장하기 위해서다. 이것은 의학연구에서 흔히 발생하는 문제이다. 우리가 새로 개발된 신약의 효과를 검증하는 연구를 수행한다고 가정해 보자. 이 효과를 검증하기 위한 가장 좋은 방법은 사람들을 두 집단으로 나누어 한 집단의 사람들에게는 약을 복용하도록 하는 반면, 다른 집단의 사람들에게는 약을 제공하지 않는 것이다. 만일 두 집단에 사람들이 무선적으로 할당되었다면 두 집단 사이에서 체계적으로 관찰되는 유일한 차이는 그들이 약을 복용했는지의 여부일 것이다. 물론 두 집단에 각각 속한 사람들은 다른 특성들(예를 들어 질병의 심각성 수준, 낙관성의 정도, 연령, 지능 등)에서 서로 다를 것이지만, 실험참가자들의 무선적 할당에 의해 이러한 차이는 상쇄될 것이기 때문에 두 집단에서 관찰되는 차이의 원인은 오직 약의 복용여부라고 할 수 있을 것이다. 따라서 만일 실험 종료 후 신약을 복용한 집단이 더 건강해졌다면 그것은 신약을 복용했기 때문이라고 결론짓는데 무리가 없을 것이다. 그러나 실제 세계에서는 몇 가지 이유 때문에 사람들을 실험조건에 따라 무선적으로 할

당할 수 없는 경우도 있다. 예를 들어 연령과 운전수행 사이의 관계를 연구할 때 운전자들을 젊은 운전자 집단 혹은 노인 운전자 집단에 무선적으로 할당할 수는 없지 않은가! 이 때문에 젊은 운전자와 노인 운전자는 연령 이외에 다른 많은 측면에서도 다를 수 있다는 것을 염두해 두어야 한다. 동시대출생 효과(cohort effect)라는 것이 있다. 어떤 70세 운전자는 단순한 나이 측면 뿐만 아니라 같은 연령의 다른 노인들과 많은 측면에서 유사할 것이다(반면 그러한 측면에서는 젊은 운전자와 다를 것이다). 즉 노인 운전자들은 지금의 도로 환경과는 다른 조건에서 운전을 배웠고, 또 그렇게 운전경험을 획득했다. 그들은 또한 오늘날과는 다른 사회에서 성장하였다. 건강 문제, 특히 시력과 같은 것들은 젊은 운전자들에 비해서 노인 운전자들에게서 더 흔하다. 이러한 모든 차이는 모두 연령과 관련이 있기 때문에, 어떤 실험을 통해 우리가 젊은 운전자와 노인 운전자 사이에서 차이를 찾아낸다 해도 그것이 완전하게 연령 차이 때문이라고는 결론지을 수 없는 것이다.

무선할당과 관련된 또 다른 윤리적 문제는 실제 세계에서 실험을 수행하는 경우에서 찾을 수 있다. 우리가 운전 중 휴대전화 사용이 사고 위험성을 증가시킨다고 믿는데, 이것을 확인하기 위해 한 집단에게는 운전 중에 휴대전화를 사용하도록 하는 대신 다른 집단에게는 휴대전화를 사용하지 않고 운전하도록 요구한다면 이것은 비윤리적인 문제가 된다. 만일 실험참가자들이 운전 중 휴대전화 사용의 위험성을 충분히 받아들였다면, 우리는 이들을 실험에 참가시켜 운전 중 휴대전화를 사용하는 조건과 그렇지 않은 조건에서 나타나는 사고율이나 운전수행에서의 차이를 비교해 볼 수 있을 것이다. 그러나 비록 이러한 두 집단에서 차이를 관찰한다 하더라도 이러한 차이는 휴대전화 사용 여부가 아닌 또 다른 요인에 기인하였을 가능성이 있다는 것에 주의해야 한다. 휴대전화 사용자와 비사용자들은 시간압력에 대한 반응, 집중력, 운전에 대한 관심 등과 같은 많은 요인에서 다를 수 있고, 이러한 요인들 모두 혹은 일부가 실험에서 관찰되는 수행에서의 차이를 야기할 수 있는 것이다. 간단히 말해 우리가 인과관계에 대해 좀 더 명확한 결론을 내리고자 한다면 실험에 참가하는 사람들을 실험조건에 따라 무선

할당하는 것이 필수적인 것이지만, 이것은 몇 가지 윤리적 혹은 실제적인 문제들 때문에 실제 세계에서의 연구에서는 불가능한 것일 수 있다. 실질적으로 사용될 수 있는 가장 좋은 방법은 준실험 설계(quasi-experimental design)이다. 이 설계에서는 연구자가 관심을 갖고 있는 요인 이외에 다른 요인에서도 불가피하게 차이가 있는 기존집단들을 비교한다. 그러나 실험참가자들을 조변별로 완전하게 무선할당할 수 있는 진정한 실험(true experiment)을 수행하는 경우라도 실험참가자들이 실험 과정에서 다쳐서는 안 된다. 이렇기 때문에 실험자들은 실제 환경에 미치지 못하는 수준에서 실험을 수행할 수 있는데, 예를 들면 실험자는 운전 시뮬레이션 등과 같은 방법을 통해 실험참가자들이 당할 수 있는 위험을 제거하려고 할 것이다. 그러나 이 경우 실험참가자들은 실제 세계에서 자신이 실제로 수행하는 것과는 다른 방식으로 행동할 것이다. 왜냐하면 운전 시뮬레이션의 경우 운전을 어떻게 하든 상관없이 자신은 죽거나 다치지 않는다는 것을 알고 있기 때문이다.

통계적 유의성과 실용적 유의성

통계적 유의성(*statistical significance*)과 **실용적 유의성**(*practical significance*)을 구분하는 것은 매우 중요하다. 이들은 매우 다른 개념이지만 자주 혼동되기도 한다. 통계적 유의성이란 단순히 특정 결과가 우연에 의해 얻어질 가능성을 말하고, 그 결과가 어떤 중요성을 갖는지에 대한 정보는 전혀 제공하지 않는다. 어떤 결과가 우연에 의해 얻어질 가능성은 매우 희박하지만 그렇다고 해도 이것이 갖는 실용적 의미는 거의 없다. 한 가지 예로 우리가 LED 브레이크등의 효과성을 검증하고자 한다고 가정해 보자. LED 등은 기존의 텅스텐 전구보다 더 빨리 점등되기 때문에 운전자들은 LED 브레이크등에 더 빨리 반응할 수 있을 것이라는 주장이 제기되었다. 그렇다면 이것은 도로 안전의 측면에서 보면 바람직한 것이라고 할 수 있다. 과연 그러한지 알아보기 위해 직접 실험을 수행해 볼 수 있을 것이다. 사람들을 LED 혹은 전통적 텅스텐 전구 조건에 각각 할당하여 이들에 대해 브레이크 페달을 밟는 반응시간이 얼마인지 서로 비교해 볼 수 있다. 실험 결과 LED 브레이크등 조건의 실험참가자들이 텅스텐 전구 조건에 비해 평균적으로 약 50msec 더 빠르게 반응했다고 가정해 보자. 이것은 실제 차이가 있는 것인가? 아니면 단지 우연에 의해 얻어진 차이인가?

이 문제를 결정하기 위해 우리는 통계 검증을 실시한다. 통계 분석결과, 이 차이가 우연히 얻어질 확률이 1,000분의 1보다 작았다고 가정해 보자. 이런 경우 통계적 유의성이 매우 높다고 한다. 이것은 두 집단에서 관찰된 이러한 차이가 단지 우연에 의해 얻어질 가능성이 매우 희박하다는 것을 의미하기 때문에, 우리는 이 차이가 진정한 차이라고 확신할 수 있을 것이다. 그러나 중요한 것은 LED 브레이크등이 실제적으로 도로 안전을 향상시킬 것이라고 결론내릴 수는 없다는 점이다. 절대적 의미에서 50msec의 차이는 사람들의 수행측면에서 보면 매우 작은 차이이다. 즉, 실제 세계에서는 사람들이 브레이크를 밟는 데 걸리는 시간이 주의나 반응시간 혹은 브레이크를 밟는 방식에서의 개인차 때문에 더 많은 영향을 받는다는 점을 감안하면 50msec의 작은 차이가 갖는 실용적 유의성은 거의 없는 것이나 마찬가지이다. 우리는 실험에서 얻어진 차이가 통계적으로는 진정한 차이라고 결론내릴 수는 있을지 몰라도 이것이 실제 세계에서 갖는 실용적 의미는 거의 없다고 생각해야 할 것이다. 이상적으로는 우리의 실험에서 얻어진 결과를 실제 세계에서의 자료(즉, LED 브레이크등이 장착된 자동차와 전통적인 텅스텐 브레이크등이 장착된 자동차의 사고율)와 서로 비교해보는 것이다. 물론 이것도 다른 문제점이 있겠지만, 최소한 연구결과가 실제 세계에서는 어느 정도의 중요성을 갖고 있는지에 대해서 검증할 수 있는 기회가 될 것이다.

집단차와 개인차

당연한 것이지만 개인에 따라 수행에서의 차이가 있기 때문에 심리학 실험에서는 거의 대부분 실험참가자 집단을 서로 다른 조건에 할당한 후 각각의 집단에서 관찰되는 평균적 수행을 계산한다. 그 다음 통계 검증을 통해 이러한 집단 사이의 평균 차이가 유의한 것인지 확인한다. 이 때문에 결과들은 특정 집단에 속한 개인에 대한 것이 아니라 집단의 수행에 대한 정보만 제공한다는 것을 염두해야 한다. 한 가지 예로 Landauer, Armstrong, 그리고 Digwood(1980)는 평균적으로 남성이 여성보다 더 빠른 반응시간을 보인다는 것을 발견하였다. 여성은 485msec인 반면 남성은 534msec였다. 그러나 우리는 집단 사이에서 관찰되는 이러한 차이를 개인에게 적용할 수는 없다. 왜냐하면 특정 개인은 그가 속한 집단을 대표할 수도 있고 그렇지 않을 수도 있기 때문이다. 다시 말해 어떤 사람이 남성이라는 이유만으로 이 사람의 반응시간은 더 느릴 것이라고 말할 수는 없는 것이다. 평균치는 단지 전형적 수행에 대한 측정치일 뿐이기 때문에 이 평균치 주변에 점수들이 어떻게 분포하는지도 확인해야 한다. 평균치를 중심으로 한 이러한 점수들의 분포는 표준편차를 통해 확인할 수 있다.

일반적으로 평균치를 중심으로 ±1 표준편차 범위 안에 점수들의 68%, ±2 표준편차 범위 안에 점수들의 95%, 그리고 ±3 표준편차 범위 안에 점수들의 99.7%가 포함된다. Landauer의 실험에서 남성의 표준편차는 56.2msec였고, 여성의 표준편차는 44.9msec였다. 따라서 여성의 평균 반응시간이 485msec이고, 남성의 평균 반응시간이 534msec였다 하더라도 이 두 집단의 점수 분포들은 서로 중복된다. 대략 여성의 32%는 530msec(여성의 평균 반응시간의 +1 표준편차)보다 더 긴 반응시간을 보인 것이고, 남성의 32%는 478msec(남성 평균 반응시간의 −1 표준편차)보다 더 빠른 반응시간을 보인 것이다(그림 1.1 참조). 표준편차가 더 커질수록 이러한 문제는 더 악화된다. 평균적으로만 본다면 남녀에 따라 반응시간에서는 차이가 있으나, 남녀가 보인 반응시간의 분포는 서로 겹쳐지는 부분이 크다. 이 때문에 여성의 반응시간과 동일한 반응시간을 보인 남성이라 해도 남성 집단의 평균 반응시간으로 말한다면 여성보다 더 느리게 반응하는 것이 되는 것이다(이것은 여성의 경우도 마찬가지이다. 그림에서 진한 부분을 보라). 각각의 개인은 그(그녀)가 속한 집단을 대표하는 사람이 아닐 수도 있기 때문에 집단 평균치는 개인의 특성을 결정짓는 데 사용될 수 없다.

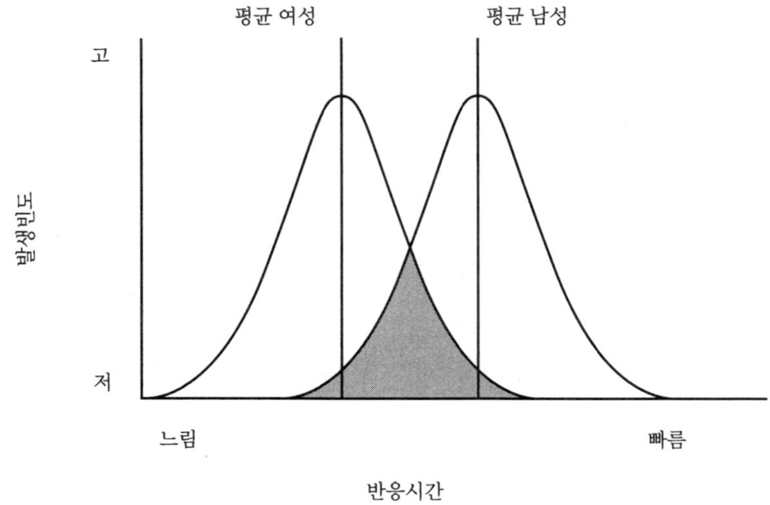

그림 1.1. 남성과 여성의 반응시간 빈도분포.

결론

이 장을 읽고 난 다음에 독자들은 사람들이 운전하면서 왜 그리고 어떻게 행동하는지에 대해 알아보는 것이 불가능하다고 생각할지도 모르겠다. 응용연구는 확실히 쉬운 것은 아니다. 한 가지 방법만 사용된다면 위에서 기술된 연구 방법 어느 것도 운전행동에 대해 명확하고 편파되지 않은 결과를 제공할 수 없을 것이다. 그렇기 때문에 연구 결과에 대한 "건전한" 의구심을 가지면서 동시에 연구 기법들 사이의 "수렴적 조작" 혹은 "교차 타당화" 절차를 사용하기를 권한다. 운전자가 어떤 행동을 왜 하는지에 대해 정확한 결론을 도출하기 위해서는 하나의 연구 방법에만 너무 의존하지 말고 다양한 기법들을 함께 사용하는 것이 더 바람직하다. 사고 통계치는 다양한 측면에 대한 정보를 파악하는 데 도움이 되겠지만, 실제로 필요한 정보를 얻어내기에는 너무 뒤죽박죽인 경우가 많다. 이러한 통계치를 정리하느라 소요된 시간과 돈을 생각하면, 또 이러한 통계치를 이용하여 실시된 많은 연구를 생각하면 이러한 주장은 약간 논란의 여지가 될 수도 있겠다. 그러나 저자의 개인적인 생각이지만 사고 통계치들은 노인 운전자 혹은 오토바이를 보지 못한 운전자에게 무슨 문제가 있는 점 같다는 것 외에는 특별히 주는 정보는 없는 것 같다. 대부분의 경우 사고 통계치를 이용하여 특정 연구 결과를 도출하여 해석하는 것은 너무 어려운 일이다. 왜냐하면 통계치가 갖는 속성상 이것은 인과관계에 대한 정보는 제공해 주지 못하기 때문이다.

실험 연구는 우리가 관심 있는 현상에 대한 통제를 가능하게 하기 때문에 변인 사이에 존재하는 인과관계를 확인하는 데 매우 좋은 방법이다. 또한 실험 연구는 통계치들이 내포하고 있는 어떤 가설들을 직접 검증해 볼 수 있게 한다. 그러나 실험 연구법도 문제가 없는 것은 아니다. 따라서 실험 연구를 통해 얻어진 결과는 관찰 연구를 통해 다시 확인하는 것이 필요한데, 왜냐하면 실험 상황에서 실험참가자들이 실험자의 영향을 받으면서 보이는 운전행동이 실제 이들이 일상적인 운전상황에서 보이는 운전행동과 차이가 없는지를 관찰 연구를 통해 확인할 수 있기 때문이다. 실험은 많은 노력과 시간이 소요되기 때문에 표본을 이용하여 실험이 수행된다. 이럴 경우 통계적 검증력(statistical power)이 저하될 수 있는데, 다시 말해 비록 작은 차이지만 실제로 존재하는 차이를 찾아내지 못할 수 있다. 반대로 실험 연구는 때로 두 집단 사이에서 관찰되는 아주 작은 차이라도 이것이 우연하게 관찰될 확률이 매우 작다는 이유로 마치 실제도 그러하다고 결론내리게 할 수 있는데, 이것은 실용적 유의성이 떨어지는 것이다. 전반적으로 평가해보면 통계치 분석 연구나 실험 연구가 각각 갖는 장점은 서로의 단점을 보완해 줄 수 있기 때문에 사람들의 운전행동을 정확하게 이해하려면 이 두 가지 연구 기법을 모두 고려하는 것이 필요하다.

CHAPTER 2

운전의 지각적 요인

서론

많은 연구자는 운전에서 시지각의 중요성을 강조했다. 예를 들어 Hills(1990)는 운전에 사용되는 정보의 약 90%는 시각을 통해 획득된다고 추정하였다. 그러나 이것은 무의미한 이야기이다. 비록 기술적으로는 정보를 정량적으로 측정할 수 있다 하더라도, 특정 감각경로를 통해 얼마만큼의 정보가 획득되는지는 말할 것도 없고, 환경으로부터 얼마만큼의 정보가 운전에 사용되는지에 대해서는 정확하게 알지 못한다. 그러나 일반적인 의미에서 운전자들이 시각 정보에 많이 의존한다는 것은 맞는 말이다. 그렇다면 운전자들은 이러한 정보를 어떻게 사용하는 것일까? 그리고 인간의 지각적 한계 때문에 발생한 사고의 비율은 전체 교통사고 중 얼마나 될까?

시지각 문제들

대부분의 사람은 무엇을 본다는 것이 얼마나 어려운 과정인지 거의 생각해 보지 않았을 것이다. 주의를 둘러볼 때, 우리는 3차원의 세계를 즉각적이고 매우 효과적으로 처리할 수 있기 때문에 이 과정에서 일어나는 세부적인 것에 대해서는 거의 알아채지 못한다. 대개의 경우 기초 생물학 교과서에서는 카메라와 비교하여 눈의 기능이나 구조를 설명하고 있는데, 이것은 지각 과정에 대해 잘못된 인상을 줄 수 있다. 영상 형성(image formation)과 관련된 물리적 측면만 보면 눈과 카메라는 공통점이 많다. 눈과 카메라는 외부 세상으로부터의 빛을 영상으로 맺히게 하는 렌즈와 그 영상의 초점과 밝기를 조절하는 장치들을 갖고 있다. 또한 영상이 투사되는 곳에는 빛에 민감한 층이 있다. 그러나 시각에서 영상 형성은 첫 번째 단계에 불과하다. 눈과 카메라를 표면적인 측면에서만 비교한다면 이 둘 사이의 근본적인 차이, 다시 말해 카메라는 단지 영상을 기록하는 것이지만, 눈은 그것을 해석한다는 점을 간과하게 한다.

시각이 단순한 영상 형성이 아니라는 점은 선뜻 이해하기 어려울 것이다. 예를 들어 내가 학생들에게 눈은 망막에 전도된 이미지를 맺히게 한다고 말하면, 학생들은 뇌의 어느 부분이 그 이미지를 다시 원래 모습으로 되돌리는 기능을 담당하는지 질문하곤 한다. 망막 이미지 전도(retinal inversion)와 안구의 둥근 형태 때문에 발생하는 망막 이미지에서의 전반적인 일그러짐은 누군가 우리 망막 안을 들여다보고 있을 때만 문제가 되는 것이다. 사실 망막 이미지(retinal image)는 지각을 구성하는 전체적 처리 과정에서는 단지 출발점에 불과하다. 일단 망막 이미지가 망막에 있는 광수용기(photoreceptors)에 의해 일련의 전기적 신호로 변환된 다음에는 이미지 그 자체는 별로 중요한 것이 아니다. 그것은 내가 지금 사용하고 있는 컴퓨터 안에 어떤 단어나 그림이 실제로 있는 것은 아닌 것과 같다. 컴퓨터 안에는 그 단어나 그림을 구현하기 위한 전기적 신호의 형태만 있기 때문이다(따라서 망막 위에 세상 이미지가 전도된 상태로 투사된다는 사실에 고뇌하는 독자들이 있다면 더 이상 그러지 말기 바란다. 어찌 되었건 중요한 점은 세상에서 벌어지는 일들은 체계적인 관계를 통해 망막에 투사되기 때문이다).

운전에서의 지각적 측면을 이해하고자 할 때 특히 중요한 것은 시지각의 목적이 안구로부터 이미지를 뇌로 단순히 전달하거나, 망막 뒤에 맺힌 불완전한 이미지를 "청소"하거나 혹은 그것이 무슨 의미인지 "해석"하려고 애쓰는 것은 아니라는 점이다. 지각은 주어진 환경에서 동물이 생존하기 위해 발달시킨 진화의 산물이다. 진화 과정에서 동물이 생존하기 위해서는 먹이나 배우자는 잘 찾아야 하는 반면, 반대로 약탈자나 위험물은 잘 피해야 했을 것이다. 그 결과 우리의 지각 체계는 가능한 빠르게 환경에서 무슨 일이 벌어지고 있는지에 대한 유용한 정보(반드시 환경의 세부적 요소에 대한 정확한 해석은 아닐지라도)를 공급할 수 있도록 만들어졌다. 다시 말해 지각 체계는 생존에 중요한 지각적 정보의 특징들을 추출하고 이해하도록 형성되어 온 것이다. 예를 들어 지각 체계는 물체의 모서리(edge)나 움직임을 탐지하는데 높은 우선권을 준다. 이러한 특징은 중요한 의미를 갖는데, 왜냐하면 모서리는 물체, 낭떠러지 혹은 방해물을 정의하고, 움직이는 대상은 많은 상황에서 주의를 기울여야 하기 때문이다.

지금까지 언급한 내용은 어느 정도 난해한 것들일 수 있으나 지각의 진정한 본질(즉 지각 체계가 갖는 능력과 한계가 무엇인지)에 대한 이해는 운전에서 이것이 담당하는 역할을 살펴보는 핵심적인 요소이다. Rumar(1988)가 지적하였듯이 우리의 조상들이 사바나 초원을 빨라야 시속 16~24km 정도로 돌아다니는데 사용되었던 시각 체계에서 별로 변한 것이 없는 시각 체계로 운전하고 있다. 나무에서 익은 과일을 찾거나 어떤 가지에 닿을 수 있을지를 결정하는데 사용되었던 시각 체계는 자신의 차량이나 다른 차량의 속도를 판단하게 하고, 거리를 추정하도록 하며, 주변에 어떤 것이 있는지에 대해 올바른 정보를 제공해 준다. 그것도 시속 110km로 운전하면서 말이다. 이것뿐만 아니라 우리는 운전하면서 라디오 채널을 맞추고, 옆에 앉은 동승자와 대화를 나누며, 휴대전화를 사용한다. 운전하면서 이러한 것들을 모두 수행할 수 있다고 생각하면 우리의 지각 체계가 갖는 대단한 능력에 감탄하지 않을 수 없다. 그러나 지각 체계의 일차적 역할, 즉 내 주변에 무엇이 있고, 그것은 나에게 유용한 것인지 아니면 위험한 것인지에 대한 물음에 빠르지만 대충 처리하는 역할은 운전상황에서 때로 좋지 않은 결과를 초래할 수 있다.

이미지의 해석에는 많은 과제가 포함되는데, 각각의 과제는 시각 체계에 심각한 시간적 제약이 없는 상황에서조차 쉽게 이루어지는 것은 아니다(이것은 인간의 시각 능력을 따라할 수 있는 컴퓨터 시각 시스템이 아직 제대로 개발되지 못한 이유이기도 하다). 예를 들어 어떤 대상은 그것의 주변에 있는 것으로부터 구별되어야 한다. 이것을 전경-배경 분리(figure-ground separation)라고 한다. 이러한 전경-배경 분리는 대상과 그 주변 사이에서 색이나 밝기의 차이가 분명하지 않다면 어려운 일이 된다. 이 때문에 시각 체계는 대상의 모서리를 찾아내는 믿을 수 있는 방법을 갖고 있어야 하는 것이다. 대상들은 많은 부분으로 구성되어 있기 때문에 시각 체계는 어느 부분이 어느 대상에 속하는 것인지를 결정해야 한다. 그 다음에 우리가 수집한 부분적인 정보(예를 들어 어떤 대상이 옆에 있는 다른 대상에 의해 부분적으로 가린 경우)에 기초하여 그 대상이 무엇인지 재인한다. 대상에 대한 관찰점이나 관찰거리에 따라 망막에 맺힌 대상의 이미지가 많이 달라짐에도 불구하고 우리는 대상들을 잘 재인할 수 있다. 또한 그러한 대상들은 이러한 망막 이미지에서의 변화에도 불구하고 크기나 형태에서 항상성을 갖는다. 운동은 정확하게 해석되어야 한다. 운동 지각은 좀 더 복잡한데, 왜냐하면 운동에 대한 지각 단서들은 지각자의 움직임을 포함한 여러 원천으로부터 제공되기 때문이다. 어떤 움직이는 대상에 눈을 고정하고 그것의 움직임을 따라가 보라. 이 경우 당신이 응시하고 있는 대상의 망막 이미지는 움직이지 않는 반면, 망막에서 당신이 응시하는 대상의 움직임과 반대 방향으로 움직이는 것은 그 대상을 둘러싼 배경이다. 그러나 이러한 경우에도 당신은 대상이 움직이지 배경이 움직인다고 지각하지는 않는다. 주변 조명이 밝기나 파장에서 많이 변하더라도 우리는 어떤 대상의 밝기나 색상을 동일하게 지각한다.

정보 과다부하 문제의 해결

시각 체계가 직면한 중요한 문제 중 하나는 세상에 주어지는 이미지에 엄청난 양의 정보가 들어 있다는 점이다. 숲, 바닷가의 조약돌 혹은 경기장에 모인 수많은 관중을 고려해 보라. 이러한 이미지에는 셀 수 없을 정도로 많은 윤곽이 있지만, 우리는 그러한 장면들을 거의 즉각적으로 해석할 수 있다. 정보 과다부하 문제는 그것이 실시간으로(즉 지금 보고 있는 것을 나중이 아닌 지금 당장 알아야 한다) 처리되어야 할 때 더 심각해진다. 매우 단순한 이미지조차 엄청나게 많은 정보를 포함하고 있는데도 시각 체계는 어떻게 주어진 장면을 즉각적으로 해석할 수 있는 것일까? 여기에는 여러 요인이 포함된다.

해부적 요인들

첫째, 시각 체계가 모든 장면을 상세하게 분석하는 것은 아니다. 상세한 분석이 이루어지는 것은 중심시에 맺히는 극히 일부의 이미지이다(그림 2.1 참조). 나머지 이미지들은 매우 조잡하게 표상된다. 망막에는 중심와(fovea)라고 불리는 중심시 영역이 있는데 대략 1도(손을 뻗었을 때 엄지손가락의 두께 정도)의 직경을 갖는다. 주변에 있는 어떤 대상을 분명하게 보기 위해서는 그 대상의 이미지가 중심와에 맺히도록 해야 하는데, 그것은 이 영역에 맺힌 이미지만 상세하게 분석될 수 있기 때문이다. 중심와 영역에서 멀어질수록 시력이 점차 감소한다. 주변시의 끝 부분에서는 단지 희미한 움직임 정도만 지각된다. 중심와로부터 거리가 멀어질수록 [이것을 이심률(eccentricity)에서의 증가라고 한다] 시력이 급격하게 감소하는 것은 중심와에서 20/20의 시력을 갖는 사람의 경우, 중심와에서 주변시 쪽으로 5도만 벗어나도 시력이 20/60으로 감소한다는 것으로 쉽게 예시될 수 있다. 다시 말해 중심와로부터 5도 떨어진 주변시 영역에 있는 도로표지를 읽기 위해서는 중심시로 그것을 읽을 때에 비해 세 배 정도 더 가까이 다가가야 그 표지를 읽을 수 있다는 것이다. 그림 2.1a는 카메라가 보는 장면이고, 그림 2.1b는 자동차에 눈을

(a)

(b)

그림 2.1. 중심시에서의 시력 저하에 대한 일례.

고정하고 있을 때 인간의 시각 체계가 보는 장면을 묘사한 것이다.[1]

주변시 영역에서의 급격한 시력 저하는 최소한 세 가지의 해부학적 특징 때

1. 이 이미지를 만드는데 포토샵 작업을 해준 Stuart Anstis에게 감사한다.

문에 나타난다. 첫째, 빛에 민감한 광수용기들(photoreceptors)은 망막에서의 분포가 고르지 못하기 때문이다. 양 눈의 망막에는 각각 1억 2천7백만 개의 광수용기들이 있다. 이 중 7백만 개는 추상체인 반면, 나머지 1억 2천만 개는 간상체이다. 추상체는 주간에 고해상력이 요구될 때, 그리고 색채를 볼 때 활동하는 반면, 간상체는 희미한 조도 조건에서 단색의 해상도 낮은 시각을 담당한다. 대부분의 추상체는 중심와에 밀집되어 분포하는데, 대략 60%의 추상체가 시각장의 중심으로부터 20도(응시점의 양쪽으로 10도)의 시각을 처리한다. 망막의 주변시로 갈수록 추상체의 수나 분포의 정규성이 감소한다. 그 결과 중심와로부터 거리가 증가할수록 추상체가 표집하는 이미지들은 점점 더 감소한다.

간상체는 추상체와는 다른 분포형태를 갖는다. 이들은 시각장 중심에는 존재하지 않고(여기에는 추상체만 존재한다), 중심와의 중심으로부터 10~15도 사이에 가장 많이 분포한다. 중심와로부터 멀어져 주변시 영역으로 갈수록 간상체의 수도 감소하는데, 그렇더라도 이들은 이 영역에서 추상체의 수에 비해 20배 정도 더 많이 있기 때문에 주변시에는 추상체보다는 간상체가 훨씬 더 많아지는 것이다.

둘째, 추상체와 간상체는 모두 망막 신경절 세포(ganglion cell)와 연결된다. 각각의 신경절 세포는 수많은 광수용기들이 생성한 전기적 신호를 모아 시신경(optic nerve)을 통해 뇌로 전달한다. 하나의 신경절 세포와 연결되는 광수용기들의 수는 망막의 영역에 따라 달라지는데, 중심와에 있는 신경절 세포에는 하나 혹은 두 개의 추상체가 연결되는 반면, 주변 망막 가장 끝 영역의 신경절 세포에는 수백 개의 간상체가 연결된다. 수용기들로부터의 입력 자료를 더 많이 합할수록 시력은 감소하는데, 그것은 흥분된 수용기들의 망막상 위치에 대한 정확한 정보가 수용기들로부터 전해진 입력 자료를 합하는 과정에서 상실되기 때문이다.

마지막으로, 망막에서의 추상체가 보이는 불균형적인 분포는 망막으로부터 전달된 정보를 분석하는 시각 피질량에서의 체계적인 변산성과 일치한다. 따라서 상대적으로 더 많은 양의 시각 피질이 중심와 영역에서부터 전달되는 정보를 분석하는데 기여하는 반면, 주변 망막으로부터 전달된 정보에 대해서는 더 적은 양의 시각 피질이 담당한다.

이러한 모든 것은 우리가 장면 여기저기에 대해 눈을 움직여 단지 지금 보고 있는 극히 일부에 대해서만 상세한 정보를 얻는다는 것을 의미한다. 정상적인 시각에서는 **도약 안구운동**(*saccades*)이라고 불리는 매우 빠르고 범위가 큰 안구의 움직임에 의해 응시점 사이를 이동한다. 응시점의 이동은 두 가지 방식으로 일어난다. 첫째, 만일 장면 어디에선가 중요한 변화가 발생할 경우 거의 대부분 그 지점을 향한 안구운동이 발생하게 한다. 둘째, 이와는 대조적으로 다음에 응시하는 것이 더 바람직할 것이라는 지식에 기초하여 장면의 어느 지점을 응시할지 우리가 선택하는 것이다. 최근의 변화맹(change blindness) 실험들은 현재 응시점을 통해 얻는 시각 정보 이외에는 거의 정보를 파지하지 못할 수 있다는 것을 시사하고 있다. 이것이 운전에 주는 시사점에 대해서는 곧 살펴볼 것이다(3장 참조).

공간빈도 분석

모든 시각 정보는 상세함의 정도에서 차이가 있다. 예를 들어, 창밖에 있는 나무를 자세히 보면 그 나무의 잎들도 볼 수 있는 반면, 눈을 가늘게 떠서 눈의 초점을 흐리게 하면 그 나무는 파란 하늘을 배경으로 서 있는 초록색의 어떤 형체가 될 것이다. 기술적으로 말하면, 상세함에서의 이러한 차이는 이미지 내용의 **공간빈도**(*spatial frequency*) 즉, 어떤 형태가 밝은 것에서 어두운 것으로 얼마나 자주 변하는가의 문제와 관련이 있다. 높은 공간빈도는 이미지의 상세한 정보(예를 들어, 나무 잎의 윤곽)를 포함하는 반면, 낮은 공간빈도는 이미지에서 좀 더 큰 범위의 변화(예를 들어 하늘을 배경으로 한 나무의 형체)에 대한 정보를 전달한다.[2)]

---

2. 공간빈도는 밝은 것과 어두운 것이 특정 거리 안에 몇 번이나 반복되는가(주기, *cycle*)로 표현할 수 있다. 예를 들어 공간빈도가 센티미터당 3주기라든지, 미터당 20주기라는 식으로 표현 가능하다. 실제적으로 공간빈도는 **시각도**(*visual angle*)당 몇 번의 주기가 반복되는지로 표현하는 것이 더 편리하다. 전방을 똑바로 주시할 경우 시각장은 약 200도에 걸쳐 있다(1도는 60분, 그리고 1분은 60초이다). 공간빈도를 기술할 때 각도의 개념을 사용하는 이유는 어떤 대상의 실제 크기보다는 그 대상이 우리의 눈에 어떻게 비치는지가 더 의미 있기 때문이다. 예를 들어 태양과 달은 크기가 매우 다르지만, 이 두 가지는 관찰 지점으로부터 거리도 달라서 망막에는 같은 크기를 갖는 이미지(약 1/2도)로 맺히기 때문이다. 따라서 망막에 맺힌 태양의 크기가 어느 정도인지 알고 싶다면 태양의 실제 직경이나 관찰 지점으로부터의 실제 거리 대신 단순히 망막에 맺힌 1/2도 크기의 단일한 대상만 알면 되는 것이다.

(a)

(b)

그림 2.2. 높은 공간빈도 혹은 낮은 공간빈도를 선택적으로 제거했을 때의 이미지.

그림 2.2는 높은 공간빈도 혹은 낮은 공간빈도를 선택적으로 제거했을 때의 이미지를 각각 보여주고 있다. 그림 2.2a 이미지는 낮은 공간빈도만 제시한 반면, 그림 2.2b 이미지는 높은 공간빈도만 제시한 것이다. 낮은 공간빈도를 제시한 이미

지의 경우라도 자동차의 세부적인 정보가 많이 손실되었음에도 불구하고 여전히 자동차를 알아볼 수 있다는 것에 주목하라.

Campbell과 Rodson(1968)의 공간빈도에 대한 선구적 연구 이후에 수행된 많은 연구는 시각 체계가 서로 다른 공간빈도를 비교적 독립적으로 처리한다는 것을 보여주었다. 시각 체계는 특정 공간빈도에 맞는 제한된 수(6개 정도)의 채널을 갖고 있는 것으로 보이고, 각각의 채널은 특정 범위의 공간빈도 범위를 책임진다(Wilson & Bergen, 1979). 공간빈도 분석을 통해 시각 체계는 실제 세계에 존재하는 시각적 복잡성에 대처할 수 있다. 먼저 앞에서도 언급하였듯이 숲이나 자갈로 가득 찬 해변은 수많은 윤곽을 포함하고 있는데, 우리의 시각 체계는 평균적 공간빈도로 이들을 요약함으로써 이러한 것들에 포함된 반복적인 결(texture)을 분할하여 파악할 수 있을 것이다. 둘째, 인간의 시각 체계는 1도당 3~5회의 주기를 갖는 공간빈도에 최대의 민감도를 보인다.[3] 이러한 특징은 생물학적으로 중요한 정보를 파악하는데 매우 이상적인데, 왜냐하면 우리 주변의 많은 대상은 이 범위의 공간빈도를 갖고 있기 때문이다. 매우 낮은 공간빈도는 조도 변화에 따라 점진적으로 변화한다. 이것이 우리에게 주는 정보가 별로 없기 때문에 그것을 무시할 수 있는 능력은 바람직한 측면이다.

그림 2.3은 Campbell과 Rodson(1968)의 인간 대비민감도 함수(contrast sensitivity function: CSF)에 대한 하나의 예시이다. 왼쪽에서 오른쪽으로 정형파 격자들은 공간빈도가 감소하고 있다(즉, 점진적으로 밝은 막대와 어두운 막대의

---

3. 여기에서 "민감도(sensitivity)"란 어떤 형태가 탐지되기 위해서는 어느 정도의 대비가 요구되는지를 의미한다. 이것은 관찰자에게 정현파 격자(sinusoidal grating)를 제시함으로써 측정할 수 있는데, 정현파 격자란 이미지에 분명한 모서리가 없이 밝음과 어두움이 부드럽게 연속적으로 반복되는 줄무늬 혹은 띠 형태의 격자를 말한다. 격자들은 공간빈도(예를 들어 줄무늬의 너비)나 대비(격자에서 가장 밝은 곳과 어두운 곳의 휘도 차이)를 달리하여 제시된다. 중간 정도의 공간빈도에 비해 너무 높거나 너무 낮은 공간빈도는 대비가 커야 관찰이 가능하다. 대비가 너무 낮다면 이 두 공간빈도의 격자들은 하나의 회색 자극으로 보인다. 마찬가지로 1도의 시각도당 50~60주기의 공간빈도를 갖는 격자들도 대비가 아무리 높더라도 밝은 곳과 어두운 곳이 분해되지 못하기 때문에 이것 역시 하나의 회색 자극으로 보인다. 각각의 격자가 관찰 가능한 최소대비량을 도식화할 수 있는데 이것을 **대비민감도 함수**(*contrast sensitivity function*)라 부른다. 높은 공간빈도의 자극 분해 능력만 측정하는 일반적 시력 차트에 비해 이 함수는 사람의 시각 능력을 훨씬 더 완벽하게 명세화할 수 있다(그림 2.3은 Osaka대학의 Izumi Ohzawa가 제공한 것이다).

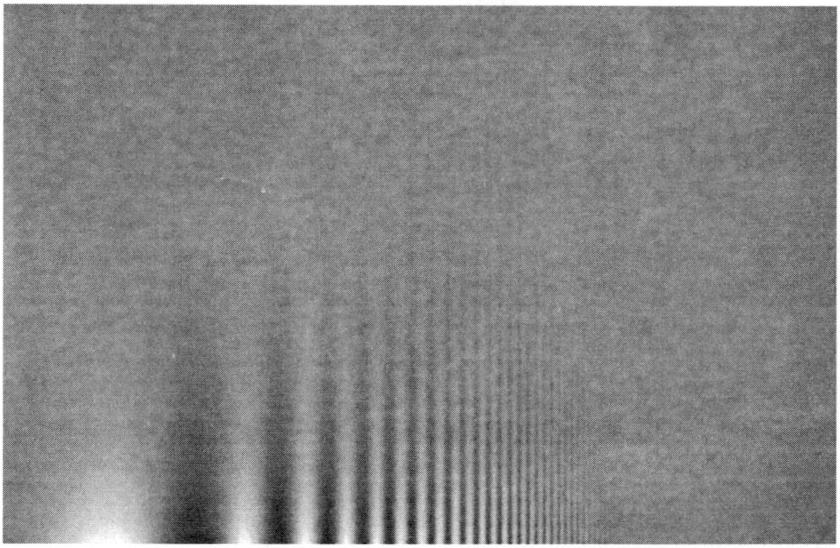

그림 2.3. 인간 대비민감도 함수에 대한 Campbell과 Robson(1968)의 예시.

폭이 좁아지고 있다). 그리고 밑에서 위로 갈수록 밝은 곳과 어두운 곳의 대비가 낮아지고 있다. 대비 변화가 이미지의 좌우(즉, 모든 공간빈도)에서는 동일하지만 우리는 막대들이 서로 다른 높이로 점차 사라지는 것을 지각한다. 그 이유는 높거나 낮은 공간빈도보다는 중간 수준의 공간빈도에 더 민감하고, 따라서 중간 정도의 공간빈도에서는 대비를 덜 요구하기 때문이다.

인간이 높은 공간빈도를 탐지하지 못하는 한계는 순전히 생리학적 이유 때문이지만(이미지를 표집할 수 있는 광수용기의 능력은 크기와, 이들이 얼마나 큰 밀도로 모여 있는지에 따라 달라진다), 대부분의 경우 매우 높은 공간빈도를 갖는 정보는 세상에 대한 유용한 정보를 거의 제공하지 않는다.

서로 다른 공간빈도에 대해서는 서로 다른 과제가 요구된다. 공간빈도 분석의 관점에서 우리가 시각적 장면을 분석할 때는 서로 다른 공간빈도 채널을 사용하여 낮은 공간빈도로부터(이미지의 전체적 형태로부터) 높은 공간빈도로(이미지의 상세한 부분으로) 분해가 진행된다고 제안되었다(Watt, 1988). 그러나 최근 연구들은 이미지 처리 과정이 반드시 낮은 공간빈도로부터 높은 공간빈도로 진행되는 것은 아니라는 것을 보여준다. 즉, 채널들은 주어진 과제에 따라 좀 더 유연하게 작동한다는 것이다(Morrison & Schyns, 2001). 대부분의 경우 대상에 대한 세세한 정보가 반드시 필요한 것은 아니다. 빠르게 장면을 분석하거나 운동을 포함한 과제(예를 들어 걷기)를 수행할 때는 높은 공간빈도의 정보보다는 낮은 공간빈도의 정보가 더 유용하고, 그 결과 낮은 공간빈도 채널로부터 정보를 더 많이 사용하는 것이다(3장 참조). 예를 들어 테이블에 부딪히지 않기 위해서는 그 테이블이 어떤 재질로 만들어졌다거나 표면은 얼마나 매끄러운지에 대한 정보는 필요하지 않는 대신, 현재 자신이 있는 위치로부터 테이블의 모서리가 어디에 위치하고 있는지만 파악하면 된다. 이와 유사하게 다른 사람의 머리를 향해 무엇인가를 던진다면 그 사람은 그것을 피하기 위해 머리를 재빠르게 숙일 것이다. 그 다음에 그 물체가 벽돌이었는지 아니면 공이었는지는 나중에 알아낼 수 있다(그 사람이 재빠르게 잘 피했다면!).

Schyns와 Oliva(1994)는 신속한 장면 처리를 위해 낮은 공간빈도로부터 높은 공간빈도로의 분해 방략이 어떻게 일어나는지 실험을 통해 보여주었다. 그들은 어떤 이미지에서는 낮은 공간빈도의 요소를 뽑고, 다른 이미지에서는 높은 공간빈도의 요소를 선택하여 이들을 하나의 자극으로 실험참가자에게 제시하였다. 예를 들어 실험 자극은 어떤 도시의 사진을 낮은 공간빈도로 만든 후 여기에 높은 공간빈도의 도로 장면을 조합하는 방식이었다. 짧은 노출시간 조건에서는 실험참가자들이 혼합적인 자극 속에서 높은 공간빈도보다는 낮은 공간빈도에 기초하여 자극을 범주화하는 경향을 보였다.

서로 다른 공간빈도에 대해 민감도가 다르다는 것은 우리가 특정 자극을 완전히 탐지할 수 있다거나 혹은 반대로 전혀 탐지하지 못한다는 것을 의미하는 것은 아니다. 우리는 1도당 3~5주기의 공간빈도 범위 안에 있는 자극보다 더 높거나 혹은 더 낮은 공간빈도 자극을 탐지할 수 있지만 그렇게 하기 위해서는 대비를 더 증가시켜야 한다(이 범위를 벗어나면 대비와는 상관없이 자극을 탐지할 수 없는 지점에 도달한다). 운전과 관련한 이러한 예는 안개의 효과이다. 안개 속의 물 입자들이 빛을 산란시키기 때문에 안개는 대비를 감소시킨다. 따라서 안개는 대상의 일반적인 형체(낮은 공간빈도)보다는 세부적 측면(높은 공간빈도)을 더 많이 제거한다.

하향처리의 사용

시각 체계가 이미지 해석의 복잡성에 대처하는 세 번째 방법은 대상과 그 주변의 시각적 특징에 대한 우리의 하향적 지식(*top-down knowledge*)을 사용하는 것이다. 지각에 대한 구성주의 이론에 따르면 감각적 입력 자체만으로는 신뢰할만한 지각을 달성하는데 충분하지 않기 때문에, 감각자료를 해석하기 위해서는 세상의 속성에 대한 우리의 지식을 지각 과정에 사용해야 한다고 주장한다. 따라서 지각은 일종의 고도로 해석적인 과정이라고 여겨졌다. 그와 같은 생각은 심리학에서는 오랜 역사를 갖고 있는데 19세기까지 거슬러 올라간다. Helmholtz(1866, 1925)는 지각이 "무의식적 추론(unconscious inference)" 과정이라고 생각하였다. 무의식적 추론은 빈약하고 본질적으로 모호한 감각 자료에 기초한 일종의 문제해결 활동이다. Rock(1983)이나 Gregory(1966, 1970)도 하향처리를 지지하는 증거를 제시하였다.

감각 입력을 해석하기 위해 사용되는 세상에 대한 지식의 일부는 잔화 과정을 통해 우리의 시각 체계에 이미 갖춰져 있을 것이다. 예를 들어 그림자를 해석할 때 시각 체계는 마치 빛이 위쪽에서 비치는 것으로 가정하는 것처럼 행동한다. 태양이 우리 머리 위에 있다는 것을 생각하면 그렇게 행동하는 것은 안전한 선택이다(최소한 인간이 인공조명을 발명하기 전까지는 말이다). 그 외의 다른 하향 정보들은 개인적 경험에 의해 획득될 수 있을 것이다.

하향처리 개념은 인간 정보처리가 "도식(schema)" 혹은 "스크립트(script)"에 많이 의존하고 있다는 생각과 밀접한 관련이 있다(Schank & Abelson, 1977). 도식 혹은 스크립트는 수많은 구체적 활동으로부터 추상화된 일반적 틀이다. 고전적인 예로 식당에 갔을 때의 상황을 생각해 보라. 그 상황의 세세한 측면들은 매번 달라지겠지만 "식당 가기" 상황에는 과거 경험을 통해 기대할 수 있는 다양한 규칙성도 포함하고 있다. 예를 들어 식당에서 진행되는 상황들은 충분히 예측 가능하다. 즉 식당에 들어가면 자리를 안내받고, 테이블에 앉은 후, 식사를 주문하는 등의 순서로 진행된다. 여기서 중요한 점은 식당 가기에 대한 일반화된 도식을 형성한 후에 각각의 식당 가기에 포함된 세부적 요소들을 채워넣는 것이, 이러한 요소들을 완전히 새로운 것으로 처리하는 것보다 더 효율적이라는 것이다. 도식은 앞으로 어떤 일이 발생할 것인지를 예상할 수 있게 하여, 그 결과에 대해 효율적으로 반응하도록 해 준다. 만일 운전이 대부분의 경우 예측 가능하고 반복적인 활동이라면 그러한 도식(그리고 이것이 생성하는 기대)은 운전자의 행동을 결정하는 데 중요한 역할을 할 것이다(Van Elslande & Faucher-Alberton, 1997).

도식은 여러 수준에서 작동할 수 있다. 낮은 수준에서 도식은 도로교차점에서 나오는 것, 교통신호기에 따라 정차하는 것, 차선을 변경하는 것 등 각각의 경우에는 세부적인 측면에서 약간씩 달라도 평균적인 운전자들이 수천 번은 수행해봤을 활동들에 대해 작동한다. 높은 수준에서는 집에서 마트에 가는 것이나 학교에서 아이들을 차에 태워 데려오는 것 등 정규적인 운전에 대한 도식이 포함될 것이다. 이러한 정규적 활동들도 경우에 따라 세부적인 요소에서만 차이가 나는 매우 반복적인 것들이다.

다음 장에서도 논의되겠지만, 저자는 하향처리와 도식은 운전에서 매우 중요한 역할을 할 것이고, 특히 많은 사고에서 중요한 요소일 것이라고 믿는다. 감각자료는 믿을만한 지각을 이끄는데 불충분하다고 여겼던 구성주의와는 달리, 잠재적으로 가용한 엄청난 감각 정보를 다루는데 하향처리도 일종의 방략으로 사용된다는 것이 개인적인 생각이다. 하향처리는 엄청난 감각 자료를 우리가 다룰 수 있는 분량으로 감소시키는 수단이 될 수 있을 것이다. 앞에서도 언급했듯이 시지각의 가장 중요한 측면은 이것이 초기의 경고 시스템으로 작용한다는 것이다. 이것은 무엇이 있고, 어디에 있으며, 어떻게 변화되는가와 같은 일반적인 질문에 대한 답을 빨리 제공해야 한다. 우리가 무엇을 볼 것인지를 결정하는 하향처리 기대는 지각 체계가 이러한 기능을 수행하는 데 중요한 역할을 할 것이다.

운전자 시각의 한계

시각 정보가 운전에 그렇게 중요하다면 인간의 시각 체계가 갖는 어떤 한계가 문제가 되는가? 이론적으로 운전에 어려움을 야기할 수 있는 시각 체계의 세 가지 한계는 시력, 초점맞추기 그리고 망막 순응이다. 그러나 이 세 가지 중 어떤 것도 사고의 중요 요인은 아니다.

시력

시력이 운전에 필수적일 것이라고 생각하겠지만 운전자의 시력과 교통사고 혹은 시력과 운전-관련 수행 사이의 관계를 살펴보고자 했던 많은 연구에서 시력과 교통사고는 놀라울 정도로 상관이 낮다는 것을 발견하였다.

시력에 대한 측정치로 가장 많이 사용되는 것이 **정적 시력**(*static acuity*)인데, 이것은 우리가 많이 해 보았던 것처럼 가만히 서서 시력검사 차트에 쓰인 크기가 서로 다른 글자를 읽는 것으로 측정한다. 이를 통해 주어진 자극을 상세하게 분석할 수 있는 능력에서의 차이를 평가한다. 영국에서는 시력의 법적 한계가 Snellen 시력검사 점수로 대략 6/15이다. 유럽 공동체위원회(European Commission) 표준은 양안 시력을 모두 가진 사람의 경우 6/12이고, 단안 시력만 가진 사람의 경우는 6/10이다. 여기에서 첫 번째 숫자는 개인의 수행을 나타내고 두 번째 숫자는 사람들의 평균 수행을 나타낸다. 예를 들어 당신이 6/6의 시력을 가졌다면, 당신이 6미터 떨어져 읽을 수 있는 자극을 평균적인 사람들도 6미터 떨어져서 읽을 수 있다는 것이다(이 경우 당신의 시력은 평균이다).

따라서 20/20의 시력은 어떤 사람의 시력이 평균이라는 것을 의미한다(시력이 완전하다는 것은 아니다). Snellen 점수가 6/12라면 평균적인 다른 사람들이 12미터 떨어져서 읽을 수 있는 자극을 당신은 6미터에서 읽어야 한다. 물론 다른 평균적인 사람들보다 젊은 사람들은 시력이 더 좋을 가능성이 높다. 예를 들어

Snellen 점수가 6/5인 사람은 평균적인 다른 사람이 5미터 떨어져 읽을 수 있는 것을 6미터 떨어져서도 읽을 수 있다.

시력과 교통사고율 사이의 관계에 대한 고전적인 연구는 Burg의 연구(1967, 1968) 및 Hills와 Burg의 연구(1977)에서 찾을 수 있다. 이들은 3년간의 연구 기간에 17,500명이 넘는 캘리포니아 운전자들을 대상으로 시각 수행에 대한 다양한 측정치들과 교통사고율 사이의 관계에 대한 대규모 연구를 수행하였다. 그 결과 교통사고율과 시력에 관련한 측정치들 사이에는 매우 약한 상관관계가 관찰되었다. 다만 54세 이상의 운전자들에게서는 시력과 교통사고율에 약간의 관련성을 찾을 수 있었는데, 그나마 이것의 상관계수도 0.1에 불과하였다.[4] 결국 예측의 관점에서 보면 무용지물인 것이다.

운전에서 시력이 그렇게 중요한 것이라면 왜 시력과 교통사고율 사이의 관련성이 높지 않게 나오는 것일까? 여기에는 여러 이유가 있다. 먼저 사고의 수 자체는 사고 위험성을 평가하는데 열악한 측정치라는 점이다. 실수의 일부만이 사고로 이어지기 때문에 시력이 좋지 않은 운전자들이 높은 사고가능성을 갖고 있더라도 얻어진 자료를 통해 이것을 알아내기는 매우 어려운 일이다. 이러한 문제는 Burg의 연구와 같이 큰 표본을 갖고 수행된 연구들(Burg, 1971; Kline et al, 1992; Hakamies-Blomqvist, 1996; Charman, 1997)에서도 마찬가지이다. 그러나 어찌 되었던 시력과 교통사고율 사이의 관계성을 찾아내는 데 많은 표본 수가 요구된다. 특히 이 둘 사이의 상관이 약할 때 더 그러한데, 왜냐하면 사고는 다른 많은 요인에 의해 발생하고 이 때문에 교통사고와 시력 사이의 가시적인 관계성이 약해질 수 있기 때문이다.

시력과 교통사고와의 관계성은 이 두 가지 변인 모두에 영향을 줄 뿐만 아니라 교통사고율에 더 많은 영향을 미치는 제3의 변인 때문에 쉽게 가려질 수 있다. 제3의 변인은 바로 연령이다. 젊은 운전자들(25세 이하)은 나이 든 운전자들에 비

4. 상관의 크기는 −1(완전한 부적상관)에서 1(완전한 정적상관)의 범위를 갖는다. 상관의 중요성을 더 잘 이해하는 방법은 그것을 제곱하는 것인데, 이렇게 제곱하여 얻은 값 R2는 다른 변인이 변할 때 한 변인의 변량이 얼마나 설명될 수 있는지 나타낸다. 따라서 0.1의 상관은 사고율 변량의 1%만 설명할 수 있는 반면, 나머지 99%는 설명되지 않는다는 것을 의미한다. 시력검사 점수는 사고 경향성에 대해 알려주는 것이 거의 없는 것이다.

해 주로 경험 미숙 때문에 더 많은 사고를 경험할 가능성이 높다(5장 참조). 그러나 젊은 운전자 집단은 최상의 시력을 갖고 있다. 나이 든 운전자들은 그들의 저하된 시력을 극복하기 위해 자신의 운전경험을 바탕으로 조심스럽게 혹은 천천히 운전함으로써 이들의 높은 교통사고 가능성을 상쇄시킬 수 있다. 시력이 교통사고에 어떤 영향을 미치는지 좀 더 정확하게 살펴보는 방법은 연령과 운전 경험에서는 서로 유사하지만 시력에서만 차이가 나는 집단을 서로 비교하는 방법일 것이다. 그러나 이렇게 하더라도 두 변인 사이의 관련성은 약하게 관찰되는 경향이 있다. 예를 들어 Gresset와 Meyer(1994)는 퀘벡시에 거중하는 75세 이상의 운전자 30,000명의 자료를 검토하였는데 시력이 나쁜 운전자들의 교통사고율은 시력이 좋은 운전자들의 교통사고율과 거의 동일하다는 것을 발견하였다.

연령과 교통사고율 사이의 관계가 시력과 교통사고율 사이의 관계와 매우 다르다는 사실은 운전에서의 시각 수행에 대해 매우 중요한 시사점을 제공한다. 즉, 시력보다는 다른 요인들이 교통사고에 더 큰 영향을 준다는 것이다(Evans, 1991). 운전자들은 40세가 지나면 더 안전한 운전자가 되는데, 이 시기는 시력, 대비민감도 및 눈부심으로부터의 회복을 통해 측정한 시각 수행이 감소하기 시작하는 시기와 정확하게 일치한다.

시력과 교통사고 사이의 관계성을 가리는 또 다른 요인은 시각 수행검사를 통한 측정치들이 운전에서 요구되는 시각적 수행과는 관련성이 거의 없다는 점이다(Charman, 1997). 전통적인 시력검사표는 좋은 조도하(**명소시 조건**, *photopic condition*)에서, 충분한 시간 동안 중심시를 통해 제시되는 자극을 움직임이 없는 상태에서 얼마나 상세하게 분석할 수 있는지를 측정하는 데 사용되는 것이다. 그러나 운전과 좀 더 직접적으로 관련되는 시각 수행측정치가 있는데, 예를 들어 동적 시력(움직이는 표적을 탐지하는 능력)이라든가 낮은 조도하(**암소시 조건**, *scotopic condition*)에서의 시력 혹은 낮은 대비 조건에서의 시력 등이다. 이들 중 많은 측정치는 정적인 명소시 조건에서의 시력검사 결과와 높은 상관관계를 보이지 않는다(Olson, 1996). 그러나 Charman(1997)은 동적 시력이나 눈부심 회복시간 혹은 야간시 등과 같은 다른 시각 수행측정 검사결과에 대한 연구들을 개관한 후에, 이들의 대부분은 교통사고율과 여전히 약한 상관관계만 있다고 결론지었다. 좋지 못한 시력과 교통사고율 사이의 상관관계가 큰 운전자 표본에서는 때에 따라 관찰되기도 하지만, 어떤 단일 검사 혹은 어떤 검사의 조합도 잠재적으로 안전하게 운전하는 많은 운전자를 배제하지 않으면서 교통사고의 위험성이 있는 운전자를 가려내지는 못한다.

위에서 소개한 대부분의 시력 검사는 중심시에 대한 것이다. 그러나 주변시에서의 문제가 운전수행에 더 큰 영향을 미친다는 것을 발견한 몇 개의 연구들이 있다. Szlyk, Fishman, Severing, Alexander 그리고 Viana(1993)는 주변시 영역은 정상이지만 중심시가 심각하게 손상되는(6/12 혹은 6/24) 황반 영양실조증(macular dystrophy) 초기 단계에 있는 운전자들의 교통사고율을 검토하였다. 그 결과 이 운전자들의 주간 교통사고율은 정상 시력을 가진 운전자들과 비슷하였지만, 야간 교통사고율은 이들보다 더 높았다. 이와는 대조적으로 중심시는 정상이지만 주변시는 심각하게 손상되는 망막 색소변성증(retinitis pigmentosa)을 가진 운전자들은 정상 시력의 운전자들에 비해 주간이나 야간의 교통사고율이 모두 높았다(Szlyk, Alexander, Severing, & Fishman, 1992). Johnson과 Keltner(1983)는 운전면허 갱신 지원자 10,000명의 시각장을 측정하여, 이 결과를 지난 3년간의 운전기록과 비교하였다. 단안 시각장 손상을 가진 운전자들은 정상 시각장을 가진 운전자들과 유사한 수준의 교통사고율과 교통사고 관련 유죄판결을 받았지만, 양안 시각장을 상실한 운전자들은 정상 시각장의 운전자들에 비해 교통사고율이 거의 두 배였다. 시각장 손실의 비율은 매우 높았다. 16~60세까지의 운전자들 중 대략 3%, 그리고 65세 이상의 운전자들 중 대략 13%가 시각장 손실을 보였다. McCaghrey(1987)도 6,000명의 영국 운전자를 대상으로 한 조사에서 이와 유사한 결과를 얻었다. Johnson과 Keltner의 연구에서 시각장에 문제가 있는 운전자들의 대략 반 정도가 주변시 문제를 전혀 의식하지 못했다고 주장하였다. 물론 이 문제 때문에 운전면허를 취소당하지 않을까 하는 생각으로 자신의 문제를 인정하는 데 주저했을 수도 있을 것이다.

시력과 교통사고율 사이에 약한 관련성이 관찰되는 가장 중요한 요인 중 하나는 아마도 시력이 좋다는 것만으로 안전한 운전을 보장하는 것은 아니기 때문일 것이다. 왜냐하면 운전에서 요구되는 대부분의 지각 과제는 반드시 좋은 시력을 요구하는 것은 아니기 때문이다. 예를 들어 차선을 유지하는 것은 주로(시력이 낮은 주변시를 이용한) 주변시 정보를 이용하고, 방해물은 장면을 대충 분석하고도(즉, 낮은 공간빈도로) 피할 수 있다(예를 들어 대부분의 차량은 낮은 공간빈도 채널을 활성화시키는데 충분할 정도로 크기 때문에, 주변의 색이나 조도가 차량과 얼마나 다른지 굳이 분석할 필요없이 운전자들은 이러한 정보만으로도 충분히 차량을 지각할 수 있다). 도로표지판은 근시인 운전자들에게는 문제가 되겠지만, 그것도 이들이 익숙하지 않은 장소에서 운전하는 경우에만 그럴 것이다.

시력이 급격하게 감소(6/6에서 6/9로 감소)하는 야간의 경우에도 대부분의 운전자는 야간에 운전하는 것을 특별히 어렵다고 생각하지 않는다. 사람들이 흔히 생각하는 것만큼 야간에 발생하는 교통사고율이 그렇게 높지 않다는 사실을 고려하면 좋은 시력이 운전에 필수적인 것은 아니라는 것이 더욱 분명해진다(Charman, 1997; Arumi, Chaugan, & Charman, 1997). 따라서 시력과 운전능력 사이에는 약한 관계만 존재한다고 결론지을 수 있다. 그렇다고 나쁜 시력이 운전에 이점을 가져다준다는 것은 아니지만 그렇다고 해서 이것이 교통사고율을 눈에 띄게 증가시키는 것도 아니다. 한마디로 말해 시력 자체는 교통사고에 대한 중요한 요인은 아닌 것으로 보인다.

초점맞추기

시력과 관련된 문제는 초점맞추기(focusing)이다. 뚜렷하게 보기 위해서는 환경의 대상에서 반사된 빛 파장이 망막상의 중심에 모여져야 하는데, 이러기 위해서 빛 파장은 굴절되어야 한다. 안구가 무한점을 응시할 때(우리가 먼 곳을 응시할 때) 이러한 굴절의 80%는 각막에 의해 이루어지고, 좀 더 근접해있는 것을 보고자 할 때 나머지 20%가 수정체(lens)의 모양 변화[이것을 **조절**(*accommodation*)이라고 한다]에 의해 이루어진다. 이러한 변화가 이루어지는 방식은 매우 흥미로

우며 중장년의 사람들에게는 많은 영향을 미친다. 수정체는 원형의 근육(모양근, ciliary muscle)으로 둘러싸여 있는데, 이것은 다시 마치 바퀴살 모양과 같은 방사형의 띠섬유(진대, zonular fibers of suspensory ligament)로 수정체에 연결되어 있다. 우리가 먼 곳에 있는 대상에 초점을 맞추고자 할 경우 모양근이 이완되어 직경이 커지는데, 이 때문에 진대가 팽팽해져 수정체가 좀 더 평평해진다. 반대로 가까운 대상에 초점을 맞출 때는 모양근이 수축하여 직경이 작아지는데, 이 때문에 진대가 느슨해지고, 수정체는 원래의 모양(즉 공처럼 좀 더 둥근 형태)으로 움츠러들면서 두꺼워진다. 여기까지 보면 안구의 조절 기능은 매우 만족할 만하다. 그러나 나이가 들면서 수정체는 평평한 상태로 탄력성이 저하된다. 더구나 나이가 들면서 수정체가 점점 더 두꺼워지는 것 때문에 수정체가 통과시키는 빛의 양도 줄어든다. 따라서 초점맞추기 능력은 나이가 들면서 저하된다고 할 수 있다. 어린 아이는 7~10cm 거리의 물체에 초점을 맞출 수 있지만, 50세가 넘어가면 가까운 거리에 있는 대상에 전혀 초점을 맞추지 못한다. 연령 증가에 따른 초점맞추기 능력의 상실은 원시(presbyopia)라고 불리는데, 이것은 45세 이후의 사람들이 무엇을 읽기 위해 볼록렌즈 안경을 사용하는 이유이기도 하다. "나이 든" 눈은 마치 초점이 고정된 카메라와 같아서 비교적 먼 거리에 있는 대상에는 매우 선명한 이미지를 만들 수 있지만 가까이에 있는 대상에는 초점을 맞추지 못한다.

그림 2.4는 관찰자로부터의 거리에 따라 ("젊은") 안구가 어떻게 초점을 맞추는지 보여주고 있다. 나이 든 사람의 안구는 진대가 느슨해지기는 하지만 수정체는 탄력성을 많이 상실하였기 때문에 평평한 상태로 남아 있게 된다.

거리가 다른 대상에 초점을 맞추기 위한 안구의 조절 시간이 약 1초 정도 걸린다는 것을 생각하면, 언뜻 보기에 이러한 조절 과정은 운전에서 심각한 문제를 야기할 수 있다는 생각이 들 것이다. 그러나 차량 밖의 대부분의 대상에 대해 운전자들은 **초점심도**(*depth of focus*)를 사용할 수 있다. 이것은 카메라의 **피사계심도**(*depth of field*)와 유사하다. 어떤 거리에 있는 특정 대상에 초점을 맞출 때 일정한 거리로 초점보다 더 가깝거나 더 먼 곳에 있는 대상들도 초점이 맞춰지는데 이 범위를 피사계심도라고 한다. 우리가 운전할 때 차량 밖에 있는 대상의 대부

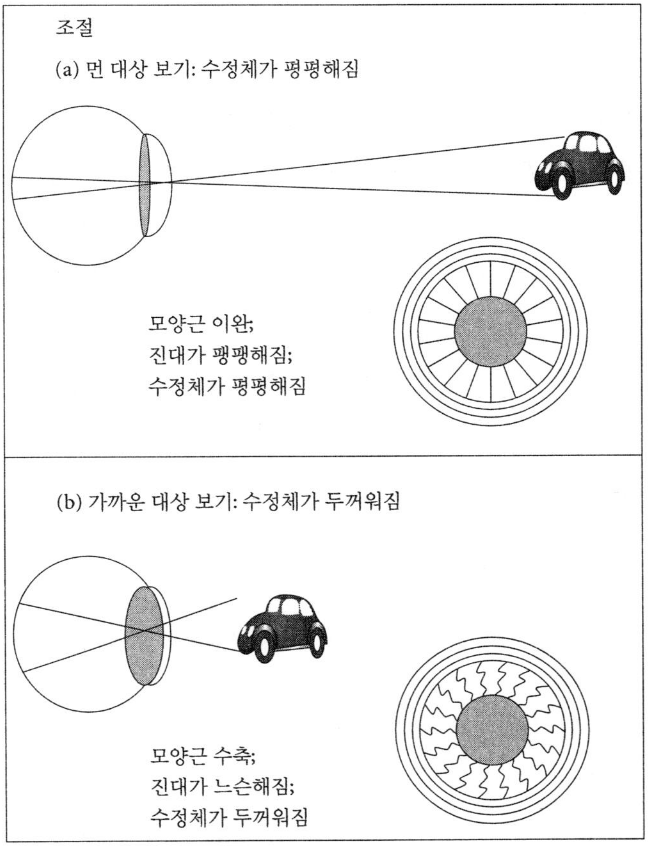

그림 2.4. 관찰자로부터 대상의 거리가 달라질 때 초점을 맞추기 위한 안구에서의 변화.

분은 초점보다 약간 앞쪽이나 뒤쪽에 있기 때문에(즉, 피사심도 안에 있기 때문에) 우리는 운전하면서 항상 초점을 변화시킬 필요가 없는 것이다.

그러나 초점심도는 운전자에게 문제를 안겨 줄 수 있다. 초점심도는 동공의 크기에 따라 달라지는데, 동공의 크기가 작을수록 초점심도는 커진다. 주간의 밝은 조건하에서 동공의 크기는 일반적으로 작기 때문에 더 큰 초점심도를 얻을 수 있다. 그러나 야간에는 안구에 더 많은 빛을 제공하기 위해 동공이 확장되는데, 이 때문에 초점심도가 줄어드는 부작용이 발생한다. 그 결과 밝은 조도하에서 약간의 근시가 있는 사람은 주간에 충분한 시력을 확보할 수 있지만, 야간이나 열

약한 조도하에서는 위험할 정도로 시력이 나빠진다(물론 운전검사의 하나로 실시되는 시력검사는 대개 조도가 좋은 조건에서 실시되기 때문에 이러한 문제는 잘 드러나지 않는다). 동일한 문제가 백내장의 경우에서도 발견된다. 백내장은 장면에서의 높은 공간빈도를 선택적으로 제거함으로써 이미지에 대한 초점을 흐리게 하는 경향이 있다. 백내장은 좋은 조도하에서 높은 대비를 갖는 대상에 대한 시력은 거의 손상시키지 않지만 야간에는 시력을 크게 손상시킨다(Anderson & Holliday, 1995).

초점맞추기는 관찰하고자 하는 대상이 갖는 대비에도 영향을 받는다. 즉, 대비가 높은 대상은 여전히 잘 탐지될 수 있지만 대비가 낮은 대상(조도가 좋지 못한 시골길을 걷는 검은색 복장의 보행자와 같이)들은 알아차리지 못할 수 있다.

망막 순응

시각 체계는 매우 다양한 강도의 빛에 반응한다. 우리가 볼 수 있는 가장 약한 빛 강도는 우리가 볼 수 있는 가장 강한 빛 강도의 10억분의 1보다 작다. 그러나 주어진 어떤 시점에 우리가 볼 수 있는 빛 강도의 범위는 상대적으로 더 좁아지는데, 그것은 우리의 시각 체계가 주변 빛의 강도에 대한 민감도를 순응시키기 때문이다. 이것은 어두운 극장에서 밖으로 나왔을 때 밝은 태양 빛에 시각 체계가 순응하는데 몇 초가 걸리는 이유이고 또한 야간에 운전할 때 앞차의 밝은 조명에 의해 잠시 눈이 보이지 않는 이유이기도 하다. 암순응(dark adaptation)은 두 단계에 걸쳐 이루어진다. 젊은 사람의 경우 약 6분간 지속되는 비교적 빠른 순응 단계가 있고, 그 다음에 약 16분 정도 시간이 요구되는 두 번째 단계가 이어진다. 이것은 (밝은 빛에서 사용되는) 추상체 활동에서 (어두운 빛에서 사용되는) 간상체 활동으로의 이동을 나타낸다.

암순응이 완전하게 이루어지는 것은 시간이 오래 걸리는 과정이지만, 운전에서는 이 과정이 거의 필요없고 또 거의 일어나지도 않는다. 왜냐하면 도심의 조명이나 자동차의 헤드라이트가 암순응이 일어나기에는 너무 많은 빛을 제공하기 때문이다. Chauhan과 Chauhan(1993)은 도로 조명수준이 일반적으로 대략 1cd/m^{2}이기 때문에 이것은 간상체만 활동하는 암소시 범위(10^{-6}~10^{-3}cd/m^2)보다는 추상체와 간상체가 모두 활동할 수 있는 높은 혼합시(mesopic, 이것을 박명시라고도 한다) 범위(10^{-3}~3cd/m^2)에 해당한다고 보고하였다.[5] 따라서 운전자들이 경험하는 문제가 암순응 그 자체 때문일 가능성은 희박하다.

그러나 시각 체계가 갖는 한계점이 운전자의 수행에 영향을 줄 수 있는 상황은 많이 있다. 어떤 주어진 순간에 우리는 제한된 조도 범위만 볼 수 있다. 밝기가 이 범위를 넘어 변화된다면 이때 요구되는 순응과정에는 시간이 소요된다. 어떤 차량 운전자가 밝은 태양 빛이 내리쬐는 도로를 운전하는데, 도로가에 쭉 뻗어 있는 나무의 그늘로 검은색 옷을 입은 오토바이 운전자가 다가오고 있다고 가정해 보자. 차량 운전자의 시각 체계는 밝은 빛에 순응이 되어 있기 때문에 나무 그늘로 인한 어두움에는 동시에 순응하지 못한다. 그 결과 차량 운전자에게는 그 오토바이 운전자가 전혀 보이지 않을 것이다.

Olson(1996)은 동일한 장소라고 해도 사람들이 서로 다른 암순응 수준을 갖고 있을 때의 문제를 경고하였다. 예를 들어 인공조명이 없는 상황에서는 보행자에 비해 운전자들의 암순응 수준은 더 열악할 수 있는데, 이 때문에 보행자는 자신에게 다가오는 차량의 운전자가 자신을 볼 수 있는 가능성을 과대평가한다.

Leibowitz(Leibowitz & Owens, 1977; Leibowitz, Owens, & Tyrell, 1998)는 암순응의 한계가 갖는 또 다른 문제를 지적하였다. 많은 나라에서는 운전자들에게 **정지가능 가시거리 확보**(*assured clear distance ahead*) 규정을 만들어 이를 준수할 것을 요구하고 있다. 정지가능 가시거리 확보란 전방의 눈에 보이는 거리에서 차량을 정차시키지 못할 만큼 빠르게 운전해서는 안 된다는 것을 의미한다. 그러나 야간에 정규적으로 운전하는 운전자들은 이 규정에서 정한 것보다 실제로는

---

5. 광원의 물리적 조도는 통상 제곱미터당 칸델라(candellars) 단위로 측정된다. 밝은 태양은 대략 3,000~6,000cd/m^{2}의 조도인 반면, 달빛은 대략 0.0006~0.00006cd/m^{2}의 조도이다.

더 빠른 속도로 운전한다. Leibowits 등(1998)의 논문에 인용된 연구들에 따르면, 야간에 운전자들이 볼 수 있는 거리의 범위 안에서 안전하게 차를 정차시키기 위한 가장 안전한 운전속도는 시속 25~30km이다.

그렇다면 왜 운전자들은 야간에 과속하는 것일까? Leibowitz는 운전자들이 야간 시력이 갖는 문제들을 거의 자각하지 못한다고 주장한다. 여기에는 몇 가지 요인들이 있다. 첫째, 앞에서도 기술하였듯이 야간에는 간상체가 주로 활동하는 주변시보다 추상체가 주로 활동하는 중심시가 더 많이 손상된다. 그러나 주변시는 주로 차선에 대한 차량의 횡적 위치를 통제하는 데 관여하기 때문에 바른 운전속도에도 차선은 유지할 수 있지만 중심시에 제시되는 위험요소는 잘 탐지하지는 못한다[Leibowitz는 이것을 **선택적 저하가설**(*selective degradation hypothesis*)이라고 불렀다]. 운전의 일차적인 과제 중 하나는 차선에 대한 차량 위치를 제대로 유지하는 것이기 때문에, 운전자들은 자신이 정상적으로 운전하고 있다고 생각하는 대신 적절한 시점에 차량을 정지시킬 수 없을 정도로 빠르게 운전하고 있다는 것은 자각하지 못할 수 있다. 뿐만 아니라 운전자들은 자신의 차량 안의 계기판, 자신의 차량이나 다른 차량의 헤드라이트 불빛, 그리고 운전하고 있는 환경에서 반사되는 것들(예를 들어 도로 표지판이나 야광 차선)은 잘 볼 수 있기 때문에 자신의 시각에는 문제가 없다고 생각할 수 있는데, 이것은 빠른 운전속도를 자각하지 못하게 하는 또 다른 이유가 될 수 있다.

둘째, 야간의 시각 문제는 주로 희미하고, 대비가 낮은 대상(예를 들어 보행자나 동물)을 처리하여 반응해야 하는 경우에 더 심각해진다. 특히 이러한 것들은 주행하고 있는 도로에서는 자주 마주치지 못하는 것들이다. 평소의 운전에서 거의 경험하지 못한 이러한 대상들에 대해 운전자들은 이들을 피하기에는 자신의 속도가 너무 빠를 수 있다는 것을 학습할 기회가 적었을 것이다. 이에 따라 실제로 이들과 마주쳤을 때 적절하게 대응할 수 있는 준비도 부족할 것이다. 마지막으로 속도 제한은 주간의 가시도를 기초로 설정된 것이기 때문에 야간에는 맞지 않을 수 있고, 따라서 야간에는 이보다 더 느린 속도로 운전하는 것이 안전할 것이다. 그러나 운전자는 이러한 것까지 고려하여 운전하지는 않는다. 그보다는 속도제한 표지판에 표시된 속도로 운전하고자 할 것이고, 결국 야간 운전에는 맞지 않는 더 빠른 속도로(그러나 표지판에 제시된 제한 속도로!) 운전하게 될 것이다.

Owens와 Tyrell(1999)은 Leibowitz의 선택적 저하 가설을 실험적으로 증명하고자 하였다. 이들은 기초적인 운전 시뮬레이터를 사용하였다. 차선은 실제 운전자의 조망과 유사하게 지평선 쪽으로 좁아지는 선으로 표시하였고, 차량의 횡적인 통제는 노브를 돌리는 것으로 수행되었다. Owens와 Tyrell은 재인 시각과 차선의 횡적 변화에 대한 시각을 선택적으로 저하시킨 후, 이것이 실험참가자들의 조향(steering) 수행(차선 중심으로부터의 이탈 정도로 측정)에 어떤 효과를 갖는지 비교하였다. 재인 시각은 디스플레이 화면을 흐리게 하거나(즉, 근시의 시각을 가진 사람이 보는 것과 같이) 조도를 낮춤으로써 저하시켰고, 차선의 횡적 변화에 대한 시각은 모사된 터널 시각을 통해 저하되도록 화면을 조작하였다. 그 결과 Leibowitz의 가설이 예언한 바대로 실험참가자들의 조향 반응은 시력보다는 터널 시각에 의해 손상되는 것이 관찰되었다.

이 연구가 갖는 한 가지 실제적인 시사점은 차선 경계를 너무 분명하게 하는 것은 오히려 역효과를 줄 수 있다는 점이다. 야간에 차선 경계를 보기 쉽게 하여 운전자들의 주변시를 촉진한다면, 이것은 운전자로 하여금 야간에 더 빠른 속도로 운전하게 할 수 있는 것이다. 이러한 우려는 Kallberg(1993)의 연구를 통해 입증되었다. 도로변에 반사가 잘 되는 기둥(post)을 설치한 결과 제한속도가 좀 더 빠른 시속 100km인 도로에서는 운전속도에 변화가 없었으나 이보다 더 느린 속도로 달려야 하는 도로(제한속도가 시속 80km)에서는 운전속도가 시속 10~20km정도 증가하였고, 사고율도 40~60% 정도 증가하였다.

마지막으로 야간에 운전할 때 빈번하게 경험하는 또 다른 문제는 앞 차량의 헤드라이트 불빛에 의한 눈부심(glare)이다. 조도에서의 갑작스러운 증가는 운전자의 순응 수준에 영향을 미쳐 일시적으로 전혀 볼 수 없게 하거나 볼 수 있기는 하지만 눈을 부시게 만든다. Mortimer와 Olson(1974)은 앞 차량의 헤드라이트에 운전자가 노출되기 이전과 이후에서 여러 목표 대상에 대한 가시도를 측정하였는데, 다시 원래의 가시도를 회복하기까지는 10초 정도 걸린다는 것을 발견하였다.

10초는 상당한 거리를 운전하는 시간이다. 그러나 이러한 효과는 연령에 따라 달라지는데, 나이 든 운전자의 경우는 다시 순응하기까지 더 오랜 시간이 소요된다. Schieber(1994)는 차량의 헤드라이트를 모사한 50와트짜리 조명등을 사용하여 실험참가자들의 눈을 부시게 한 후 낮은 대비의 글자들을 읽는 능력이 얼마의 시간이 지난 후에 회복되는지 측정하였다. 그 결과 노인들(65~74세)은 처음에 글자를 알아보는데 높은 대비가 필요했을 뿐만 아니라, 젊은 사람들(18~25세)보다 눈부심으로부터 회복하는 시간이 두 배 이상 소요되었다. 즉 눈부심으로부터 회복하는데 노인들은 2,142msec가 소요된 반면 젊은이들은 790msec가 소용되었다. 중간 연령(40~55세)의 사람들의 경우 처음에 요구되는 대비 수준은 젊은 실험참가자들과 유사하였지만, 눈부심으로부터 회복하기까지는 젊은 사람들에 비해 300msec 더 소요되었다. Schieber는 나이 든 운전자가 앞 차량의 헤드라이트에 의해 눈이 부신 이후에는 대비가 낮은 표적(예를 들어 조명이 없는 시골 도로의 가장자리)을 탐지하는 데 2초 이상 소요된다고 추정하였다.

결론

지금도 대중매체는 거의 맹인에 가깝다고 밝혀진 어떤 운전자가 낸 특정 사고를 대서특필하곤 한다. 일반 대중은 나쁜 시력이 교통사고의 주된 원인이라고 여기고, 철저한 시력검사(특히 노인 운전자에 대해)에 대한 요구가 가끔씩 제기되고 있다. 운전에 중요한 정보가 시각을 통해 획득되는 것은 사실이지만 이 장에서 논의된 연구들의 주된 결론은 시력이 나쁜 것과 교통사고율 사이에는 강한 관련성이 없다는 것이다. 운전 중 정보가 획득되는 일차적 경로는 시각이지만 비교적 낮은 시력으로도 충분하게 운전할 수 있는 것으로 보인다.

앞에서 살펴보았듯이 시지각 수행은 어려운 과제이다. 그러나 운전이 지각적으로 부담되는 활동이기는 하지만 대개의 경우 시각 체계는 이러한 부담에 대처할 수 있는 역량을 가지고 있다. 심지어 열악한 시력으로도 위험요소를 탐지하고 재인하는 데 충분하다. 여기에는 몇 가지 이유가 있다. 운전상황에서의 많은 자극은 확인보다 더 쉬운 과제인 탐지만으로도 충분하다. 예를 들어 교차로에서 회전하는 경우 자신의 앞에 차량이 있는지 여부만 살펴보면 되는 것이고, 그 차량이 어느 회사에서 생산된 어떤 종류의 차량인지를 일일이 확인할 필요는 없는 것이다. 도로표지판을 읽는 것과 같이 확인이 요구되는 경우라도 (1) 정보들은 대부분 지각적 역치를 넘는 수준으로 제공되는 경우가 많고(예를 들어 도로표지판의 글자나 그림들은 다른 것들과 쉽게 구별되도록 굵고, 단순화되고, 밝은 형태로 제시된다), (2) 정보가 중복적으로 제시되며(예를 들어 표시들이 반복적으로 제시된다), (3) 운전자는 자기가 원하는 정보를 확인하기 위해 운전속도를 조절할 수 있기 때문이다(예를 들어 도로표지판을 읽기 위해 운전자는 운전속도를 늦출 수도 있고, 도로표지판을 읽기 어려운 야간에는 주간에 비해 더 느린 속도로 운전하고자 할 것이다).

시각 체계에 주어지는 과중한 부담에 이것이 일반적으로 잘 대처함에도 불구하고 시각 체계가 갖는 한계점에만 너무 주의를 기울이는 것은 바람직하지 않다. 교통사고만 보더라도 시력이 가장 많이 떨어지는 야간에서조차 운전자의 감각적 한계가 교통사고를 야기하는 것은 놀랄 정도로 드문 일이다. 운전자들은 자신이 탐지하지 못한 대상과 때로 충돌하기는 하여도, 확실하게 그리고 전적으로 운전자의 감각적 한계 때문에 발생한 교통사고는 이보다 훨씬 적다(이에 대해서는 다음 장에서 좀 더 자세히 기술될 것이다). 이것은 아마도 두 가지 요인들 때문인 것 같다. 첫째, (안개나 눈 혹은 폭우와 같은 특별한 경우를 제외한) 대부분의 경우 우리가 탐지하여 반응해야 하는 자극들(예를 들어 다른 차량들)은 감각 역치를 훨씬 넘는 수준으로 제시된다. 둘째, 도로 환경은 고도로 구조화되어 있어서 충분히 예측 가능하다. 따라서 운전자들은 자신의 주변에 있는 모든 것에 대한 상세한 분석보다는 무엇이 기대되는지에 기초하여 행위할 수 있다. 다음 장에서 언급되겠지만, 운전자가 처한 실제 상황이 기대한 것과는 맞지 않을 경우 기대에 기초하여 반응하는 것은 때로 문제를 야기할 수 있다. 사고와 관련되는 지각 실패는 시각 체계의 한계와 직접적으로 관련되는 것은 아니다. 그보다 지각 실패는 주의의 문제 혹은 운전자의 환경이나 그 속에서 무엇이 발생할 것인지에 대한 잘못된 기대의 결과로 발생한다.

CHAPTER 3

운전과 주의

서론

앞 장에서는 매우 극단적인 조건이 아니라면 낮은 수준의 정보처리 한계들은 많은 교통사고의 주된 요인이 아니라는 것을 살펴보았다. 운전환경 속의 많은 대상(다른 차량이나 보행자 등)은 감각 역치를 훨씬 넘는 수준으로 제시되기 때문에 매우 쉽게 탐지할 수 있다.

그럼에도 불구하고 사고의 가장 흔한 원인은 운전자들이 상대방을 서로 보지 못하거나 보았다 하더라도 서로 너무 늦게 보기 때문이다(Ruman, 1990). Cairney와 Catchpole(1995)은 멜버른 도심에서 발생한 교통사고의 30%는 교차로에서 발생하였다고 보고하였다. 이들은 이러한 사고의 주된 원인이 무엇인지 밝히기 위해 경찰 사고조사를 분석하였다. 그 결과 충돌을 피할 수 있는 시간 안에 상대방의 차량을 보지 못한 것이 그러한 사고의 가장 빈번한 원인이었다. 차대 차 충돌의 78~90%는 두 운전자 중 최소한 어느 한 운전자가 상대방을 보지 못해서 발생한 것이고, 이러한 사고의 반 정도는 두 운전자 모두 상대방을 서로 보지 못한 것이 원인이었다. 많은 경우, 가해 차량 운전자는 자신의 시선은 제대로 된 방향에 두었지만 상대방 차량을 알아차리지 못했다고 주장한다. **보았지만 알지 못하는 것**(*looked but failed to see*: LBFS)은 왜 발생하는 것일까? 감각의 관점에서 말한다면 이에 대한 가장 확실한 설명 중 하나는 다가오는 차량을 알아차리기 어렵다는 것이다. 이러한 사고 유형의 피해자가 주로 오토바이 운전자나 자전거를 타고 있던 사람이라는 것을 감안하면 이러한 견해는 지지를 받는 것으로 보인다. 오토바이나 자전거 운전자들은 (차량에 비해) 크기가 작기 때문에 운전자들이 교차로에서 나올 때 이들을 잘 알아차리지 못한다는 것은 이해 가능한 설명이다. 그러나 이러한 유형의 사고를 세밀하게 분석해 보면, 사고의 실제 원인은 가해 차량 운전자가 갖는 시각 체계에서의 한계보다는 운전자가 무엇을 볼 것이라고 기대하는지에 중요한 영향을 미치는 주의를 포함한 인지 체계에 있다.

이 장에서는 많은 사고의 주요 요인으로 주의 과정이 갖는 한계에 대해 다룰 것이다. 앞 장에서도 기술하였듯이 우리는 시각장의 일부분에 대해서만 자세한 시력을 갖고 있다. 이 때문에 장면 전체를 한 번에 지각하지 않는 대신, 주변에 있는 다양한 요소에 대해 순차적으로 주의를 기울여야 한다. 주변에 대한 주의를 어떻게 할당할 것인지에 대해서는 특히 운전의 맥락에서 엄청나게 많은 연구가 수행되었을 뿐만 아니라 실험실 연구의 주된 관심사이기도 하지만 이에 대해서는 아직 많이 알려지지 않고 있다. 그러나 주의가 지각과정에서 핵심적인 측면인 것만은 분명하다. 주의는 세상의 몇 가지 측면에 상대적으로 더 집중하도록 할 뿐만 아니라, 우리가 무엇을 그리고 어떻게 보아야 하는지를 결정한다. 사람들이 기차나 버스 혹은 트럭을 탐지하지 못하는 경우와 같이 주의의 실패는 지각의 실패를 가져온다.

주의에 영향을 미치는 두 가지 요인

한 번에 주변 환경에 있는 모든 것에 주의를 줄 수 없기 때문에 주의의 효과적인 할당은 운전에서 중요한 문제가 된다. 어디에 주의를 줄 것인지는 내생적 요인

(endogenous factor)과 외생적 요인(exogenous factor) 모두에 의해 결정된다(Egeth & Yantis, 1997). 환경 자극에 의해 주의가 자동적이고 비자발적으로 유도된다는 의미에서 보면 주의는 자극-주도적일 수 있다. 자극의 순간적인 변화가 주의를 끄는 것은 당연한 일이다. 갑작스러운 움직임이나 새로운 대상의 신속한 출현과 같은 상향적(bottom-up)이고 외생적 단서들은 더 광범위한 처리를 촉진시킨다. 이 과정은 비자발적으로 발생하는데, 이것을 **주의 획득**(*attentional capture*)이라고 부른다(Remington, Johnston & Yantis, 1992; Theewes, 1992, 1994; Yantis & Jonides, 1984, 1990). 예를 들어 어떤 차가 큰 소음을 내고 달리고 있다면 이 소음에 주의를 기울이지 않는 것은 어려운 일일 것이다. 이것은 주의에 대한 외생적 영향의 한 가지 예이다.

이와는 반대로 주의는 목표-주도적일 수 있고, 따라서 무엇인가에 의식적이고 자발적으로 주의를 줄 수 있다. 주의의 상향적 요인들은 하향적 요인에 의해 그 효과가 약화될 수 있다. 예를 들어 대개의 경우 갑작스런 자극의 출현은 주의를 끌지만, 자극이 제시되기 이전에 특정 지점에 주의가 맞춰져 있었다면 이것은 주의를 끌지 못한다(Theewes, 1991; Yantis & Jonides, 1990). 이러한 특징에 기초하여 Folk와 그의 동료들(Folk, Leber, & Egeth, 2002)은 **부수적 비자발 지향 가설**(*contingent involuntary orienting hypothesis*)을 제안하였다. 이 가설에 따르면 주어진 어떤 자극은 관찰자의 현재 목표와 관련된 하향적 주의 제어 갖춤새와 대응하는 경우에만 주의를 획득한다는 것을 시사한다.

일상 생활에서의 주의 할당은 외생적 요인과 내생적 요인의 복잡한 상호작용 과정이다. 갑작스러운 소음이나 조도 변화와 같이 잠재적으로 중요한 사상에 주의를 기울이도록 되어 있다는 것은 분명 매우 많은 이점을 가져다 준다. 다른 한편으로는 우리의 행위를 체제화하고 계획할 수 있어야 한다. 환경 자극들에 지속적으로 주의를 빼앗기는 사람은 정상적인 생활이 어려울 것이다.

주의에 대한 두 가지 결정인자의 구분은 **가시성**(*conspicuity*)의 개념과도 관련된다. **대상 가시성**(*object conspicuity*), **주의 가시성**(*attention conspicuity*) 혹은 **감각 가시성**(*sensory conspicuity*)이란 용어들은 관찰자가 특별하게 보고 있지 않더라도 관찰자의 주의를 이끄는 대상의 역량을 나타내기 위해 사용되어 온 용어들이다. 검은색의 배경에 밝은 대상은 거의 대부분의 경우 관찰자의 주의를 끌게 될 것이고 이러한 측면에서 감각 가시성이 높다고 할 수 있다. **인지 가시성**(*cognitive conspicuity*) 혹은 **탐색 가시성**(*search conspicuity*)은 관찰자가 어떤 대상을 특별하게 보고 있을 때 그것이 탐지되도록 하는 대상의 역량을 말하는데, 이것은 대상이 갖고 있는 정보의 내용이나 관찰자의 심리적 상태에 따라 달라진다. 감각 가시성은 자료주도적인 상향처리에 더 많이 기초하고 있는 반면, 인지 가시성은 개념주도적인 하향처리에 더 많이 의존한다(Cole & Hughes, 1984; Engel, 1971, 1977; Hughes & Cole, 1984, 1986a, 1986b; Martens, 2000). 가시성의 두 유형이 반드시 일치할 필요는 없다. 경로 정보를 제공하는 도로표지판은 이것이 충분히 크고, 밝으며, 운전자의 시각장 중앙에 위치하고 있다는 점에서 높은 감각 가시성 수준을 갖고 있다고 할 수 있다. 어떤 운전자가 그러한 경로 정보에 대해 알기 원한다면 그 도로표지판은 탐색 가시성도 가질 수 있다. 즉 운전자들은 도로표지판에 방향 표시가 있을 것이라고 기대하고 적극적으로 특정 정보를 찾고자 한다. 어떤 경로에 대해 잘 알고 있는 운전자에게 도로표지판은 거의 무의미하고 이들은 그 표지판에 대해 의식적으로 자각하지 못할 수도 있다.

주의를 끄는 자극의 본질뿐만 아니라 우리가 고려해야 하는 주의의 또 다른 측면은 주의의 폭이다. 주관적으로 우리는 넓은 영역에서부터 고도로 초점이 맞춰진 영역에 이르기까지 주의를 다양하게 분배할 수 있다고 느낀다. 주의에 대한 유명한 이론은 **줌렌즈**(*zoom lens*) 모델이다(Ericksen & Yeh, 1985). 이 모델에서 주의는 마치 장면의 여러 범위를 비추는 탐색등(searchlight)처럼 넓은 영역과 좁은 영역을 번갈아 비춤으로써 주의의 폭을 변화시킬 수 있다고 설명한다. 한 가지 논쟁거리는 우리가 스트레스를 받을 때 주의의 폭은 어떻게 되는가이다. 이에 대해 많이 알려진 생각은 스트레스를 받으면 주의는 주의의 초점 쪽으로 그 폭이 좁아진다는 것인데, 이것은 일종의 "인지적 터널시각(cognitive tunnel vision)"의 한 유형이다(Easterbrook, 1959). 이것은 자극이 주의의 초점으로부터 떨어져 있을수록 이것이 탐지될 수 있는 가능성은 줄어든다는 것을 의미한다. 이에 대한 대안적인 설명은 주의의 폭이 줄어드는 것이 아니라, 자극들이 주의가 고정된 지점으로부터 얼마나 떨어져 있든지에 상관없이 현재 주의의 초점을 받지 않는 모든 자극에 대해 일반화된 수행의 저하가 있다는 것이다.

또한 주의가 영역에 따라 할당되는지, 아니면 대상에 따라 할당되는지에 대해서도 이론이 나뉜다. 이에 대해 한 마디로 답하면 아마도 둘 다 맞는 것 같다. 즉 과제가 무엇인지에 따라 주의가 영역에 할당되기도 하고, 대상에 할당되기도 한다 (Scholl, 2001).

운전자는 무엇을 보는가?

도로 환경, 특히 도심의 도로에서 운전자는 차량과 보행자, 도로표지판, 교통신호 등과 같은 많은 대상에 대해 적절히 반응해야 한다. 그러나 중심시로 이러한 모든 것을 동시에 볼 수는 없기 때문에 운전자는 자신의 주의를 이곳저곳으로 전환하며 운전해야 한다. 운전자는 무엇을 보는 것일까? 그리고 왜 그것을 보는 것일까?

운전자들이 어떻게 주의를 할당하는지 알아보는 가장 간단한 방법은 그들에게 물어보는 것이다. Hughes와 Cole(1986)은 운전자들에게 보행자 도로, 간선 도로, 그리고 쇼핑센터가 늘어선 도로 등을 주행하면서 자신의 주의를 끄는 것을 모두 말하도록 지시하였다. 그 결과 운전자 주의의 30~40% 정도는 (광고물을 포함한) 운전과 관련없는 것들에 주어지는 것으로 밝혀졌다. 운전자들은 이 여유 용량을 운전과 관련없는 것들을 보는 데 사용하였다. 15~20%만이 도로표지를 보는 데 주의가 주어졌는데, 이것도 모든 혹은 대부분의 도로통제 정보를 살펴보는 것에는 충분하지 않은 것이다. 실제로 도로표지판 10개 중 1개만이 보고되었다.

Hughes와 Cole의 연구 결과가 흥미롭기는 하지만 운전자들에게 그들이 무엇을 보고 있는지에 대해 묻는 것은 몇 가지 문제가 있다. 그들이 주의를 주고 있는 것에 대해 생각하도록 하는 것은, 운전자들로 하여금 평소에는 주의를 주지 못했을 영역에도 의식적으로 주의를 보내도록 할 수 있는 것이다. 가장 심각한 문제는 이 기법이 운전자가 무엇을 보고 있는지와 실제로 주의가 주어지는 것 사이에 밀접한 관계가 있다고 가정한다는 점이다. 그러나 곧 살펴보겠지만 지각과 의식적 자각이 항상 밀접하게 관련되어 있는 것은 아니다.

운전자가 무엇을 보고 있는지 알아볼 수 있는 다른 방법은 그들의 안구운동을 측정해보는 것이다. 특정 장면에 대해 운전자가 보고 있는 지점과 그곳에 안구가 고정되어 있는 시간, 그리고 안구운동의 크기와 방향 등을 기록하는 것이 가능하다. 이 방법도 안구가 고정된 지점에 주의가 주어진다고 가정하지만(운전자가 보는 곳에 주의가 주어지고, 반대로 운전자는 주의를 주는 곳을 본다), 항상 그러한 것은 아니라는 증거는 많이 있다.

이 영역에 대해 Mourant와 Rockwell이 실시한 초기 연구(1970, 1972)들은 요즘도 많이 인용되고 있다. 이 연구자들은 경험이 많은 운전자에 비해 초심 운전자들이 장면의 더 작은 부분만 탐색하고, 좌우방향으로 안구운동 범위가 더 좁으며, 자신의 차 앞에 있는 영역을 주로 보고, 차 안에 거울(후사경이나 사이드미러)을 보는 횟수가 더 적은 경향이 있다는 것을 발견하였다. 또한 초심 운전자들은 경험이 많은 운전자에 비해 응시시간이 더 길고, 더 많은 추종 추적(pursuit tracking) 안구운동을 보였다. 특히 초심 운전자들은 차선 표시를 더 자주 보는데, 이것은 차량을 조향하는 데 필요한 주변시 정보를 더 적게 사용하는 것을 시사한다.

좀 더 최근에 Underwood, Chapman 및 이들의 동료들은 실험실과 실제 운전상황 모두에서 운전전문가와 운전초심자의 안구운동 패턴을 비교하는 많은 연구를 수행하였다. 이들의 연구 결과는 Mourant와 Rockwell이 수행한 연구의 결과와 대부분 일치하였다. Underwood와 그의 동료들이 수행한 실제 도로 연구에서는 운전전문가와 운전초심자 사이의 도로 유형에 따라 응시의 지속시간과 범위에서 상당히 일관적인 차이가 관찰되었다. 경험이 많은 운전자들은 상황에 따라 탐색의 폭을 다양하게 변경하였고, 도심이나 시골의 도로보다는 2차선 도로(왕복 4차선)의 경우에 수직적/수평적 응시 범위가 더 증가하였다. 또한 혼잡한 도로에서 이들의 응시 지속시간이 더 짧았는데, 그것은 장면으로부터 더 많은 정보를 추출하기 위한 것으로 보인다. 초보 운전자들은 도로 유형에 따른 운전 난이도와는 상관없이 응시 행동에 거의 변화를 보이지 않았다(Crundall & Underwood, 1998; Crundall, Underwood, & Chapman, 1998, 1999; Underwood, Chapman, Broklehurst, Underwood, & Crundall, 2003). Underwood, Crundall 및 Chapman(2002)은 차 안의 후사경에 과중하게 의존하는 운전초보자들에 비해, 운전전문가의 응시 범위가 수평적으로 더 큰 것은 이들이 차 밖에 있는 사이드미러를 더 많이 사용하기 때문이라고 해석하였다.

따라서 경험이 많은 운전자들은 도로의 복잡정도에 따라 시각적 방략을 택하는 것으로 보인다. 이와 대조적으로 초보 운전자들의 시각적 방략은 세 가지 도로 유형에서 거의 차이를 보이지 않는 대신, 새롭거나, 위험한 혹은 시각적으로 처리하는 데 어려운 지점을 주로 응시하였다. 이러한 차이는 초보 운전자들이 운전에 몰두하려는 경향 때문에 발생한 것은 아닌 것으로 보인다. 그것은 운전자들에게 운전과 관련된 동영상을 보여주고 위험요소가 있는지 여부를 판단하게 하는 실험에서도 이러한 경향이 발견되었기 때문이다(Cahpman & Underwood, 1998; Underwood, Chapman, Bowden, & Crundall, 2002).

종합하면, Underwood 연구팀의 연구 결과는 운전전문성이 증가함에 따라 주변에 주의를 배분하는 방략에서의 효과성이 증가한다는 것을 시사한다. Shinoda, Hayhow 및 Shrivastava(2001)의 흥미 있는 연구도 이와 유사한 결론을 내리고 있다. 이들은 과제마다 하향처리의 영향을 받는 것으로 보이는 독특한 응시 패턴을 포함하고 있다고 지적하였다. 과제와 직접 관련되는 정보는 획득되지만 관련없는 정보는 무시된다. Shinoda 등은 운전 시뮬레이션을 이용하여 실험참가자들의 "정지" 표지에 대한 반응을 관찰함으로써 주의 할당에 미치는 하향처리의 영향을 분석하였다. 실험참가자들은 컴퓨터 그래픽으로 구성된 도심 장면을 운전하였는데, 이들 중 반은 선행차량을 뒤따라갈 것만 요구받았고, 나머지 반은 정상적인 도로 표지들을 관찰하면서 선행차량을 뒤따라가도록 요구받았다. 운전 중에 때로 "주차금지" 표지가 "정지" 표지 위에 짧은 시간 동안 제시되도록 하였다. 새로운 표지가 갑자기 출현하는 것으로 인해 실험참가자들이 표지가 달라졌다는 것을 바로 알아차리는 것을 방지하기 위해 각 시행의 무선적 지점에서 여러 번 화면을 제거하는 대신 그 중 하나에만 표지가 변화되도록 조작하였다(다음 절의 변화 맹시에 대한 논의를 보라). 표지는 교차로의 바로 전이나 도로의 중앙에 위치하도록 하였다.

표지변화를 탐지할 확률은 실험참가자의 과제와 표지의 위치에 따라 많이 달라졌다. 선행차량을 따라가는 과제만 수행한 집단은 표지가 어디에 제시되는지 상관없이(즉 도로의 한 구획 중간 혹은 교차로에 제시되는지에 상관없이) 그것의 변화를 거의 탐지하지 못했다(탐지율은 각각 15%와 8%). 그러나 선행차량을 따라가는 것과 도로표지를 관찰하는 것을 모두 요구받았던 실험참가자들은 훨씬 더 높은 변화 탐지율을 보였는데, 특히 도로 구획의 중간보다는 교차로 이전에서 표지가 변화되었을 때의 탐지율이 더 높았다(탐지율은 각각 33%와 100%). 이 실험 자료는 실험참가자들이 정지 표지가 제시될 가능성이 높은 위치(예를 들어 교차로 이전)에 제시될 때 그들의 주변시 영역을 더 많이 탐색한다는 것을 시사한다. 다시 말해 표지 변화에 대한 탐지 확률은 운전자의 과제, 표지가 정상적으로 어디에 위치하는지, 그리고 언제 그 표지를 찾아야 하는지에 대한 지식 등에 따라 달라진다. Shinoda, Hayhow, 및 Shrivastava(2001)는 "… 교통표지의 가시성은 내적으로 생성된 관찰자의 계획에 따라 달라지는데, 이러한 계획은 관찰자의 목표와 환경에 대해 학습한 확률 모두에 기초한다"고 결론지었다.

전체적으로 보면 안구운동 기록 연구로부터 나온 결과들은 응시 패턴이 (상향적인) 외생적 요인과 (하향적인) 내생적 요인의 상호작용에 의해 결정된다는 것을 보여주었다. 그러나 익숙한 지역을 운전하는 경우에는 후자가 더 중요한 역할을 하는 것으로 보인다. 이 절에서 기술된 연구들은 운전자의 응시 패턴(한편으로는 주의 할당)이 운전자의 과거 경험에 의해 많은 영향을 받는다는 것을 보여준다. 즉 운전자들은 언제, 어디에서, 무엇을 찾아야 하는지 알고 있는 것이다. 이와 같은 방식의 하향적 주의 할당은 매우 효율적일 수 있다. 그러나 이러한 방식도 문제를 안고 있는데, 그것은 무엇이 있을 것이라고 기대되는 지점을 보는 방략을 사용하면 실제로 무엇이 있는 곳은 때로 간과할 수 있다는 것이다. Folk

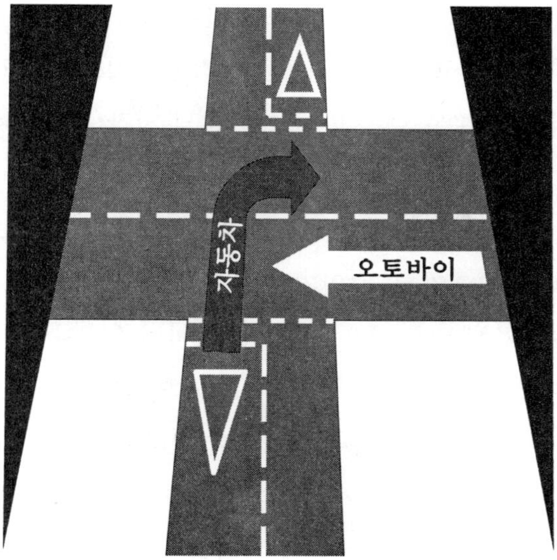

그림 3.1. 오토바이 사고의 가장 흔한 유형(이것은 차량이 좌측통행을 하는 경우이다).

의 부수적 비자발 지향 가설이 시사하는 바에 따르면, 현저한 자극이라 할지라도 그것이 관찰자가 현재 기대하고 있는 것과 맞지 않는다면 주의를 받지 못할 것이다. 이러한 특징은 다음에 살펴볼 오토바이 운전자 가시성에 대한 논의에서 중요하게 다루어질 것이다.

오토바이의 가시성

오토바이와 다른 차량의 충돌 사고는 다른 차량의 운전자들이 교차로나 회전 지점으로부터 오토바이 운전자의 경로 쪽으로 접근하는 경우에 많이 발생한다. 그림 3.1은 가장 흔한 유형의 오토바이 사고를 도식화한 것인데, 그림에서 보이듯이 다른 차량의 운전자가 교차로로 나오면서 큰 도로에서의 우선권을 갖고 있는 오토바이 운전자와 충돌하는 경우이다. Preusser, Williams, 그리고 Ulmer(1995)

는 미국의 사망 교통사고 통계자료를 분석하여, 1992년에 미국에서 발생한 총 2,074건의 오토바이 운전자 사망사고 중 25% 정도는 이러한 방식으로 사고가 발생했다고 보고하였다. 날씨가 좋은 봄, 여름 및 초가을의 낮 시간 동안 도심지역에서 가장 많은 사고가 발생하였다.

이러한 사고에 대한 가장 흔한 설명 중 하나는 가해 차량 (혹은 가해 오토바이) 운전자들이 피해 오토바이 운전자를 "보았지만 알지 못한 것"이다.[1] 이러한 유형의 설명은 그럴듯해 보이기 때문에, 많은 연구는 오토바이 운전자에 대한 가시성을 높이는 방법을 찾기 위해 수행되었다. 이 연구들은 일반적으로 오토바이가 감각적 이유들, 예를 들어 오토바이는 승용차나 트럭에 비해 크기가 작고 운전자의 전방에서 관찰될 수 있는 영역이 좁기 때문에 탐지되기 어렵다는 가정에 많이 의존하고 있다. 이 가정이 맞다면 이에 대한 해결책은 오토바이 운전자가 주는 감각적 가시성을 높이는 것이다. 여기에는 오토바이 운전자들이 주간에는 형광 의복을 착용하고, 야간에는 반사가 잘 되는 의복을 착용하거나, 혹은 주간에도 헤드라이트를 켜고 운전하는 것과 같은 방법이 포함될 수 있다.

그러나 오토바이 운전자와의 충돌사고가 실제 이들이 제공하는 열악한 가시성 때문인가?[2] "가시성이 있다"라는 말은 주의를 끈다는 것을 의미하고, 이전에도 살펴보았지만, 주의는 감각적 요인들(외생적 요인들) 뿐만 아니라 인지적 요인들(내생적 요인들)에 의해서도 영향을 받는다. 그러나 연구들은 내생적 요인들에 대한 고려를 배제한 채 오토바이 운전자의 가시성을 결정짓는 외생적 요인들에만 주로 초점을 맞추어 왔다. 무엇이 오토바이 운전자의 가시성을 저하시키는지에 대해 면밀히 검토해볼 필요가 있다. 그것은 이 문제가 그 자체로 중요한 문제이기 때문만은 아니고, 일반적인 의미에서 이 문제는 운전과 주의에 대해 뭔가

---

1. 다음 논의의 대부분은 오토바이 운전자에게도 적용되는데, 이들도 "보았지만 알지 못하는" 사고의 경향성이 높다.
2. 여기서 논의될 모든 논의는 차량 운전자들이 양호한 날씨의 주간에 오토바이 운전자들을 탐지하지 못하는 문제를 다룰 것이다. 다른 모든 도로 사용자도 마찬가지이지만, 감각적 가시성을 향상시키는 것(예를 들어 주간에도 헤드라이트를 켜고 운전하는 것)은 좋지 못한 날씨나 어스름한 시간대에 오토바이 운전자들에게도 분명 이점이 있다.

시사하는 것이 있기 때문이다.

첫째, 오토바이는 본질적으로 운전자들이 탐지하기 어려운 것인가? 시각적으로 보면 일반 차량에 비해 오토바이가 차지하는 영역이 더 작다는 것은 의심의 여지가 없다. 그러나 잘 탐지되지 않는 것과 탐지 자체가 어렵다는 것은 같은 의미가 아니다. 오토바이도 탐지하는데 충분할 만큼의 감각역치 위에 있을 수 있다(따라서 탐지 자체가 어려운 것은 아니다). 앞에서도 언급하였듯이 감각적 한계 때문에 오토바이가 잘 탐지되지 않는다는 주장은 거의 대부분 오토바이를 전혀 보지 못했다는 운전자들의 진술에 의존한 것이다. 운전자가 이렇게 말하는 것이 정확하게 무엇을 의미하는지는 약간 모호하다. 감각적 측면에서 본다면 그와 같은 진술은 오토바이가 탐지될 수 없었다고 해석할 수도 있을 것이다. 그러나 마찬가지로 타당한 다른 해석도 가능한데, 그것은 오토바이가 탐지될 수는 있었지만 어떤 이유 때문에 그러한 정보가 의식적 자각까지는 미치지 못했다는 것이다.

오토바이가 감각적 가시성이 결여되어 있다는 생각을 지지하는데 사용된 두 번째 "증거"는 주간에 오토바이 헤드라이트를 켠다거나 오토바이 운전자가 더 밝은 의복을 착용하면 다른 도로 사용자들에게 더 잘 보이도록 할 수 있다는 것이다. 그러나 놀랍게도 이에 대한 연구 결과들은 이러한 생각을 지지하지 않는다. 많은 국가에서는 오토바이 운전자들이 주간에도 헤드라이트를 켜고 운전하도록 하는 법안을 도입하여 시행하였고, 많은 연구가 이러한 법안의 시행 전후에 오토바이 사고가 어떻게 달라졌는지 비교하였다. 그러나 이러한 연구들도 준실험적(quasi-experimental) 방법을 사용함으로써 얻어진 자료에 대한 인과관계 해석이 어려웠다. 즉 관찰된 자료에서 보이는 오토바이 사고의 감소는 그 원인이 헤드라이트의 사용이라기보다는 다른 요인에 기인한 것일 수 있었다. 예를 들어 이러한 법령의 시행으로 인해 도로 사용자들의 사고에 대한 경각심이 증가하였고, 그 결과 운전자들이 운전을 좀 더 주의 깊게 한 것이 오토바이 사고의 감소를 가져올 수 있었던 것이다. 더구나 대부분의 연구는 주간 오토바이 헤드라이트 법령이 갖는 효과를 거의 찾을 수 없었다. Olson(1989)가 지적하였듯이 비록 한 연구에서 주간 오토바이 헤드라이트 사용 법령의 도입이 사고 수에서의 감소와 관련이 있다는 결과를 보이기는 했지만, 그것이 주간에 헤드라이트를 사용하여 오토바이 운전자의 가시성이 향상되었기 때문이라고는 단정지을 수 없었다. 그는 주간 헤드라이트 사용은 승용차나 트럭, 그리고 버스를 포함하는 모든 차종의 교통사고율을 줄이는 데 효과적일 수 있다는 증거에 주목하였다. 오토바이 이외의 이러한 차종들이 처음부터(즉, 주간 헤드라이트 사용 법령의 시행 이전부터) 가시성 문제를 갖고 있었던 것은 아니지 않는가?

가시성 향상에 관한 실험 연구들은 주간 헤드라이트 사용과 더 밝은 오토바이 운전자 의복이 다른 운전자들로 하여금 오토바이 운전자들을 더 쉽게 탐지할 수 있게 하였다는 것을 보여주었다(Wulf, Handcock, & Rahimi, 1989). 그러나 초기 연구들은 연구 방법에서의 문제가 있었다(Thomson, 1980, 1982). 예를 들어 Janoff와 Cassel(1971), Cassel과 Janoff(1971), 그리고 Fulton, Kirby 및 Stroud(1980)의 연구에서는 헤드라이트를 켜거나 끈 상태에서 오토바이 운전자를 길가에 주차하고 있게 한 후에 지나가는 운전자들에게 오토바이 운전자를 보았는지의 여부를 물었다. 이 연구들 모두에서 헤드라이트를 끄고 있던 조건에 비해 켜고 있던 조건에서 오토바이 운전자를 보았다고 더 빈번하게 보고하였다. 이 기법의 한 가지 문제는 이 기법을 통한 자료가 운전자들의 지각적 능력에 의한 것뿐만 아니라 이들의 기억 능력에 의해서도 영향을 받을 수 있다는 점이다. 예를 들어 운전자들은 헤드라이트가 꺼져 있던 오토바이를 탐지했음에도 불구하고, 나중에 이에 대해 질문을 받았을 때는 그것을 기억해내지 못할 수도 있었을 것이다(특히 이 연구가 수행될 당시에는 주간에 헤드라이트를 켜고 있는 오토바이가 매우 드물었기 때문에, 운전자들에게는 좀처럼 보기 힘든 장면이었을 것이고 이에 따라 헤드라이트를 켜지 않은 오토바이에 비해 더 잘 기억될 수 있다는 점도 주목해야 한다).

Fulton 등(1980)의 연구와 Williams와 Hoffmann(1979)의 연구에서는 몇 가지 측면, 즉 전조등, 메인-빔 헤드라이트, 측면 덮개, 그리고 오토바이 운전자의 형광 재킷 착용 등에서 오토바이 운전자의 가시성을 높인 일련의 슬라이드를 실험참가자들에게 보여주었다. Williams와 Hoffmann(1979)의 연구는 헤드라이트를 켜는 것이 오토바이 운전자의 가시성을 높여준다는 것을 예시하기 위해 자주 인용되기도 한다. 그러나 연구 결과가 그렇게 확증적인 것은 아닌 것으로 보인다. 첫째, 메인-빔 헤드라이트만이 다른 가시성 향상 방법에 비해 믿을만한 수준에서 더 많이 탐지되었다. 둘째, 모든 슬라이드는 각각의 시행마다 동일한 장소에 있는 오토바이 운전자를 보여주었기 때문에 실험참가자들이 수행한 과제는 실제 운전 장면에서 발생할 수 있는 상황을 제대로 모사한 것이 아니었다. Thompson의 연구(1982)와 Wulf, Handcock & Rahimi(1989)의 연구에서도 지적되었듯이 이러한 연구들은 차량 운전자가 오토바이 운전자를 찾고자 할 때 가시성을 높일 수 있는 어떤 방법은 다른 방법에 비해 상대적으로 좀 더 효과적이라는 것 밖에 보여준 것이 없다. 즉 실제 상황에서 차량 운전자가 왜 오토바이 운전자를 잘 알아차리지 못하는지는 아무것도 알려주지 않았다.

Hole, Tyrell 및 Langham(1996)은 좀 더 자연스러운 과제를 사용하여 오토바이 운전자의 의복이나 오토바이 헤드라이트가 오토바이 운전자에 대한 가시성에 미치는 효과를 다시 검증하였다. 실험참가자들에게 어떤 운전자가 교차로에서 나오기 위해 기다리고 있는 일련의 슬라이드들을 보여주었는데, 이 슬라이드들의 일부에만 오토바이 운전자들이 포함되었다. 이전 연구와는 달리 접근하고 있는 오토바이 운전자들의 위치도 고정된 위치가 아닌 도로의 어느 위치에서도 제시되도록 하였다. 실험참가자들의 과제는 각 슬라이드에 오토바이 운전자가 있는지의 여부를 빠르게 판단하는 것이었다. 이러한 과제는 실제 운전상황에서 발생할 수 있는 것에 더 근접한 것이다. 그러나 이 연구에서도 이전 연구와 동일한 문제를 경험하였는데, 그것은 실험참가자들이 어찌 되었든 몇 개의 슬라이드에는 오토바이 운전자가 포함되어 있을 것이라는 사실을 미리 알고 있기 때문에, 실제 운전상황에서 교차로에 위험요소가 있는지의 여부를 찾을 때 보이는 일반적인 행동과는 달리 좀 더 적극적으로 오토바이 운전자들을 탐색하였을 것이라는 점이다. 의복이나 헤드라이트의 효과는 한 마디로 기술할 수 있을 만큼 단순한 것이 아니었고, 특히 이것은 오토바이 운전자가 위치한 지점의 특성에 따라 큰 차이를 보이는 것으로 나타났다. 그러나 가장 중요한 점은 오토바이 운전자의 가시성을 결정하는 것은 밝기 그 자체보다는 운전자와 이들의 배경이 갖는 대비의 수준이라는 점이다.[3] 즉 배경이 밝은 경우에는, 헤드라이트를 켜지 않고 검은 색 의복을 착용한 운전자가 밝은 색 의복을 착용하고 헤드라이트를 켠 운전자에 비해 눈에 더 잘 띄었다.

중요한 발견 중 하나는 오토바이 운전자가 관찰자로부터 멀리 떨어져 있는 경우에만 헤드라이트 사용이 차량 운전자로 하여금 오토바이 운전자를 탐지하는 데 도움이 되는 반면, 아주 근접한 거리에서는 이것이 별로 의미 있는 차이를 보이지 않는다는 점이다. 아주 근접한 거리에 있다면 어찌 되었건 오토바이 운전자들은 쉽게 탐지되기 때문이다. 교차로에서 발생한 오토바이와 차량 사이의 사고를 조사하고자 할 때, 이러한 결과가 갖는 중요성이 분명해진다. 오토바이 운전자가 갖는 교차로에서의 우선 통행권을 위반하며 오토바이가 다가오는 경로로 차량이 교차로에서 나오다가 충돌 사고가 발생했다고 가정해보자. 그 차량이 교차로로 나올 때 오토바이 운전자가 그 차량과 너무 근접해 있고, 그 순간에 두 운전자 모두 충돌을 피하기 위한 효과적인 행위를 할 수 없는 경우(즉, 차량 운전자는 충돌을 피하기 위한 적절한 차량 통제나 후진과 같은 방법을 통해 오토바이 운전자의 경로에서 벗어날 수 없고, 오토바이 운전자도 정지하기에 충분한 시간을 갖지 못하는 경우)에만 사고가 발생할 것이다. 따라서 이러한 유형의 사고에서 핵심은 차량 운전자가 교차로에 나오기로 결정한 순간 오토바이 운전자가 차량과 너무 근접해 있다는 점이다. 이러한 사고의 대부분은 도심의 교차로에서 발생한다는 점을 감안하여, 오토바이 운전자는 영국에서의 규정 속도인 시속 48km로 운전하였다고 가정해보자. 또한 오토바이 운전자가 그러한 충돌 가능 상황에서 적절하게 반응하는데 2초의 시간이 소요된다고 가정해보자(이것은 예측하지 못했던 상황에 반응하는데 충분한 시간이다). 이것은 운전자가 교차로로 나오는 순

---

3. 다음의 예가 이러한 특징을 명확하게 보여준다. Southern England에서 가장 흔한 작물은 캐놀라(canola)인데, 이것은 아주 밝은 노란색의 꽃이 핀다. 캐놀라 밭에서 형광의 노란색 의복을 착용한 오토바이 운전자와 검은색 의복을 착용한 오토바이 운전자 중 누가 더 눈에 잘 띄겠는가? 전자의 경우가 더 밝기는 하지만 후자의 경우가 배경과 더 큰 명도 대비를 보일 것이다.

간, 오토바이 운전자는 사고 지점으로부터 27m 범위 안에 있었다는 것을 의미하는데, 이 범위보다 더 멀리 있었다면 오토바이 운전자는 충돌을 피하기 위한 적절한 행동을 취하는데 충분한 시간이 있었을 것이기 때문이다. 이 거리에서 차량 운전자의 망막에는 대략 상하로 3도, 좌우로 1도 정도의 크기로 오토바이 운전자에 대한 이미지가 맺히게 될 것인데, 이것은 탐지에 필요한 지각 역치를 충분히 넘는 수준이다.

오토바이 운전자에 대한 차량 운전자 망막상의 이미지가 감각 탐지역을 충분히 넘는 수준인데도 왜 차량 운전자는 오토바이 운전자를 탐지하지 못할까? 대부분의 사고는 많은 요인에 의해 발생하며, 이러한 요인들 역시 서로 완전히 독립적인 것은 아니다. 단순한 부주의가 때로 사고의 원인이 된다. Langham(1999)은 교차로로 진입하는 운전자들을 은밀하게 녹화하여 분석하였는데, 대부분의 운전자는 자신이 진입하고자 하는 도로를 관찰하는데 많은 시간을 사용하지 않는 것으로 밝혀졌다(평균 0.3~0.4초). 특히 어떤 운전자들은 그곳을 전혀 보지 않는 것 같았다.

이와 유사한 결과가 Summala, Pasanen, Räsänen 및 Sievänen(1996)의 연구와 Räsänen과 Summala(2000)의 연구에서도 관찰되었는데, 이 연구에서 운전자들은 교차로에 진입하면서 때로 한쪽 방향만 주시하였다. 결과적으로 이러한 운전자들은 무시된 방향에서 진입하는 오토바이 운전자들과 충돌할 가능성이 더 높았다. 이러한 유형의 사고가 발생하면 운전자는 자신이 도로 상황을 제대로 똑같이 살피지 않았다는 것을 잘 인정하려 하지 않기 때문에 보고에 어느 정도 편파가 발생한다. 이러한 연구들에서 운전자가 한쪽 방향만 보면서 교차로에 진입할 경우 운전자는 더 빠른 속도로 교차로에 진입할 가능성이 높다는 것을 발견하였다. Räsänen과 Summala는 빠른 운전속도는 운전자들로 하여금 주변에 선택적으로 주의를 기울이도록 하고, 교차로에서 자신이 무엇과 마주칠 것인지에 대한 기대에 더 많이 의존하게 한다고 시사하였다. 여기에서 중요한 점은 이러한 유형의 사고가 발생하면 이 사고는 "보았지만 알지 못한" 사고로 기록될 가능성이 높지만, 이것은 그 의미와는 달리 오토바이 운전자에 대한 감각적 속성과는 전혀 관련이 없다는 점이다. 그보다 이러한 사고는 운전자의 주시 패턴과 좀 더 직접적으로 관련되기 때문에, 오토바이 운전자에 대한 가시성을 향상시킨다 하더라도 이러한 상황에서는 별로 도움이 되지 않을 것이다.

"보았지만 알지 못해서" 발생한 사고와 관련된 또 다른 요인은 오토바이나 자전거의 크기가 다른 차량보다 더 작아서 이들이 우체통, 나무, 가로등 혹은 다른 차량과 같은 도로 구성요소들에 의해 쉽게 가려질 수 있다는 것이다. 따라서 "보았지만 알 수 없었던(looked but was unable to see)" 것에 기인한 사고도 있을 것이다. Olson(1989)은 오토바이가 관련된 사고에 대한 두 개의 대규모 연구(Hurt, Ouellet & Thom, 1981; Williams & Hoffman, 1977) 결과를 토대로 관찰이 방해됨으로써 발생한 사고 수는 "보았지만 알지 못해서" 발생한 사고 수의 절반 수준이라고 보고하였다.

관찰이 방해되어 발생한 사고를 배제한다면, 차량 운전자가 오토바이 운전자(혹은 자전거 운전자)가 접근하고 있는 쪽을 보면서도 이들의 진행 경로 속으로 차를 진입시키는 것에 의해 발생하는 사고가 남는다. 이러한 경우 사고가 발생하기 바로 직전에는 운전자와 이들 사이의 거리가 가깝기 때문에 차량 운전자는 오토바이 운전자(혹은 자전거 운전자)를 충분히 탐지할 수 있었을 것이다. 이러한 사고가 발생하는 이유 중 하나는 교차로에 있는 운전자들은 자신이 보기 원하는 것을 주로 보았기 때문이다. 오토바이나 자전거 운전자들은 기대하지 않았기 때문에 이들이 있다는 정보는 의식적 자각까지 이르지 못한 것이다. 다르게 말하면, "보았지만 알지 못해서" 발생한 사고는 감각적 가시성이 아닌 인지적 가시성의 문제 때문에 발생하는 것이다(Wulf et al., 1989).

Hole과 Terrell(1995)은 사람들의 기대가 오토바이 운전자에 대한 탐지 능력에 어떠한 영향을 미치는지 검토하였다. 실험참가자들은 어떤 운전자가 교차로에 진입하기 위해 멈춰 있는 지점으로부터 촬영한 일련의 교통장면에 슬라이드를 본 후, 가능한 빠르고 정확하게 그 슬라이드 속에 오토바이 운전자가 포함되어 있는지의 여부를 판단하였다. 오토바이 헤드라이트가 켜져 있는지 아니면 꺼져 있는지에 따라 달라지는 네 가지의 실험조건이 제시되었다. ON/ON 조건에서는 모든

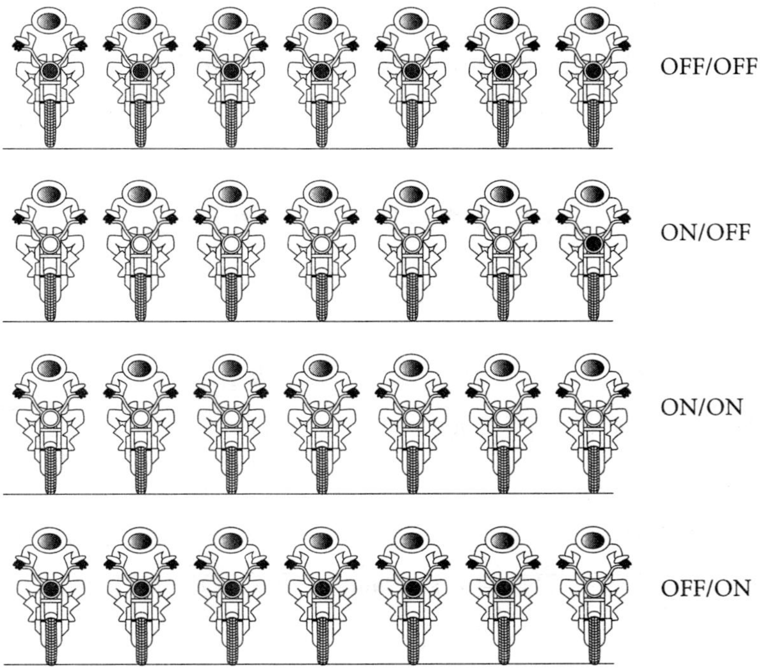

그림 3.2. Hole과 Tyrell(1995) 실험에서의 네 가지 조건들.

슬라이드에 헤드라이트가 켜져 있는 오토바이가 제시되었고, OFF/OFF 조건에서는 모든 슬라이드에 헤드라이트가 꺼져 있는 오토바이가 제시되었다. ON/OFF 조건에서는 맨 마지막 슬라이드에만 헤드라이트가 꺼져 있는 오토바이가 제시된 반면 나머지 슬라이드에는 헤드라이트가 켜져 있는 오토바이가 제시되었다. 이와는 반대로 OFF/ON 조건에서는 맨 마지막 슬라이드에만 헤드라이트가 켜져 있는 오토바이가 제시된 반면 나머지 슬라이드에는 헤드라이트가 꺼져 있는 오토바이가 제시되었다. 네 가지 조건들 모두에서 맨 마지막 슬라이드에 제시되는 오토바이 운전자는 카메라에 근접하여 촬영된 것이었다(그림 3.2 참조). 전반적으로 두 가지의 헤드라이트가 켜져 있는 조건들(ON/ON 조건과 ON/OFF 조건)의 실험 참가자들은 오토바이 운전자를 탐지하는데 더 빠른 반응시간을 보였다. 이것은 헤드라이트를 켜는 것이 가시성을 증가시킨다는 것을 시사한다. 그러나 ON/OFF

조건의 실험참가자들은 맨 마지막 슬라이드의 오토바이 운전자가 크고 분명하게 제시되었음에도 불구하고 이 슬라이드에 제시된 오토바이 운전자를 탐지하는데 이전의 슬라이드에 대한 것보다 훨씬 더 느린 반응시간을 보였다. 몇몇 실험참가자들은 이 조건에서 오토바이 운전자를 전혀 탐지하지 못하기도 하였다. 이러한 결과는 전체 슬라이드 중 60%의 슬라이드에만 헤드라이트를 켜고 있는 오토바이 운전자를 제시한 두 번째 실험에서도 반복되었다.

이 실험이 시사하는 바는 기대가 지각적 갖춤새(perceptual set)에 영향을 미쳤다는 것이다. 헤드라이트를 켜는 것은 탐지에 도움을 주기는 하였으나(특히 오토바이가 먼 지점에 위치하였을 때) 이것은 실험참가자들로 하여금 오토바이 전체를 찾기보다는 헤드라이트만 찾도록 하여 오토바이 운전자의 존재 여부를 확인하도록 유도했을 것이다. 이러한 결과는 좀 더 일반적인 현상을 시사한 것으로 보인다. 즉 운전자들은 **"간략 부호**(*shorthand codes*)**"** 라고 이름붙인 것을 기초로 다른 차량이 주변에 있는지의 여부를 판단할 수 있다. 간략 부호는 운전환경의 여러 측면과 일관적으로 연합되는 경향이 있는, 비교적 단순한 형태의 지각적 속성이라고 정의할 수 있다. 운전은 상당한 시간 압력하에서 수행되는 활동이다. 특히 차량을 진입시키는 것이 안전한지의 여부를 신속하게 판단하여야 하는 교차로 상황이라면 더욱 그럴 것이다. 이러한 문제에 대처하기 위한 한 가지 방법은 장면의 상세한 부분을 일일이 분석하기보다는 최소한의 단서를 사용하여 행동하는 것이다.

간결 부호는 경험을 통해 발달할 수 있고, 운전자의 주변에 대한 정교화된 지각적 분석을 대신하여 사용할 수 있는 효과적인 방법이 될 수 있을 것이다. 예를 들어 오토바이 헤드라이트는 "오토바이"를, 도로 위의 수평적 얼룩은 자동차를 의미할 수 있을 것이다. 운전자가 교차로로 진입하여도 안전한지의 여부를 판단하는 데는 이것만으로도 충분할 것이다. 그러나 간략 부호에 의지했을 경우의 문제는 적절한 간략 부호가 없을 경우 (우리의 실험에서 맨 마지막 슬라이드에 제시된 헤드라이트를 켜지 않은 오토바이가 크고 선명하게 제시되었어도 실험참가자들이 이것을 제대로 탐지하지 못했던 것처럼) 비록 다른 차량이 지각역보다 훨씬 더 높은 수준에서 제시된다고 해도 그 차량을 탐지하지 못할 것이라는 점이다. 이러한 결과들은 주간에 오토바이의 헤드라이트를 켜는 것은 오토바이 운전자에 대한 가시성을 향상시키지만 이것이 갖는 효과는 원래의 주장과는 다른 이유에서 비롯될 수 있다는 것을 시사한다. 즉 오토바이 헤드라이트는 감각적 가시성에서의 결함을 보완해주는 것이라기보다는 인지적 가시성을 향상시키기 때문이라는 것이다. 예를 들어 오토바이 헤드라이트는 차량 운전자가 오토바이와 이미 연합시켰던 간략 부호를 제공하였거나, 주간에도 오토바이 헤드라이트를 켜는 것은 일상적인 것이 아니기 때문에 이것이 차량 운전자의 주의를 더 많이 끌 수 있었을 것이다.

Langham(1999)은 행위의 기초로서 운전자들이 간략 부호를 사용한다는 것에 대한 더 많은 증거를 제공하였다. 실험참가자들에게 교차로로 진입하고자 정차하고 있는 운전자의 관점에서 촬영한 짧은 동영상 클립을 제시하고, 그 클립 속에 제시된 차나 오토바이가 접근하고 있는 중인지의 여부를 판단하도록 하였다. 몇 개의 동영상 클립에 있는 오토바이는 움직이고 있는 수직의 회색 직사각형으로, 자동차는 움직이고 있는 회색의 수평 직사각형으로 대치되었다. 결과는 약간 혼란스럽지만, 이 실험에서 가장 주목되는 점은 실험참가자들은 제시된 자극이 실제로는 직사각형이었음에도 불구하고, 그것을 깨닫기 전에 가끔은 그것이 자동차나 오토바이라고 판단하였다는 점이다. 그리고 이러한 경향은 젊은 운전자들보다는 경험이 많은 경찰 운전자들에게서 더 뚜렷하였다. 이러한 결과는 운전자들은 운전경험이 증가할수록 간략 부호에 더 많이 의존한다는 것을 시사한다.

앞 장에서는 우리의 시각 체계가 특정 장면에 있는 서로 다른 공간빈도에 반응하는 여러 개의 공간빈도 채널을 갖고 있는 것으로 보인다고 기술하였다. 이러한 공간빈도 채널은 간결 부호가 실행될 수 있는 한 가지 방식을 제공해 준다. 예를 들어 Langham의 동영상 클립 연구에서 실험참가자들이 차량이 제시되었는지의 여부를 판단할 때 낮은 공간빈도 채널에서 제공되는 출력에만 의존한다면 자동차와 직사각형을 혼동하는 것은 충분히 가능한 일이다.

간단히 말해 어떤 운전자가 교차로로 진입할 때는 자신이 어떠한 것과 마주칠 것인지를 충분히 기대할 수 있을 것이다(이러한 기대는 유사한 교차로 진입에 대한 과거 경험에 기초한다). 이들은 교차로에 진입하는 것이 안전한지의 여부를 신속하게 판단해야 하는데, 만일 이러한 판단에 너무 신중을 기할 경우 교차로에 진입할 수 있는 기회를 상실하게 될 것이다. 이들의 경험에 비추어 자신의 차 앞으로 진행하여 올 수 있는 차량들은 (특징적인 공간빈도 혹은 간결 부호를 가진) 승용차, 트럭 혹은 버스일 가능성이 가장 높기 때문에 운전자들은 그러한 차량을 찾을 것이다. 오토바이나 자전거는 이와는 다른 공간빈도를 가지고 있고, 운전자의 주의 처리가 이러한 것을 탐지하는데 적합하지 않기 때문에 이들의 존재는 운전자의 머릿속에 등록되지 못한다.

운전경험이 주는 또 다른 효과는 이것이 운전자들로 하여금 차량이 어디에 위치해 있을 것인지, 따라서 이들을 탐지하기 위해서는 어디를 보아야 하는지에 대한 기대를 갖게 한다는 것이다. Langham의 연구(1999), 그리고 Herslund와 Jørgensen(2003)의 연구에서는 이러한 특징이 오토바이 혹은 자전거 사고를 포함한 LBFS 사고의 또 다른 이유라고 제안하였다.

LBFS 사고가 주의 실패나 잘못된 기대에 의해(즉 감각적 가시성의 문제가 아닌 인지적 가시성의 문제에 의해) 발생한다고 주장할 때는 항상 이에 대한 대안적 설명을 완전히 배제할 수 없다. 어떤 연구자는 오토바이 운전자가 본래 탐지하기 어려운 것이 아니라는 주장을 받아들이려 하지 않고, 자동차 운전자가 오토바이 운전자 쪽으로 차를 운전하는 것에는 (인지적 가시성 말고) 또 다른 이유들이 있을 것이라고 주장할 것이다. 예를 들어 운전자들은 접근하고 있는 오토바이의 속도를 잘못 지각할 수 있다. 왜냐하면 오토바이는 운전자의 전방 시야에서 차지하는 영역이 작기 때문에, 오토바이의 속도에 따라 자동차 운전자 망막에서 변하는 오토바이 이미지의 확장 정도를 통해서는 오토바이 속도에 대한 단서를 얻기 어려울 것이기 때문이다. 또한 운전자는 큰 차가 전방에서 접근할 때와는 달리 오토바이 정도는 그렇게 위험한 것이 아니라고 생각하면서 오토바이가 길을 먼저 양보하도록 막무가내로 교차로로 진입할 수도 있을 것이다.

그러나 이러한 설명에 대한 반대 증거들도 있다. 즉 비록 LBFS 사고가 오토바이나 자전거 운전자들에게서 많이 나타나기는 하지만, 그렇다고 LBFS 사고가 오토바이나 자전거와 같이 크기가 작은 차량들만 포함하지는 않는다는 것이다(Olson, 1989; Rumar, 1990). LBFS 사고는 승용차나 트럭(Cairney & Catchpole, 1995; Cercarelli, Arnold, Rosman, Sleet, & Thornett, 1992; Rumar, 1990), 그리고 기차나 항공기(Draskoczy, 1989; Edkins & Pollock, 1997; Hurst & Hurst, 1982; Leibowitz, 1985; O' Hare, Roscoe, Vette, & Young, 1990)를 포함한 거의 모든 교통수단에서도 발생한다(Olson, 1989; Rumar, 1990). Langham, Hole, Edwards 및 O' Neil(2002)은 경찰차량이 관련된 LBFS 사고를 조사하였다. 경찰차량이 고속도로와 같이 고속주행이 가능한 도로 위에 주차한 경우, 경찰차량은 다른 운전자에 의해 충돌당하는 사고가 빈번하다. 이러한 사고를 낸 운전자들은 충돌을 피하기에는 너무 늦기 전까지 경찰차량을 보지 못했다고 주장한다. 이러한 사고에 대한 경찰 보고서를 상세히 분석한 결과, 사고 중 최소한 몇 가지 경우는 운전자가 오랫동안 시각적 방해가 전혀 없이 경찰차량을 볼 수 있었으며, 날씨도 양호한 경우에 발생한 사고였다. 물론 운전자의 피로에 의한 사고 가능성을 전혀 배제할 수는 없더라도 운전자는 맑은 정신이었고, 사고가 특정한 시간대에 발생하는 것도 아니었다. 만일 사고가 피해 차량의 크기나 감각적 가시성에 의한 것이라면 감각적 한계의 관점에서 이러한 사고를 설명하기는 어려운 것이다(경찰차량은 대부분 차량의 측면과 후면에 반사가 잘 되는 줄무늬 띠가 칠해져 있었고, 파란색과 빨간색이 깜박거리는 경광등을 켜고 있었다(거의 대부분의 경우, 이 두 가지가 모두 포함된다). Langham 등은 사고 보고서에 대한 분석 이후에 두 개의 실험실 실험을 실시하였다. 실험참가자들에게 2차선을 달리는 차량 운전자의 관점에서 촬영한 일련의 비디오 클립들을 보면서, 위험요소가 있다고 판단되는 순간 빠르게 버튼을 누르도록 하였다(이때의 위험요소에 대해서는 특별히 규정하지는 않았다). 클립 중 하나에는 경찰차량이 경광등을 켜고 주차하고 있었는데, 이 경찰차량은 클립이 촬영된 장면에서는 차선 안쪽으로 들어와 있었기 때문에, 실제 운전상황이라면 운전자는 이것을 피하기 위해 차선을 변경해야 할 것이다. 실험참가자의 절반에게는 차선의 방향과 일치하게 진행방향을 향하고 정차되어 있는 경찰차량을 보여 준 반면, 나머지 절반에게는 차선에 대해 45도 옆으로 정차되어 있는 경찰차량을 보여주었다. 한 실험에서는 휴대전화를 사용하지 않은 조건에서 이러한 과제를 수행한 반면, 다른 실험에서는 휴대전화를 사용하면서 동시에 이러한 과제를 수행하였다. 그 결과 두 실험 모두에서 실험참가자들의 반응시간은 경찰차량이 비스듬히 주차해 있던 조건에 비해 차선과 일치하는 방향으로 주차해 있을 때 더 느렸다. 이러한 차이는 두 번째 실험(즉 휴대전화를 사용하면서 동시에 위험요소를 탐지하는 실험)에서 더 두드러졌는데, 어떤 경우에는 실험참가자들이 앞에 있는 경찰차량에 대해 전혀 반응하지 못하거나, 실제 상황이라면 충돌이 불가피할 정도로 느리게 반응하는 경향을 보였다.

사고 보고서와 함께 이러한 실험 결과들은 운전자들이 때로는 매우 가시적인 대상을 탐지하지 못할 수 있다는 확실한 증거를 제시해 주고 있다. 즉 어떤 대상에 대한 감각 수준에서의 가시성이 높다고 그것에 대한 탐지 확률도 높은 것은 아니다. 2차선 도로 혹은 고속도로를 운전하는 것은 매우 단조롭고 부담이 거의 없는 활동이기 때문에, 운전자들이 할 일은 차선을 유지하거나 선행차량에 너무 빠르게 근접되지 않도록 가끔씩 살펴보는 것이 거의 전부이다. 따라서 이 경우 다른 차량들에 대해서는 어쩌다가 대충 살펴보는 것으로도 충분하다. 이러한 도로에서 자신이 주행하고 있는 차선에 다른 차량이 정차하고 있는 경우는 거의 발생하지 않기 때문에, 앞에 어떤 차량을 보더라도 운전자는 그 차량이 자신과 같은 방향으로 주행하고 있는 중이라고 생각하는 것은 자연스러운 것이다. 이러한 생각이 잘못된 것을 알려주는 유일한 단서는, 운전자 망막에 맺힌 앞차에 대한 이미지가 얼마나 빠르게 확장되는지에 대한 정보이다. 그러나 이것을 알아차릴 쯤에는 충돌을 피하기에는 너무 늦다. 이러한 사고들은 감각적 가시성이 탐지를 완전히 보장해주지 못한다는 것을 시사한다. 결국 운전자는 자신이 보는 것을 제대로 해석할 수 있어야 한다.

무주의 맹시와 변화 맹시의 운전에 대한 함의

운전과 관련된 흥미 있는 주의 현상 중 하나는 Mack과 Rock(1998)이 처음으로 시범을 보인 **무주의 맹시**(*inattentional blindness*)이다. 실험참가자들은 십자가를 보고 수평 막대가 더 긴지 아니면 수직 막대가 더 긴지 판단하도록 하였다. 일부에서는 두 막대가 교차하는 지점 근처에 어떤 자극이 제시되었다. 어떤 실험참가자들은 이 자극이 충분히 가시적이고 눈의 초점 영역에 있더라도 이 자극을 보지 못했다. 이러한 현상에 대해 Mack과 Rock는 초점주의가 없으면 자극은 자각 수준에 이르지 못한다고 해석하였다. 이러한 현상은 운전상황에도 충분히 적용된다. 어떤 운전자가 다른 차량과 마주칠 것이라고 생각하면서 교차로로 진입하고 있다고 가정해 보자. 이 운전자는 자신이 기대하고 있는 차량에 대한 지각적 판단(예를 들어 자신이 교차로에 진입할 수 있을 만큼 다른 차량이 멀리 떨어져 있는가?)을 위해 다른 차량을 찾는 데 특히 더 많은 주의를 줄 것이다. 만일 그 운전자의 주의가 이 과제에 일차적으로 주어진다면, 어떤 오토바이가 그 운전자의 시각 중심에 있다 하더라도 이것을 보지 못할 수 있다.

이와 유사한 결과가 Neisser와 Becklen(1975)의 **선택적 주시 기법**(*selective looking technique*)을 이용한 실험에서도 관찰되었다. Neisser와 Becklen은 손뼉치기 게임 영상과 남학생들이 농구를 하는 영상을 겹쳐지도록 제시하였다. 이 중 하나의 영상에만 주목하도록 제시받은 실험참가자들은 다른 영상에 대한 것은 거의 알지 못했다. 예를 들어 손뼉치기 게임에 주의를 주도록 지시받은 실험참가자들은 농구 경기에서 선수들이 공 없이 경기를 한다거나, 선수들 중 한 명이 여학생으로 교체되는 것 등을 알아차리지 못했다. 또 다른 시범에서 실험참가자들은 두 개의 겹쳐진 농구 경기 영상을 보며, 다른 팀은 무시하면서 어느 한 팀의 플레이에만 주의를 주도록 하였다. 도중에 어느 한 여성이 우산을 들고 지나가는 모습이 제시되었다. 28명의 실험참가자 중 6명만이 나중에 그 여성을 보았다고 보고하였다. 그러나 어느 한 팀의 플레이에만 집중하는 요구를 하지 않는 대신, 제시되는 영상을 보도록 지시한 경우에는 모든 실험참가자들이 그 여성이 지나

가는 것을 보았다고 보고하였다(Becklen & Cervone, 1983; Neisser, 1979).

그 이후에 Simons와 Chabris(1999)는 이 효과를 반복 검증함과 동시에 다른 실험조건으로 좀 더 확장하였다. Neisser와 Becklen의 원래 실험에서는 두 개의 (투명한) 영상들이 서로 겹쳐지도록 하였지만, Simons와 Chabris의 실험에서는 모든 장면이 불투명하게 제시되는 조건도 추가하였다. 이 실험에서는 농구 경기 도중에 고릴라 복장을 한 남자와 우산을 든 여성이 경기가 벌어지고 있는 장소를 가로질러 걷고서 사라졌다. 모든 실험조건에서 192명의 실험참가자 중 46%는 "고릴라"나 여성을 전혀 알아차리지 못했다. 불투명 영상 조건에서는 33%가 이 것을 알아차리지 못했다. 그리고 일차과제가 어려운 것에 비해 쉬운 경우에 기대하지 않았던 등장인물을 더 잘 알아차렸다(각각 45%와 64%).

이러한 연구들은 자극이 공간적으로 중복된다 하더라도 자극의 일부에만 주의가 주어지는 반면, 다른 자극에는 주의가 거의 주어지지 않는다는 것을 시사한다(따라서 주의는 공간-기반적일 뿐만 아니라 대상-기반적일 수 있다). 무주의 맹시가 주는 시사점은 사람들이 자극을 바로 응시한다고 해도 자극에 주의를 주지 않기 때문에 이들을 자각하지 못한다는 것이다. Simons와 Chabris의 연구에서도 보였듯이 이것은 상당히 오랜 시간 중심시 영역에 지극이 제시되는 경우에도 그렇다.

위에서 기술된 연구들은 인간 지각(따라서 운전수행)이 주의의 한계에 많은 영향을 받음을 시사한다. 이것은 주의에 관한 전통적 견해, 즉 지각 과정이 우리의 환경을 상세하고 정교하게 분석하면, 주의는 주어진 순간에 그러한 분석 결과가 어느 정도의 의식적 자각에 이르게 할 것인지를 제한함으로써 수행에서의 한계를 만들어내는 일종의 병목(bottleneck)이라는 것과 일치한다. **변화 맹시**(*change blindness*)에 대한 연구들은 인간 지각과 관련하여 약간 다른 개념을 제안한다. 일반적으로 사람들은 자신의 시각 환경 안에서 발생하는 변화를 잘 알아차린다. 그 이유는 대부분의 변화가 갑작스럽게 일어나기 때문인데(이것은 탐지될 가능성이 높은 것이다), 이것은 관찰자에게 변화의 위치와 본질에 대한 단서를 제공한다. 그러나 많은 연구는 변화가 일어나는 곳으로부터 주의가 벗어날 경우에는, 장면에서의 매우 중요한 변화에도 사람들이 둔감할 수 있다는 것을 보여주었다(Rensink, O' Regan, & Clark, 1997; Simons & Levin, 1997). 이러한 생각은 원래 시각 민감도가 안구의 빠른 도약운동 중에 급격히 감소한다는 증거(실험참가자가 장면의 한 부분에서 다른 부분으로 안구의 빠른 도약운동을 보일 때, 장면의 특정 부분을 변화시키면 실험참가자들은 변화된 부분을 잘 탐지하지 못한다. Grimes, 1996; Irwin, 1991)로부터 구체화된 것이다. 최근의 연구들은 변화맹시가 훨씬 더 단순한 기법으로도 관찰될 수 있음을 보여주었다. 이러한 기법 중 광범위하게 사용되는 것은 Rensink, O' Regan 및 Clark(1997)의 명멸(깜박임) 패러다임(flicker paradigm)이다. 두 개의 이미지가 컴퓨터 스크린 상에 잠깐 동안의 빈 스크린을 사이에 두고 연속으로 제시된다. 두 이미지는 한 가지에서만 다르고(예를 들어 한 대상을 추가 혹은 삭제하거나, 한 대상의 형태, 크기 혹은 색채를 변화시키는 것) 모두 동일하다. 두 이미지는 실험참가자가 차이를 발견할 때까지 반복적으로 제시된다. 경우에 따라서는 이미지 쌍들을 여러 번 제시하고 나서야 그 차이가 발견되기도 하였다. 일단 두 이미지에서 차이가 있다는 것을 실험참가자들이 알아도, 이들은 그렇게 분명한 차이를 왜 자신은 일찍 알아차리지 못했는지 의아해 하기도 했다.

변화 맹시 효과를 만들어낼 수 있는 또 다른 방법은 변화와 동시에 컴퓨터 스크린상의 이미지 전체를 대체하거나(Blackmore, Brelstaff, Nelson, & Troscianko, 1995), 실제 상황에서 물리적인 장애물 뒤에 변화가 발생하도록 하는 것이 포함된다. 특히 후자의 경우는 Simons와 Lewin(1998)의 연구에서 시범되었는데, 연구자가 지나가는 행인에게 길을 묻는 도중에 큰 문을 옮기는 "공범자"가 연구자와 행인 사이를 지나간다. 그 순간 처음 연구자가 다른 연구자로 교체되어도 행인은 그 사실을 알아차리지 못하였다. 그 장면에서는 처음에 길을 물었던 연구자가 다른 연구자로 교체된 것이 가장 핵심적인 변화였는데도 말이다! 변화맹시는 장면을 가리지 않아도 발생할 수 있다. 예를 들어 이미지에서의 변화가 발생함과 동시에 이미지상에 (자동차 앞 유리에 튀는 "흙더버기" 같은) 작은 얼룩들이 빠르게 제시되었다 사라지게 하거나(O' Regan, Rensink, & Clark, 1999), 혹은 변화가 갑작스럽지 않고 점차적으로 나타나도록 할 경우(Simos, Franconeri, & Reimer, 2000)에도 변화 맹시가 관찰된다. 이러한 효과는 정적인 장면에만 국한되는 것은 아니다. Levin과 Simons(1997)는 실험참가자들에게 사람들이 복도를 걷다가 방으로 들어가거나 식사를 하는 비디오 클립을 보여주었다. 이때 한 클립에서 장면이 바뀔 때마다 한 사람이 다른 사람으로 대체되는 것과 같은 중요한 변화가 발생하였다. 실험 결과 이러한 "연속적 흐름" 속에서 차이가 발생하더라도 사람들은 이것을 알아차리지 못했는데, 이것은 사람들이 순간순간 바뀌는 장면의 내용에 대한 정보를 거의 파지하지 못한다는 것을 시사한다.

특히 운전의 맥락에서 Pringle, Irwin, Kramer 및 Atchley(2001)는 Rensink의 명멸 패러다임을 이용하여 젊은 운전자와 노인 운전자의 변화 맹시에서의 차이를 비교하였다. 실험참가자들에게 운전자의 관점에서 촬영된 운전장면의 쌍을 제시하고 두 장면 사이에서의 차이를 가능한 신속하게 확인하도록 하였다. 두 장면은 위치, 현저성(명료성), 그리고 유의미성(운전자에게 얼마나 중요한 것인가) 등에서 차이가 있게 변화시켰다. 반응의 정확성은 주변시 영역보다는 중심시 영역에서의 변화에 대해, 그리고 현저성이 낮은 것에 비해 현저성이 높은 것에서 더 높았다. 그리고 노인 운전자는 젊은 운전자에 비해 반응 속도나 반응 정확성 모두에서 더 저조하였다. Pringle 등은 변화의 탐지에 주의가 핵심적인 역할을 한다고 주장하였는데, 다시 말해 주의의 폭이 넓은 사람은 그렇지 않은 사람에 비해 변화를 더 빠르게 탐지할 수 있었다. 유용한 시각장은 연령의 증가에 따라 좁아지기 때문에, 이것이 장면 변화를 탐지하는 데 있어서 노인 운전자들이 보인 저조한 수행을 설명할 수 있을 것이다. 전반적으로 보면 장면 변화에서의 유의미성은 현저성에 비해 수행에 주는 효과가 적었다. 이것은 변화를 탐지하는 데 있어 높은 수준에서 유도되는 주의는 낮은 수준에서 유도되는 주의만큼 효과적이지 못하다는 것을 시사한다. Pringle 등은 현저한 변화는 좀 더 "두드러져 보이는" 반면, 현저하지 못한 변화는 계열적인 탐색을 통해 탐지해야 한다고 시사하였다.

이와 같은 실험 결과들은 우리가 생각하는 것과는 달리, 우리를 둘러싼 세상이 매우 엉성하고 완결하지 못한 상태로 표상된다는 것을 시사한다. 지각에 대한 전통적 관점에서는 연속적인 응시를 통해 세상에 대한 상세한 표상을 형성하기 때문에, 우리 머릿속에는 세상에 대한 정교한 모델이 자리 잡고 있다고 보았다. 그러나 변화 맹시가 시사하는 바는 이것과는 사뭇 다르다. 우리는 주의가 주어지고 있는 특정 지점에 대해서만 상세한 지식을 가질 수 있다. 이전의 응시를 통해 파지되고 있는 모든 것은 그 장면에 대한 정체, 위치 혹은 내용에 대한 불완전한 정보일 뿐이다(Tatler, 2001). 다른 장면에 대한 정보를 원한다면 단지 그것을 다시 보면 된다. 우리는 세상에 대한 우리의 표상이 얼마나 열악한지 전혀 모르고 있다. 왜냐하면 어디를 보든지 그것은 매우 상세하게 표상되는 것으로 보이기 때문이다. O' Regan(1992)은 이것을 "위대한 환상(Grand Illusion)"이라고 불렀다.

변화 맹시 효과를 지나치게 강하게 해석한다면, 다시 말해 시각적 표상은 각각의 응시로부터 오는 정보를 전혀 전달해 주지 못한다는 주장은 조금 지나친 면이 없지 않다(Angelone, Levin, & Simos, 2003; Driver, Davis, Russel, Turatto, & Freeman, 2001; Thornton & Fernadez-Duque, 2000). Thornton와 Fernadez-Duque는 자극이 의식적 자각에 이르게 하기 위해서는 초점주의가 필요하지만, 이러한 자극이 무의식적 수준에서 행동에 영향을 미치는 데는 초점주의가 필요하지 않다고 주장하였다. 그러나 이 연구를 운전맥락에 적용한다는 관점에서 보면, 맹시 효과가 시사하는 기본적 특징은 어느 정도 사실인 것 같다. 운전자들은 자신이 생각하는 것보다는 훨씬 더 열악하게 주변에 대한 정보를 표상하고, 변화가 발생하는 영역에 운전자가 주의를 주지 않는 한 그러한 변화를 자각하지 못할 수 있다.

변화 맹시는 운전에 얼마나 중요한 것인가? 이 문제에 대해서는 비교적 연구가 많이 수행되지 않았다. 그러나 이것 때문에 사고가 발생할 수 있다는 것을 충분히 예상할 수 있을 것이다. 어떤 운전자가 교차로에서 좌회전하고자 한다면, 교통 흐름에 따라 적당한 지점에서 멈추어 왼쪽과 오른쪽, 그리고 다시 왼쪽을 살펴보아야 할 것이다. 왼쪽을 두 번 반복하여 주시할 때 각각의 주시 사이에는 장면에서의 변화가 있기 때문에 이것은 변화 맹시 실험에서 사용한 상황과 유사하다. 운전자가 처음 왼쪽을 주시하여, 다가오는 차량과 거리가 충분하다고 판단된다면 다음에는 오른쪽을 주시하고 다른 차량이 지나갈 수 있도록 기다릴 것이다. 이 시간은 오래 걸리지 않을 것이고, 다른 차량이 통과하면 이제 운전자는 교차로로 진입하기 위해 다시 한 번 왼쪽을 주시할 것이다. 그러나 이 두 번째의 주시에서 운전자는 처음에 주시한 상황과 두 번째 주시한 상황에서 차이가 있다는 것(즉 왼쪽에서 진행하는 다른 차량이 처음 주시했을 때보다 더 근접하여 다가오고 있다는 것)을 알아차리지 못할 수 있다. 좌회전하여 교차로로 진입할지 결정하는 것은 처음 왼쪽을 주시했을 때 보았던 교통상황에 대한 기억에 의존하는데, 운전자들은 이러한 상황이 변화되었다는 것을 탐지하지 못할 수 있다. 이 조건에서 운전자가 교차로에 진입한다면 LBFS 사고가 발생하는 것이다.

운전상황에서 변화 맹시가 발생할 수 있는 조건은 운전자가 좌우 확인을 위해 고개를 돌리는 경우만 해당되는 것은 아니다. Velichkovsky, Dornhoefer, Kopf, Helmert 및 Joos(2002)는 스스로 만들어낸 장면 차단(즉 안구 도약운동과 눈깜박임)이 장면 변화에 대한 운전자의 탐지 능력에 미치는 효과를 검증하였다. 전체 관찰시간 중에서 18%는 눈의 도약운동이나 눈의 깜박임에 사용되었다. 이 시간 동안에는 실질적으로 눈이 먼 것이다. Velichkovsky와 동료들은 이러한 맹목의 순간에 결정적인 일(예를 들어 교통신호등이 적색으로 바뀌는 것)이 발생했을 때 사고가 발생할 수 있다고 제안하였다. 이들은 두 개의 실험을 통해 안구 도약운동이나 눈깜박임이 교통-관련 자극에 대해 변화 맹시를 일으킬 수 있다는 것을 발견하였다. 장면에 대한 차폐가 눈깜박임 때문에 발생하든지 아니면 안구 도약운동 때문에 발생하든지에 상관없이 이것은 장면에서의 변화 탐지 빈도를 감소시키고, 탐지된 자극에 대한 반응시간을 증가시킨다.

결론

이 장에서 기술된 연구들은 주의가 시각 처리에서 매우 중요한 역할을 한다는 것을 시사한다. 운전자들의 행동은 운전환경으로부터 제공되는 엄청난 양의 정보

중 극히 일부 정보에 의해서만 영향을 받는다. 운전자들은 눈에 표상된 정보 그대로 그것을 지각하지는 않는다. 지각은 감각 입력의 일부를 선택하고 이를 행위의 기초로 사용하는 과정을 포함한다. 운전자들은 장면을 적절하게 해석해야 하고, 대상이나 다른 도로 사용자들도 정확하게 재인하여 반응하여야 한다. 시각 체계의 역량에는 한계가 있다. 주어진 순간에 환경의 극히 일부 영역만 자세하게 분석될 수 있기 때문에, 장면의 어떤 요소를 먼저 분석할 것인지, 그리고 그것이 얼마나 자세하게 처리되어야 하는지에 대해 우선 순서를 정해야 한다. 이 과정을 주의가 담당한다. 즉 주의는 처리 자원이 최적 수준으로 활용될 수 있도록 하는 것이다.

주의 할당은 외생적 요인과 내생적 요인의 복잡한 상호작용에 기초하여 이루어진다. 밝기나 갑작스러운 출현 등에 의해 감각적 가시성이 높은 자극에 우선적으로 주의가 할당된다는 것은 충분히 이해 가능한 일이다. 그러나 매번 새로운 자극이 출현할 때마다 이를 일일이 분석하기보다는 유사한 환경에 대한 과거의 경험에 기반을 두고 주의가 할당된다는 것도 마찬가지로 타당한 생각이다. 또한 주의는 현재 수행하고 있는 과제와 관련이 많은 자극에 주어질 것이다.

연구를 목적으로 하는 것이건 아니면 실제 운전상황이건 상관없이 이러한 요인들 때문에 주의를 연구하기가 복잡해진다. 주어진 시점에서 어떤 사람이 무엇에 주의를 기울일 것인지는 환경에 존재하는 자극의 속성, 무엇을 볼 것인지에 대한 기대(이것은 개인의 과거 경험에 영향을 받는다), 그리고 개인이 수행하고 있는 과제의 특성 등이 복잡하게 조합된 결과에 의해 결정된다(Wulf, Hancock, & Rahimi, 1989). 도로 표지나 도로 사용자들에 대해 적절하게 반응하기 위해서는 이 세 가지 요인이 모두 고려되어야 한다. 운전자의 기대나 목적 때문에 주의가 다른 곳으로 전환된다면 물리적 자극 자체만으로는 탐지를 보장하지 못한다.

많은 사고가 감각적 실패보다는 주의 문제에 의해 발생한다는 것을 지지하는 증거는 많이 있다. 감각 처리, 지각 처리, 그리고 주의 처리 사이를 엄격하게 구분하는 것은 때에 따라 의미가 없는 일이다. 세상과 효과적으로 상호작용하기 위하여 시각 정보를 사용하는 일반적 과제에 이 세 가지가 모두 포함되기 때문이다. 그러나 이들 사이의 구분은 단지 학문적 수준의 문제는 아니다. 감각적 가시성이 의식적인 탐지를 보장하지 못한다는 것을 알지 못한 많은 연구자는, 오토바이 운전자에 대한 가시성 문제가 대두되었을 때 차량 운전자로 하여금 오토바이 운전자를 의식적 수준에서 자각할 수 있도록 하는 방법을 찾는 대신 오토바이 운전자가 더 잘 보이도록 하는 방법을 찾는 것에만 매달림으로써 스스로를 "막다른 골목"에서 헤매게 하였다.

이 장에서 기술된 연구들은 운전에서 시각이 단순히 차량을 통제하고 방해물을 피하는 것에만 사용되지 않는다는 것을 분명히 보여준다. 숙련된 운전자라면 다음에 무엇이 발생할 것인지 예상하는 데 시각 정보를 사용함으로써 운전자 앞에 있는 교통상황을 제대로 파악할 수 있을 것이다. 무엇이 발생할 것인지 일찍 예상할수록 더 신속하게 반응할 수 있을 것이다. 예상은 반응하는 시간을 절약할 수 있게 해준다. 인간이 본질적으로 갖고 있는 반응 속도로 반응한다면, 실제 발생하는 사상들에 일일이 반응하면서 운전하는 것은 매우 어려울 것이다. 행위의 기초로서 기대를 활용한다는 것은 보행 속도보다 더 빠르게 운전하는 데 필수적인 측면이다. 그러나 이미 살펴보았듯이 실제 존재하는 것보다 기대에 의존하여 운전하는 것은 때로 심각한 문제를 야기할 수 있다.

CHAPTER 4

운전 중의 차량 내 주의분산

서론

요즈음의 차에는 운전자의 주의를 분산시키는 요소들이 점점 더 많아지고 있다. 이전에는 따분한 운전자가 기껏해야 동승한 승객들과 이야기를 나누는 정도였다. 그 다음에 차 안에 라디오가 등장하여, 운전자는 라디오를 들으면서 기분을 달래거나 청취할 만한 방송국이 잡힐 것을 애타게 기대하면서 라디오의 채널선택 스위치를 만지작거릴 수 있게 되었다. 최근에는 운전 중 휴대전화의 사용이 점점 더 증가하고 있고, 차량내 항법 시스템(즉, 네비게이션 시스템)은 비교적 낮은 가격으로 점점 더 많은 운전자가 사용할 수 있게 되었다. 마이크로소프트사를 비롯한 많은 기업체는 차량을 단순한 운송수단에서 "움직이는 사무실"로 변화시키는 데 서로 경쟁하고 있다. 조만간에 운전자들이 이메일을 주고받거나, 편지를 보내거나 혹은 약속시간을 정하는 것과 같은 것들을 손으로 하지 않고 음성으로도 가능한 컴퓨터 시스템을 갖춘 차량이 등장할 것이다(9장 참조).

이러한 모든 주의분산 요소에 운전자들은 어떻게 대처할 수 있을까? 이 질문에 대해 정확하게 대답하기는 어려운 일이다. 사고가 나더라도 어떤 법적인 이유 때문에 운전자는 운전 중에 자신의 주의를 분산시킬 수 있었던 행동을 잘 인정하려고 하지 않을 것이기 때문이다. 그러나 사고 보고서를 분석한 많은 연구는 차량 내 주의분산이 사고의 중요한 요인 중 하나일 수 있음을 보여주고 있다(Stevens & Minton, 2001; Wierwille & Tijerina, 1996). 영국 웨일스에서는 경찰이 모든 사망 교통사고를 매우 상세하게 조사하고 있는데, 특히 1985년부터는 이 자료들을 데이터베이스로 구축하고 있다. Stevens와 Minton(2001)은 이러한 자료 중 1985~1995년에 걸쳐 발생한 5,740건의 사고를 분석하였다. 이러한 사고의 2%(101건)는 차 안의 무엇인가에 의해 운전자의 주의가 분산되었기 때문에 발생한 것이 확실하였다. 운전자 주의분산의 주요 원인은 다른 동승자와의 상호작용(26건), 차량내 라디오나 카세트테이프의 조작(19건), 음식이나 음료 섭취나 흡연(17건) 등이었다. 지도를 보는 것과 같은 전통적 방식의 항행 보조수단 사용도 8명의 사망자를 발생시켰다. 이 연구에서 지도안내 시스템과 같은 최근의 항행 보조수단에 의한 운전자의 주의분산 때문에 발생한 사망 교통사고에 대한 보고는 없으나, 이 연구의 조사기간에는 이러한 장치를 사용한 운전자가 매우 드물었다는 점도 감안하여야 할 것이다. 또한 운전 중 휴대전화 사용으로 인한 사망 교통사고 건수도 3건이었지만 이 수치도 방금 언급한 것과 유사한 맥락으로 해석해야 할 것이다.

Stevens와 Minton은 이러한 자료를 자세하게 해석하는 데 문제가 있다는 것을 지적하였다. 이들의 연구에서 표본 수가 너무 작다는 것도 문제였지만, 그것이 유일한 문제는 아니었다. 그보다는 우리가 운전자의 주의를 분산시키는 요소가 얼마나 위험한지를 정확하게 평가하기 위해서는 운전자들이 얼마나 자주 그러한 요소들에 의해 주의분산이 되는지 알아야 하는데 그러한 자료를 얻기 어렵다는 것이었다. 라디오 채널을 맞추거나 카세트테이프를 바꾸는 것과 같은 행동들은 운전자의 주의를 많이 분산시키겠지만 이러한 행동들은 어쩌다 발생하는 행동들이다. 이와는 대조적으로 동승자들은 여행 내내 운전자와 함께 할 가능성이 높다. 그런데도 교통사고 전체 표본의 단지 34%에서 한 명 이상의 동승자가 있었기 때문에, 가장 높게 추정하더라도 이 범위에 대해서만 운전자들이 동승자에 의해 주의분산될 것이라고 여겨질 것이다. 과연 그러할까? 다시 말해 동승자가 있는 차량의 운전자들 중 34% 정도만이 동승자에 의해 주의분산될 것이라고 할 수 있는 것인가? 아마도 그렇지는 않을 것이다. 동승자들이 운전 내내 운전자와 함께 한다는 것을 감안하면, 동승자들이 운전자를 주의분산시킬 수 있는 정도는 이보다 더 높을 수 있다. 운전자가 운전 중에 담배를 피면서 음식도 먹고 또 술까지 함께 마시는 경우는 얼마나 자주 발생할까? 이것에 대한 자료는 아직 없다. 그러나 운전상황에서 이러한 행동은 매우 드물 것이다. 따라서 이것이 갖는 위험가능성은 사망 교통사고 통계치에서는 아마도 과소추정될 것이다.

운전 중의 주의분산이 교통사고에 미치는 영향을 분석한 여러 연구를 개관한 후, Wallace(2003)는 전체 교통사고 중 주의분산에 기인한 사고는 대략 10~30% 정도로 추정되지만, 개관에 포함된 연구들의 교통사고 자료가 매우 복잡하고 때로는 서로 모순되기 때문에 이 수치는 확실하게 말할 수 있는 것은 아니라고 결론지었다. 교통사고 통계자료가 분명한 결론을 이끌기에 부족했던 이유는, 모든 사고 통계치가 사고가 발생했을 당시 운전자가 실제 어떤 행동을 하고 있었는지보다는 운전자들이 이에 대해 어떻게 진술했는지를 토대로 작성되었을 뿐만 아니라, 연구자들의 주의분산에 대한 분류기준도 연구자들에 따라 때로는 모호하고 임의적이었기 때문이다. 그럼에도 불구하고 Wallace는 주의분산이 도로 안전을 위협하는 중요한 요인임에는 분명하다고 지적하였다.

차량 엔터테인먼트 시스템이 사고 위험성을 증가시키는 요인이 될 수 있다는 것은 비교적 분명해 보이는데, 그것은 운전자들이 이 시스템의 제어장치를 조작하려면 도로에서 시스템 쪽으로 눈을 돌려야 하기 때문이다. Lansdown(2002)은 운전자들이 운전 시뮬레이터를 시속 약 50~65km로 운전하면서 라디오와 카세트를 다양한 방식으로 조작할 때 보이는 안구 움직임을 기록하여 분석하였다. 그 결과 숙련된 운전자나 초보 운전자 모두 이러한 조작을 수행하는 데 약 1/2초 이상의 응시시간과 몇 회의 응시빈도가 요구되었다. 그러나 시속 65km로 운전할 경우 1초에 약 18m를 진행한다는 점을 감안하면 운전자들이 라디오를 응시해야 할 때 요구되는 이러한 시간은 어떤 문제가 생기는 데 충분한 시간이 될 수 있다.

차량내 주의분산과 관련하여 많은 연구가 수행된 영역은 다름 아닌 휴대전화 사용이다. 운전 중 휴대전화 사용이 안전한 운전을 방해할 수 있다는 염려는 이미 전 세계적인 문제가 되었다. 이 문제와 관련하여 많은 국가에서 다양한 방식으로 대처하고 있는데, 이들은 때로 모순된 정책을 시행하고 있다. 영국, 이스라엘, 대만, 일본, 그리고 미국의 뉴욕 주에서 운전 중 핸즈-헬드 휴대전화 사용은 위법이지만, 핸즈-프리 휴대전화의 경우는 합법적인 것으로 남겨 놓음으로써 마치 핸즈-헬드 휴대전화는 운전 중에 사용하여도 안전한 인상을 주게 되었다. 그러나 앞으로 살펴보겠지만 연구 결과들은 이와는 다른 증거들을 내 놓고 있다.

휴대전화 사용과 이중과제 수행 모델

운전 중 휴대전화 사용은 최소한 지난 50년 동안 심리학 영역에서 널리 연구된 주제 중 하나이다. 두 가지 과제를 동시에 수행하여야 하는 이중과제 상황에서 사람들은 어떤 행동을 보이는가? 이러한 조건에서 수행이 더 저하되는가? 그렇다면 두 가지 과제에 대한 수행이 모두 저하되는가? 아니면 그 중 한 가지 과제에 대한 수행만 저하되는가? 이러한 질문에 답하기 위해 다양한 형태의 자원할당 모델이 제안되었다. 이러한 모델들의 가장 핵심적인 생각은 하나의 과제 혹은 여러 과제에 투여할 수 있는 우리의 인지적 자원이 한정되어 있다는 것이다. 그래서 만일 어떤 과제를 수행하는 데 우리가 사용할 수 있는 인지적 자원의 양보다 더 많은 양이 요구된다면, 그 과제에 대한 우리의 수행은 저하될 것이다. 이러한 생각의 영향력 있는 초기 이론은 Kahneman(1973)에 의해 제안되었다. 또한 그는 과제수행을 유지하는 데 필요하다면 "정신적 노력"이 보충되어야 한다고 시사하였다(6장 참조). 그러나 아직까지 "**자원**(*resource*)" 혹은 "**정신적 노력**(*mental effort*)"이라고 하는 개념은 매우 모호한 채로 남아 있다. 자원은 신경적 처리가 갖는 역량에 빗대어 좀 더 구체적으로 기술될 수 있겠지만(예를 들어 뉴론은 시간당 흥분할 수 있는 최대 비율이 제한되어 있다), 이것 역시 모호함 속에 모호함을 하나 더 추가한 꼴이 될 뿐이다.

Broadbent(1971)는 **통제의 수준**(*levels of control*)이라는 개념을 소개하였다. 그는 인간 정보처리가 몇 개의 상이한 수준에서 일어난다고 제안하였는데, 이 중에서 몇 가지는 의식적인 수준에서, 그리고 다른 몇 가지는 무의식적인 수준에서 발생한다. 그는 인간의 정보처리에 최소한 두 수준이 있다고 제안하였는데, 낮은 수준의 정보처리는 잘 확립된 의사결정을 실행하는 것과 관련이 있는 반면, 높은 수준의 정보처리는 수행을 안정된 수준으로 유지하기 위해 낮은 수준의 정보처리를 감시하고 경계시킨다. 예를 들어 어떤 스트레스 요소가 낮은 수준의 처리를 손상시키고자 하여도, 높은 수준의 처리가 더 많이 활성화됨으로써 이것이 보상될 수 있다는 것이다. 그러나 궁극적으로 높은 수준의 처리가 점차 피로해지고 그 다음에는 수행이 전반적으로 저하된다. 다른 말로 하면 스트레스 요소는 낮은 수준의 정보처리에만 영향을 주는 반면, 피로는 높은 수준의 정보처리에만 영향을 준다. 그의 관점에서 본다면 운전 중 휴대전화 사용은 일종의 스트레스 요소이고, 이것이 주는 효과는 높은 수준의 정보처리에서 활동을 증가시킴으로써 보상될 수 있다. 그러나 이러한 과정은 스트레스를 증가시키고 정신적 노력을 더 많이 해야만 가능한 것이다.

Schneider와 Shiffrin(1977)은 통제 처리(controlled processing)와 자동처리(automatic processing)를 구분하였는데, 이것은 Broadbent의 모델과 일치하는 것이다. 통제 처리의 경우, 과제는 의식적이고 자발적인 통제를 통해 수행된다. 이 처리는 유연하게 수행되지만, 개인이 갖고 있는 제한된 인지처리 용량 중에서 많은 부분을 소비하기 때문에 비교적 느리게 수행된다. 예를 들어 운전을 배우는 사람은 통제 처리를 사용할 것이다. 즉 이들은 차량 제어에 많은 양의 의식적 노력이 필요하고, 이 때문에 위험요소를 지각하는 것과 같은 다른 과제의 수행에는 상대적으로 더 적은 양의 자원이 투여된다. 이와는 대조적으로 오랜 시간에 걸쳐 많이 연습된 과제들과 같은 경우에는 과제가 자동적으로 수행된다. 그러나 자동처리는 유연하지 못하고, 자발적인 교정을 하는 것에 한계를 갖는 경향을 보인다. 경험이 많은 운전자는 차량제어에 자동처리를 사용함으로써 위험요소를 찾아내거나, 라디오 채널을 맞추거나 혹은 동승자와 이야기하는 것과 같은 운전 이외의 과제 수행에 더 많은 여유 용량을 가질 수 있다.

Shallice와 그의 동료들(Norman & Shallice, 1980, 1986; Shallice & Burgess, 1993)은 질적으로 다른 두 가지의 통제 체계, 즉 매우 자동적이면서 낮은 수준인

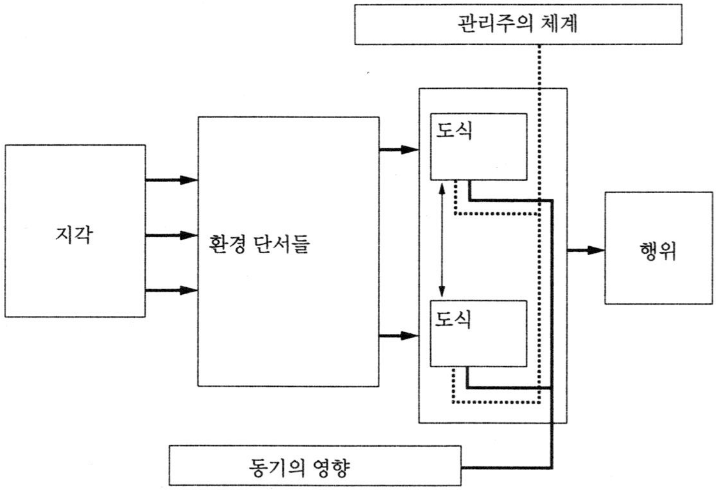

그림 4.1. Norman과 Shallice의 실행통제 모델. (Reprinted with kind permission of Professor D. A. Norman.)

경합 조절 체계(*contention scheduling system*)[1]와 의식적 활동을 포함하는 관리주의 체계(*supervisory attentional system*)를 제안함으로써 통제 처리/자동처리의 구분을 좀 더 정교화하였다. 그림 4.1은 Norman과 Shallice의 실행 통제(executive control) 모델을 보여주고 있다. 도식들(schemas)은 과제를 수행하는 행위패턴들로 구성된다(그림에서는 두 개의 도식만 표시되었는데, 그것은 단지 그림을 단순화하여 제시하기 위해서다). 대개의 경우 도식은 환경적 요소에 의해 촉발되어 활성화되는데, 가장 많이 활성화된 도식이 수행된다. 정상적 상황에서 하나 이상의 도식이 활성화되면 경합 조절 체계가 어떤 도식이 우선순위를 갖는지 결정한다. 그러나 새롭거나 익숙하지 않은 반응이 요구되는 경우에는 관리 주의 체계가 끼어들어 도식의 활성화를 조절한다.

대부분의 경우 활동은 경합 조절 과정에 의해 수행된다(경합 조절 과정은 정

1. 심리학에서는 "contention scheduling system"을 "회선 스케줄 체계"라고 번역하기도 한다. 그러나 "회선"이란 단어는 통신 등의 영역에서 사용되는 용어라는 점과, "contention scheduling"이라는 개념 자체가 동시에 활성화되는 여러 도식들 사이에 우선순위를 정하는 것이라는 것을 고려하여 이 책에서는 이것을 "경합 조절 체계"라고 번역했음을 밝힌다.

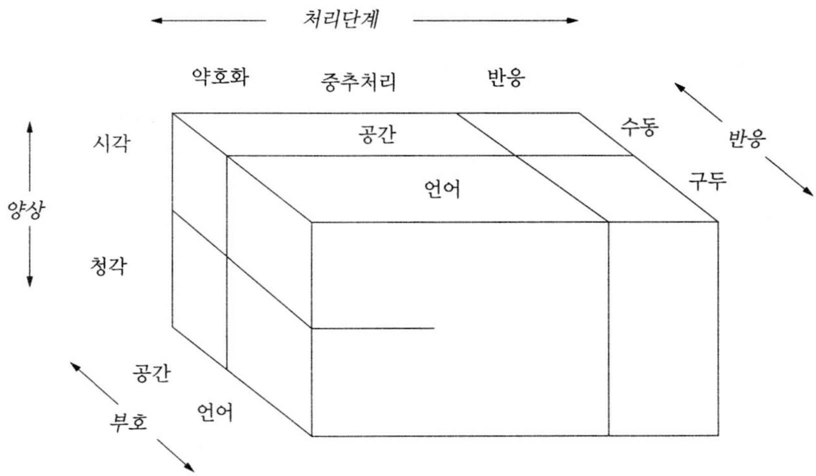

그림 4.2. Wickens의 주의에 대한 "중다자원" 모델. (Reprinted from "Processing Resources in Attention," by C. D. Wickens, pp. 63~102 in *Varieties of Attention*. by R. Parasuraman and D. R. Davies, Eds. Copyright 1984, with permission from Elsevier.)

해진 선택 절차에 따라 서로 경합되는 행위 중에서 특정 행위를 선택한다). 특정 시점에서 수행될 수 있는 행동들은 매우 다양하다. 지각적 입력은 다양한 행동을 이끌 수 있는 다양한 도식들을 활성화시킨다. 어떤 행동이 발생할 것인지는 도식이 얼마나 강하게 활성화되는지와 개인의 현재 동기 수준이 무엇인지에 따라 상당히 자동적으로 결정된다. 경합 조절 과정이 여의치 않은 상황(예를 들어 새로운 상황이나 일이 계획대로 진행되지 않는 상황 등)에서는 관리 주의 체계가 개입하여 도식을 촉발시키거나 억제함으로써 활동의 의식적 통제를 담당할 수 있다.

Norman과 Shallice의 모델은 휴대전화 사용과 운전하는 것이 모두 노력이 그렇게 많이 요구되는 것이 아니라면, 이 두 가지는 서로를 방해하지 않을 것이라고 예언한다. 그러나 다음에 등장한 모델은 자원 할당에 대해 좀 더 정교하게 접근함으로써, 과제들이 서로 갈등을 일으키거나 일으키지를 않을 조건을 좀 더 정확하게 구분할 수 있었다. Wickens(1984)의 중다자원 이론(multiple resource theory)은 자원과 관련하여 고려되어야 할 세 개의 차원이 있다고 제안하였다(그림 4.2). 이중 과제 수행은 정보입력의 양상(예를 들어 청각, 시각 혹은 촉각), 정보의 약호화 방식(예를 들어 공간적 혹은 언어적), 그리고 요구되는 반응 양식(수동 혹은 구두)에 의해 영향을 받는다.

먼저 정보가 수용되거나 행위가 수행되는 양상(modality)을 고려하는 것이 중요하다. 만일 두 가지의 과제가 감각 혹은 반응 차원에서 서로 유사하면 이들 사이에 간섭이 일어날 가능성이 커지고, 결국 수행이 저하된다. 따라서 두 개의 청각신호는 하나의 시각신호와 하나의 청각신호보다 서로 더 많이 간섭할 것이고, 이와 유사하게 두 개의 수동반응은 하나의 수동반응과 하나의 구두반응보다 서로 더 많이 간섭할 것이다. 두 번째로 고려해야 하는 것은 정보의 부호(code) 다시 말해 정보가 언어적으로 혹은 공간적으로 약호화되었는지이다. 세 번째 고려해야 하는 차원은 정보가 처리되는 단계(즉 감각처리 단계, 중추적 처리 단계 혹은 반응 단계)이다.

중다자원 이론은 시각적 입력과 공간적 부호, 그리고 수동반응으로 이루어진 과제(예를 들어, 운전)는 청각적 입력과 언어적 부호, 그리고 구두반응으로 이루어진 과제(예를 들어, 휴대전화 사용)와 거의 간섭이 없을 것이라고 예언한다. 이 두 과제를 각각 수행하는 데 요구되는 차원은 세 개의 모든 차원에서 서로 다르기 때문이다. 그러나 휴대전화를 사용하는 것은 우리가 생각하는 것에 비해 때에 따라 훨씬 더 공간적이고 시각적일 수 있다. 예를 들어 어떤 운전자가 운전 중에 휴대전화를 통해 시각적 심상을 요구하는 질문(예를 들어 "X사에 대한 서류를 사무실의 어디에 두었나요?")을 받고 이에 대해 답하고자 한다면, 이것은 운전에 요구되는 것과 동일한 자원을 요구하게 되는 것이다.

더구나 운전은 단일한 활동이 아니다. 많은 연구자들이 이러한 사실을 반영하는 운전자 과제에 대한 모델들을 제안한 바 있다. Michon(1985)과 Brookhuis, de Vries 및 de Waard(1991)는 운전이 세 가지의 수준으로 구성되어 있다고 제안하였다. 가장 낮은 수준은 조향이나 기어 변경과 같이 자동적이고 감각-운동적 반응을 포함한다. 그 다음 수준은 단기적/부분적인 수준(전술적 수준, tactical level)으로 도로 표지나 보행자 혹은 다른 차량들에 주의를 기울이는 것을 포함한다. 최상의 수준은 장기적/포괄적인 수준(전략적 수준, strategic level)으로 운전

경로나 속도의 선택과 같은 처리를 포함한다.

Rasmussen(1983, 1986)도 인간 수행에 대해 이와 유사한 구분을 하였다. 기술-기반(skill-based) 수행은 자동적인 감각-운동 처리(sensory-motor)이다. 규칙-기반(rule-based) 수행은 앞에 주차된 차를 돌아가기 위해서는 자신의 차를 일단 뒤로 빼야 된다는 것을 아는 것과 같이 익숙한 문제를 다룬다. 지식-기반(knowledge-based) 수행은 과제 수행 과정에 발생하는 새로운 문제를 다룬다. Rasmussen은 세 가지의 모든 수준이 동시에 작동하지만 어떤 주어진 시점에서의 통제 소재는 이 세 가지의 수준 중 하나에 있다고 제안하였다. Szalma와 Handcock(발표시기 미상)은 자원 할당과 이러한 통제의 세 수준에 밀접한 관계가 있다고 주장하였다. 이들에 따르면 아마도 자원은 지식-기반 처리에서 규칙-기반 처리로, 그리고 다시 기술-기반 처리로 갈수록 자원의 사용이 더 효율적일 것이라고 제안하였다. 이들은 또한 스트레스하에서는 지식-기반 처리가 가장 먼저 저하되고, 그 다음 규칙-기반 처리와 기술-기반 처리 순으로 저하된다는 주장하였는데, 이것은 직관적으로도 그럴듯한 주장이다.

여기에서의 주제인 휴대전화 사용에 의해 이 세 가지 수준 중에서 어느 수준이 가장 많이 영향을 받을지 고려해 보자. 곧 살펴보겠지만 대부분의 초기 연구들은 휴대전화 사용이 기술-기반 처리에 영향을 미친다고 생각하였다. 그러나 최근의 연구들은 휴대전화 사용이 규칙-기반 처리에서의 손상과 더 많은 관련이 있고, 심지어 지식-기반 처리에서의 손상도 가져올 수 있다고 주장한다.

실험참가자에게 두 가지의 과제 중에서 반드시 수행을 유지하여야 하는 과제를 일차과제로 취급하는 반면, 다른 과제는 중요도가 떨어지는 이차과제로 취급하도록 지시하는 실험 상황에서 이중 과제 수행을 분석하는 것은 매우 어려운 일이다. 실제 세계에서 자원의 할당은 운전자 개인에게 달린 문제이기 때문에, 운전자가 운전수행과 휴대전화 사용에 어느 정도의 자원을 각각 할당할지를 예측하기는 어려운 것이다. 사실 사람들은 능동적으로 자원을 할당하고, 여러 과제를 동시에 수행하기 위한 다양한 방략을 사용할 것이다. 이들은 단지 과제에 어떻게 자원을 할당할지에 얽매이지 않는다. 또한 이들은 어떤 과제에 더 많은 자원을 할당하

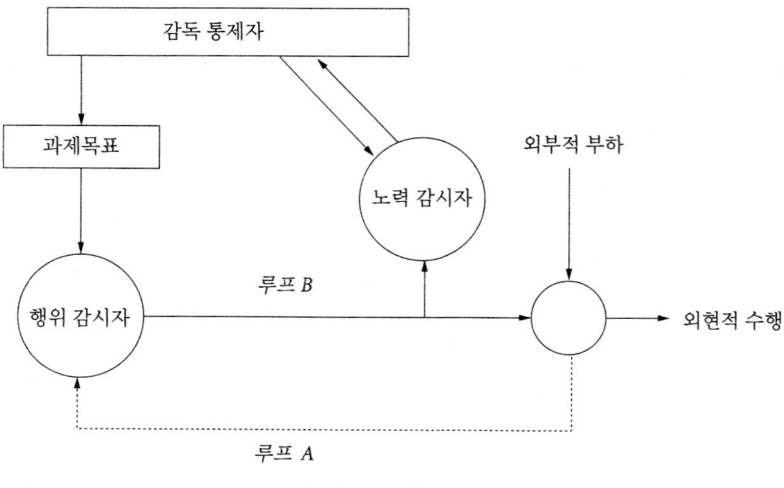

그림 4.3. 수행에 대한 Hockey의 "보정 통제" 모델. (Reprinted from "Compensatory Control in the Regulation of Human Performance Under Stress and High Workload: A Cognitive-Energetical Framework," by G. R. Hockey, 1997, *Biological Psychology, 45*, pp. 73–93, Copyright 1997, with permission from Elsevier.)

는 것이 더 많은 노력을 요구하고 오랜 시간 그 수행을 유지하기 어렵더라도 그 과제에 더 많은 자원을 투여할 수 있다(6장 참조). 이와는 반대로 사람들은 특정 과제가 요구하는 자원을 능동적으로 감소시킬 수 있다. 때로 운전은 자기-조절적 활동이라 할 수 있다. 따라서 운전 중에 수행하는 특정 과제에 대한 부담이 클 경우 운전자들은 운전속도를 늦춘다거나, 주어진 상황에서 별로 중요하지 않다고 여겨지는 조작은 생략하는 방식으로 이에 대처할 수 있을 것이다.

Hockey(1997)의 **보정 통제 모델**(*compensatory control model*, 그림 4.3)과 같은 인간 수행에 대한 **적응 모델**(*adaptive model*)은 사람들이 여러 복잡한 과제를 수행하여야 하는 경우, 위에서 예시한 다양한 방략을 사용함으로써 일차과제에 대한 수행을 유지하고자 한다고 제안하였다. 수행에 대한 Hockey의 보정 통제 모델에 따르면, 잘 학습된 기술이나 정규적인 행동은 자동적(무의식적) 통제 과정을 통해 감시된다(그림 4.3의 루프 A). 만일 실제 수행과 바람직한 수행 사이의 차이가 커지면 루프 B가 활성화되는데, 이것은 과제 목표를 수정하거나(예를 들어 백미러를 보는 대신 핸들 조작에 더 집중하는 것) 노력의 정도를 바꾸는 것(예를 들어 운전부담을 줄이기 위해 운전속도를 늦추는 것)과 같은 의식적 교정을 이끈다. 이것은 만일 운전자가 운전을 일차과제로 놓고, 휴대전화 사용을 이차과제로 취급하여 운전한다면 좋은 방략이다. 그러나 휴대전화 사용과 관련된 사고위험은 운전자가 휴대전화 사용을 우선적으로 취급하는 경우에 더 증가할 것이다. 운전자는 늘 하던 운전보다는 전화를 통한 대화가 더 중요하다고 생각할 수 있고, 이에 따라 휴대전화 사용이 일차과제가 될 수 있는 것이다.

어떤 운전자들은 운전 중 휴대전화 사용이 운전을 간섭할 수 있는 가능성을 과소평가한다. 예를 들어 Strayer, Drews, 그리고 Johnston(2003)은 그들의 실험에 참가한 실험참가자의 대략 절반 정도가 운전 중 휴대전화 사용이 자신들의 운전에 영향을 주지 않았다고 주장하였으나 실제 실험 결과는 그렇지 않다고 보고하였다. 심지어 실험참가자들은 다른 운전자들이 운전 중 휴대전화를 사용하면 운전수행이 더 불안정해지는 것을 알아차릴 수 있었음에도 불구하고 그렇게 믿었다.

이렇게 운전 중 휴대전화 사용의 문제를 제대로 인식하지 못하면 나쁜 결과를 초래할 것이다. 무엇보다도 운전자는 휴대전화를 통한 대화에 너무 많은 자원을 투여할 수 있다. 물론 운전자는 운전과 휴대전화 사용 모두에 투여할 수 있는 자원이 있더라도, 운전자의 자원이 결정적으로 필요한 응급상황에 대해서는 자원이 부족할 수 있고, 결국 사고가 발생할 것이다. 운전은 항상 자기가 조절할 수 있는 것이 아니고, 가끔은 긴급한 행위를 요구하는 일들이 발생한다. 이러한 상황이라면 전반적인 운전수행을 유지하기 위해 일상적으로 사용한 운전도식도 사고를 일으킬 수 있다.

요약하자면 이중 과제 수행에 대한 이론들은 공통적으로 운전 중 휴대전화 사용이 운전에 안 좋은 영향을 줄 것이라고 예언한다고 할 수 있다. 그러나 실제로 어느 정도의 간섭이 발생할 것인지와 이러한 간섭이 사고를 야기할 것인지의 여부는 확실하게 예측하기 어렵다. 곧 소개하겠지만 운전 중 휴대전화 사용은 교통사고를 증가시킨다는 분명한 통계자료가 있다. 심리학 연구가 해야 할 과제는 휴대전화 사용의 어느 측면이 사고 위험을 증가시키는지 밝히는 것이다.

운전 중 휴대전화 사용이 운전에 미치는 효과의 경험적 증거들

통계적 조사연구

지금까지는 운전 중 휴대전화 사용으로 인한 교통사고 위험성을 조사하기 위해 사고 통계를 사용할 때의 가장 큰 문제는 휴대전화를 사용하는 사람들이 별로 없었을 뿐만 아니라, 운전 중 휴대전화 사용으로 인한 교통사고가 현저하게 증가하였다 하더라도 이것이 교통사고 통계치에 제대로 반영되지 못했다는 점이다. 그러나 지금은 휴대전화를 사용하는 사람이 매우 많아졌을 뿐만 아니라 더 많은 운전자가 운전 중에 휴대전화를 사용함으로써 이것이 교통사고의 위험성에 주는 효과를 좀 더 명확하게 규명할 수 있게 되었다. 그렇다고 하더라고 운전 중 휴대전화 사용이 교통사고에 주는 위험성을 평가하는 것은 여전히 어려운 문제다. 그것은 운전 중 휴대전화를 사용하는 행동이 얼마나 자주 발생하는지 우리가 알 수 없기 때문이다. 저자가 알고 있는 한 연구는 이 문제를 현장관찰을 통해 직접 살펴보고자 하였다. Horberry, Bubnich, Hartely 및 Lamble(2001)은 근무 시간 동안 Perth시 도심에서 전체 운전자의 약 1.5%가 핸즈-헬드 휴대전화를 사용하였다고 보고하였다. 그러나 이 자료에는 핸즈-프리 휴대전화 사용이 포함되지 않은 것이기 때문에 이러한 운전 중 휴대전화 사용 비율은 과소추정된 것이다. 휴대전화를 사용한 운전자의 78%는 남자였고, 64%는 40세 미만이었던 것으로 추정되었다. 젊은 남성 운전자들이 교통사고에 휘말릴 가능성이 가장 높다는 점을 감안하면 이러한 관찰 결과는 시사점이 크다(5장 참조).

1장에서도 기술하였듯이 사망 교통사고 보고서의 경우 사고에 대한 상세한 측면이 모두 기록되지만 이것만으로 충분한 것은 아니다. 이러한 문제는 Violanti의 연구(1998)에서도 찾아볼 수 있다. 이 연구에서는 오클라호마에서 교통사고 당시 휴대전화를 사용한 운전자는 그렇지 않은 운전자에 비해 사망 교통사고가 9배 더 높다고 보고하였다. Violanti는 거의 250,000건이나 되는 교통사고 보고서를 검토하였지만, 차 안에 휴대전화를 갖고 있던 운전자의 사망사고는 이 중에서

겨우 65건이었고, 사고 당시 실제로 휴대전화를 사용한 건수도 5건에 불과하였다. Cher, Mrad 및 Kelsh(1998)는 Violanti의 논문에 보고된 통계자료가 갖는 문제를 면밀히 살펴본 후, 운전 중 휴대전화 사용으로 인한 사망 가능성이 다른 것에 비해 9배 이상이라는 결론은 과다추정된 것이라고 지적하였다. 특히 단지 5건의 운전 중 휴대전화 사용으로 인한 사망 교통사고만으로 이러한 추정을 하는 것은 신뢰도가 낮다고 주장하였다.

언뜻 보기에는 휴대전화 사용이 어떠한 방식으로 사고 가능성을 증가시킬 것인지에 대한 것은 말할 것도 없고, 얼마나 위험한 것인지에 대해 확고한 결론을 내릴 수 있을 만큼 충분히 많은 사고 보고서를 얻는 것은 불가능한 것처럼 보인다. 그러나 Redelmeier와 Tibshirani(1997)에 의해 수행된 독창적인 **사례-통제**(*case-control*) 연구는 이 문제를 간접적으로 해결할 수 있게 하였다. 이들은 휴대전화를 갖고 있으면서 사고 경험이 있는 699명의 운전자들이 수령한 휴대전화 사용료 청구서를 연구 자료로 삼았는데, 이 청구서에는 각각의 운전자들이 사고를 경험한 날과 이전 주의 휴대전화 사용 기록에 대한 자세한 정보를 포함하고 있었다.

운전자들의 진술, 경찰 보고서 및 응급센터에 전화한 기록이 있는 요금 청구서 등을 종합한다면 언제 사고가 발생하였는지를 비교적 정확하게 추정할 수 있을 것이다. Redelmeier와 Tibshirani는 전화요금 청구서를 토대로 사고 발생 직전에 각각의 운전자들이 휴대전화를 사용했는지의 여부를 확인하였다. 그 다음 전날의 비슷한 시간에도 운전자들이 휴대전화를 사용했는지 살펴보았다. 이러한 방식으로 각각의 운전자들의 휴대전화 사용빈도를 각 운전자의 기저선으로 설정함으로써 휴대전화 사용자와 비사용자가 보일 수 있는 휴대전화 사용 이외의 차이점(예를 들어 스트레스 수준, 집중 수준, 운전 중 주의 등)을 통제할 수 있었다.

이 연구에 포함된 운전자들은 모두 교통사고 경험이 있으면서 동시에 휴대전화를 소유하고 있는 사람들이었다. 여기서 가장 핵심적인 질문은 휴대전화 사용이 교통사고와 관련이 있는지의 여부이다. 만일 휴대전화 사용이 교통사고와 관련이 있다면 사고 직전에서의 휴대전화 사용이 동일한 시간대의 사고가 없었던 날보다 더 많았을 것이다. 이와는 반대로 휴대전화 사용이 교통사고 가능성을 증가시키지 않는다면 휴대전화 사용과 교통사고 사이에 어떠한 체계적인 관련성을 기대할 수 없을 것이다. 왜냐하면 이 두 가지 사이에 관련성이 없다면 사고가 발생하지 않은 날도 사고가 발생한 날과 유사한 수준(혹은 심지어 그보다 더 많은 수준)으로 휴대전화 사용 횟수를 보일 것이기 때문이다.

실제로 Redelmeier와 Tibshirani(1997)는 사고가 없던 날보다는 사고가 발생한 날에, 사고 바로 직전에 휴대전화가 더 많이 사용되었음을 발견하였다. 휴대전화를 사용한 10분 이내에 사고가 발생할 가능성은 그렇지 않은 경우에 비해 3~6.5배 정도 더 높았다. 사고 직전에 휴대전화를 사용한 경우에 사고 가능성이 가장 컸던 반면, 사고 발생 15분 전의 휴대전화 사용은 사고 가능성에서 통계적으로 유의한 차이를 보이지 않았다. 전반적으로 살펴보면 170명(699명의 24%)이 사고 직전 10분 이내에 휴대전화를 사용하였다. 반면에 사고가 발생한 날에는 휴대전화를 사용하지 않았지만 이 전날의 동일한 시간대에 휴대전화를 사용하였던 사람은 37명(5%)이었고, 단지 13명(2%)만이 두 날 모두에 걸쳐 동일한 시간대에 휴대전화를 사용하였다.

사고 가능성은 표본에 포함된 운전자의 유형에 따라서도 유사하였다. 젊은 운전자들은 나이 든 운전자들에 비해 사고 가능성이 약간 높지만 그 차이가 유의한 것은 아니었다. 휴대전화 사용경험이 6년 이상인 운전자라 할지라도 사고 가능성은 여전히 유의하게 높았다. 또한 핸즈-헬드 휴대전화에 비해 핸즈-프리 휴대전화도 더 안전한 것은 아닌 것으로 밝혀졌다. 종합적으로 Redelmeier와 Tibshirani(1997)는 운전 중 휴대전화 사용이 사고 가능성을 증가시키며, 그 위험 정도는 법적으로 금지된 음주운전 수준과 유사한 수준이 될 수 있다고 결론지었다.

Laberge-Nadeau와 동료들(2003)은 퀘벡시에 거주하는 175,000명의 운전면허 소지자들에게 운전습관을 묻는 설문지를 송부하였다. 이 설문지와 함께 이들의 휴대전화 사용 명세서와 교통사고 기록(교통사고나 교통법규 위반기록)을 살펴볼 수 있도록 허락해 달라고 부탁하였다. 설문지에 응답한 22,942명의 남성 운전자들 중 41%, 그리고 13,136명의 여성 운전자들 중 25%가 휴대전화 사용자들이었는데, 이 중에서 남성 운전자의 84%, 여성 운전자의 91%가 핸즈-헬드 휴대전화를 사용한다고 응답하였다.

휴대전화를 사용하지 않은 사람들 중 남성의 70%와 여성의 76%는 운전 중에 휴대전화를 사용하는 것이 "매우 해로운" 것이라고 응답하였다. 반면 휴대전화를 사용하는 사람들 중에서는 남성의 36%와 여성의 50%만이 휴대전화 사용이 해롭다고 응답하였다. 휴대전화 사용자 중 90% 이상(남성의 95%, 여성의 87%)이 운전 중에도 휴대전화를 사용한다고 응답하였는데, 이렇게 응답한 운전자 중 남성의 50%와 여성의 27%는 "자주" 혹은 "매우 자주" 운전 중에 휴대전화를 사용한다고 보고하였다. 휴대전화 사용자 중 남성의 16%와 여성의 16%는 최근 2년 내에 교통사고를 경험하였다고 응답한 반면, 휴대전화 비사용자의 경우는 남성의 13%와 여성의 12%가 그렇다고 응답하였다. 이 기간 동안, 휴대전화 사용자의 1% 이하만이 운전 중 휴대전화 사용 때문에 교통사고를 경험하였다는 것을 인정하였다. 그러나 남녀 모두 각각 22%는 운전 중 휴대전화 사용으로 인해 차선을 유지하는 것에서 어려움을 경험하였다고 보고하였고, 남성의 6%와 여성의 4%는 실제로 추돌 경험이 있었다고 응답하였다.

Laberge-Nadeau와 동료들에 의해 발표된 통계자료에서는 일반적 교통사고 자료에서 일반적으로 볼 수 있는 연령 효과, 즉 교통사고율이 16~24세까지는 최고 정점에 이르다가 그 이후 점차적으로 감소하는 것도 다시 확인되었다(5장 참조). 그러나 모든 연령 집단에서 휴대전화를 사용하는 사람의 교통사고율은 그렇지 않은 사람의 교통사고율에 비해 1.3~1.4배 정도 더 높았다. 유일한 예외는 55~64세 사이의 연령 집단으로 이 집단에서는 휴대전화 사용 집단과 비사용 집단에서 유사한 수준으로 낮은 교통사고율이 관찰되었다.

휴대전화 비사용 집단이 사용 집단에 비해 교통사고율이 약간 더 높은 경향은 운전자들의 교육수준, 연간 운행거리, 운전습관(오후 8시 이후의 야간 운전, 동승자 여부, 차량내 엔터테인먼트 시스템 사용 여부) 등과 같은 혼입 가능한 변인들을 모두 통제한 분석에서도 관찰되었다. 휴대전화 사용 내역에 대한 상세한 자료를 얻을 수 있었던 5,139명의 남성 운전자들과 1,221명의 여성 운전자들의 자료를 분석한 결과, 휴대전화 사용빈도와 교통사고율 사이에는 높은 관련성이 있었다(즉, 휴대전화를 많이 사용할수록 교통사고율이 더 높았다). 이러한 관계는 남녀 운전자 모두에서 유사하게 관찰되었고, 혼입 가능한 다른 변인들을 제거한 후에도 이러한 관련성이 유지되었다. 한 달에 193회 이상 휴대전화를 사용하는 남성 운전자들은 어쩌다 휴대전화를 사용하는 운전자들에 비해 사고 가능성이 두 배 이상 높았고, 한 달에 115회 이상 휴대전화를 사용하는 여성 운전자들도 같은 결과를 보였다.

실험 연구

사고 통계치들은 운전 중 휴대전화 사용이 교통사고와 밀접한 관계가 있다는 것을 시사하고 있지만, 왜 그러한지에 대한 설명은 제공하지 못한다. 그러나 운전 중 휴대전화 사용으로 인해 운전자의 수행이 손상을 입을 수 있는 측면은 매우 다양할 것이다.

차량 통제에서의 손상

가장 확실한 것 중의 하나는 휴대전화를 사용하기 위해서는 운전자의 손이 휴대전화를 붙잡고 있어야 하기 때문에 차량을 제대로 조향(steering)하기 어렵다는 것이다. Brown, Tickner 및 Simmonds의 연구(1969)에서 실험참가자들은 시험트랙 위를 달리면서 다양한 크기의 간격 사이를 통과할 수 있을지 판단하여야 했다(때로 그 간격은 차량의 너비보다 작기도 하였다). 이와 함께 실험참가자들은 전화사용 과제를 동시에 수행하였다. Brown 등은 차량의 조향 기술과 같이 고도로 연습된 과제는 운전 중 휴대전화 사용으로 인해 별로 영향을 받지 않는다는 것을 발견하였다. 그러나 주어진 간격을 차량이 통과할지의 여부 등을 판단하는 것과 같은 지각이나 의사결정과 관련된 몇 가지 측면은 수행이 저하되었다.

이후의 연구들(Reed & Green, 1999; Stein, Parseghian, & Allen, 1987;

Zwahlen, Adams, & Schwartz, 1988)에서는 운전 중 휴대전화 사용(특히 운전자가 휴대전화를 이용하여 전화를 걸고자 하는 경우)으로 인해 차량의 조향 수행도 저하되는 것을 관찰하였지만, 그것이 저하되는 정도는 일반적으로 매우 작아 도로 안전까지 위협할 정도는 아니었다. 좀 더 최근의 연구들(Alm & Nilsson, 1994, 1995; Brookhuis, de Vries, & de Waard, 1991; Lamble, Kauranen, Laakso, & Summala, 1999; 다음 절 참조)은 차량 조향 수행에 대한 휴대전화 사용의 효과를 거의 발견하지 못하였다. 운전 중 휴대전화 사용으로 인해 실질적으로 운전자가 위험에 처할 수 있는지의 여부는 논란의 여지가 많다. 핸즈-프리 휴대전화가 핸즈-헬드 휴대전화에 비해 결코 더 안전한 운전을 이끌지 않는다는 결과(Redelmeier & Tibshirani, 1997)를 포함하여 생각해 보면 운전 중 휴대전화 사용으로 인한 문제는 차량 통제 이외의 다른 측면에 있을 가능성이 높다.

인지적 손상

시뮬레이션 연구

운전 중 휴대전화 사용이 운전에 미치는 효과를 검증하기 위해 많은 연구가 운전 시뮬레이션 방법을 이용하여 수행되었다. Alm과 Nilsson(1994)은 운전 중 휴대전화 사용이 운전자의 반응시간, 차선유지, 속도 및 주관적 작업부하 수준에 미치는 효과를 운전 시뮬레이션 방법으로 검토하였다. 운전조건은 쉬운 조건(직선 도로)과 어려운 조건(곡선이 많은 도로)의 두 가지로 조작되었다. 실험참가자들은 전화를 통해 대화하면서 이와 동시에 Baddeley, Logie, Nimmo-Smith 및 Brereton(1985)의 작업기억 폭 검사(working memory span test)를 수행하였는데, 이 검사는 작업기억 과제와 의사결정 과제를 모두 포함하는 검사이다. 실험참가자들은 일련의 진술문(예를 들어 "대주교는 공장에서 산다")을 청취하면서 그 문장의 내용이 맞는 것인지의 여부를 판단하고, 이와 동시에 다섯 개 진술문 각각에 포함된 끝 단어들을 암기해야 했다. 또한 실험참가자들은 도로 장면 스크린의 좌측 끝부분에 제시되는 빨간색 사각형에 대해 브레이크를 밟는 것과 동일한 방법으로 가능한 빠르게 반응해야 했다.

실험 결과 휴대전화의 사용 여부에 따른 운전수행의 차이는 쉬운 도로 조건에서 발견되었다. 즉, 쉬운 도로 조건의 경우 휴대전화 사용으로 인해 반응시간은 0.95초에서 1.3초로 증가하였다. 반면 어려운 도로 조건에서는 휴대전화 사용 조건(1.3초)과 비사용 조건(1.2초)에서 반응시간의 차이가 관찰되지 않았다. 이러한 결과는 우리가 예상할 수 있는 것과는 다른 양상이다. 이에 대해 Alm과 Nilsson은 이러한 결과는 운전자들의 자원 할당 방식에서의 차이에 기인한 것이라고 해석하였다. 즉 쉬운 도로 조건에서는 운전이 쉬운 것으로 여겨졌기 때문에 실험참가자들은 운전수행(즉, 브레이크 반응)보다는 기억 과제에 좀 더 많은 자원을 투여할 것이라는 점이다. 만일 이 해석이 옳다면 이러한 경험은 실제 운전상황에 대해 한 가지 시사점을 주는데, 그것은 운전을 별로 부담없는 과제라고 여길 수 있는 조건에서 휴대전화를 사용할 가능성이 가장 높다는 것이다.

두 번째 시뮬레이션 연구에서 Alm과 Nilsson(1995)은 실험참가자의 연령과 관련하여 휴대전화 사용의 효과를 검증하였다. 실험은 두 개의 연령 집단(29세와 68세)과 두 개의 휴대전화 사용 조건(사용과 비사용)의 조합에 따른 네 개의 집단에 대해 수행되었다. 운전자들은 2차선 도로를 운전하면서 선행 차량을 따라가도록 하였는데, 선행 차량은 때로 급감속하였다. Alm과 Nilsson은 선행 차량이 감속하는 시점부터 실험참가자들이 브레이크를 밟는 시간까지의 반응시간을 측정하였다. 그 결과 휴대전화 비사용 조건에 비해 사용 조건에서의 반응시간이 더 길었는데, 이러한 경향은 나이 든 집단에서 더 뚜렷하였다. 즉 젊은 운전자 집단의 경우, 휴대전화 사용 조건에서의 반응시간이 2.2초였던 반면, 비사용 조건에서는 1.6초로 약 0.56초의 차이가 있었다. 반면 나이 든 운전자 집단의 경우 반응시간이 각각 3.5초와 2초로 그 차이가 0.15초였다.

차간거리(선행 차량의 뒷부분으로부터 자기 차량의 앞부분까지의 거리) 유지 수행에서는 휴대전화 사용 여부에 따라 차이가 없었다. 만일 선행 차량이 정차하기 위해 급하게 감속하였다면, 휴대전화를 사용하는 운전자들 중 누구도 충돌을 피할 수 없었을 것이다. Alm과 Nilsson은 운전 중 휴대전화를 사용하는 운전자들이 증가한 반응시간을 보상하기 위해 왜 차간거리를 늘리지 않는지에 대해 세 가지 설명을 하였다. 첫째, 운전자들은 운전 중 휴대전화 사용이 반응시간을 증가시킨다는 것 자체를 알지 못할 수 있다. 둘째, 이들은 (선행 차량의 행동에 따라 자신은 신속하게 반응할 수 있다고) 자신의 능력을 과대평가하였을 수 있다. 셋째, 선행 차량과 어느 정도의 거리를 유지할 것인지를 결정하는 것은 운전조건에 따라 운전자들이 의식적으로 조절하는 것이라기보다는 주로 운전습관에 의해 결정될 수 있다.

좀 더 까다로운 문제는 운전 중에 휴대전화를 사용하는 운전자들이 응급상황에서 얼마나 적절하게 반응할 것인지의 여부이다. Strayer와 Johnston(2001)은 운전자들이 "모사된 운전" 과제를 수행하면서 "모사된 교통신호"에 얼마나 빠르게 반응하는지 검토하였다(운전자들은 "모사된 운전" 수행과 동시에 다양한 형태의 이중과제도 수행할 것을 요구받았다). "모사된 운전상황"은 컴퓨터 스크린에 예측할 수 없이 제시되는 표적을 조이스틱을 이용하여 추적하는 것이었다. "모사된 교통신호"는 컴퓨터 스크린에 녹색 혹은 적색의 불빛이 제시되는 형태였는데, 그 불빛이 적색인 경우 실험참가자들은 조이스틱 옆에 부착된 버튼을 가능한 한 빠르게 누르도록 요구받았다(이것은 브레이크 반응을 모사한 것이다). 각각의 실험참가자들은 이 과제를 주의가 분산되거나 분산되지 않은 조건 모두에서 수행하였다. 분산주의는 실험참가자들에 따라 두 가지 조건으로 나뉘었는데, 한 집단의 실험참가자들은 자신이 선택한 라디오 방송국의 방송을 청취하도록 하고, 다른 집단의 실험참가자들은 다른 방에 있는 실험자와 휴대전화(핸즈-헬드 혹은 핸즈-프리)로 대화하도록 하였다(특히 다른 방에 있는 실험자는 실험참가자가 현재 어떤 수행을 하고 있는지 볼 수 없었는데, 이것은 실제 전화를 통한 대화 상황을 흉내낸 것이다). 일차적 분석 결과 휴대전화 사용 유형, 즉 핸즈-헬드와 핸즈-프리 조건 사이에서는 수행의 차이가 없었다. 이에 따라 두 가지 휴대전화 사용 조건을 결합한 후, 휴대전화 사용 집단의 수행과 라디오 청취 집단의 수행을 서로 비교하였다.

절대적인 의미에서 적색 불빛을 놓치는(missed) 탈루 비율은 실험 집단과 실험 조건에 상관없이 모두 낮았다. 그러나 그 비율은 주의가 분산되지 않은 조건에서는 3%였던 반면, 휴대전화를 사용한 조건에서는 7%로 두 배 이상 높았고, 라디오만 청취한 조건에서의 탈루 비율은 주의가 분산되지 않은 조건과 동일하였다. 이와 유사하게 휴대전화를 사용한 조건에서의 반응시간은 다른 모든 조건에서의 반응시간보다 유의하게 더 길었다. 물론 반응시간에서의 이러한 차이도 절대적인 의미에서는 매우 작았다(40msec). 추가적인 통제 조건에서는 운전과제를 수행하고 있는 실험참가자들에게 어떤 책의 문장을 읽어준 후, 그 내용에 대한 질문에 대답하도록 하였다. 그 결과 이 조건에서의 수행도 라디오를 청취한 집단이 보인 수행과 유사하였다. 이러한 결과는 휴대전화 사용 조건에서의 수행 저하가 실험참가자들이 적극적으로 언어적 재료에 주의를 기울였기 때문만은 아니라는 것을 시사한다.

Strayer와 Johnston의 연구는 다음과 같은 세 가지의 시사점을 준다. 첫째, 단지 휴대전화를 통해 말하거나 듣는 것만으로 혹은 라디오를 듣는 것만으로 운전수행이 저하될 가능성은 낮다. 둘째, 이들의 연구 결과는 실험참가자들이 다른 인지적 과제(예를 들어 대화)에 적극적으로 관여하고 있을 때에만 이들의 운전수행이 저하될 수 있다는 것을 시사한다. 마지막으로 이러한 시사점은 휴대전화가 핸즈-헬드 방식이건 핸즈-프리 방식이건 상관없이 적용된다. Strayer와 Johnston은 운전 중에 휴대전화를 사용하는 것은 주로 운전자의 주의를 운전으로부터 다른 인지적 과제로 전환시키기 때문에, 응급상황에서 운전자가 신속하게 반응할 수 있는 능력을 손상시킨다고 제안하였다.

좀 더 최근에 Strayer와 그의 동료들은 충실도가 높은 운전 시뮬레이터(high-fidelity driving simulator)를 이용하여 일련의 실험을 수행하였다(Strayer, Drews, & Johnston, 2003). 첫 번째 실험에서 실험참가자들은 도로 혼잡도(한산 혹은 복잡)와 주의분산 조건(아무런 대화없이 조용히 운전하거나 실험참가자가 관심을 갖고 있는 주제에 대해 핸즈-프리 휴대전화를 통해 대화하는 조건)의 조합에 따른 네 가지의 실험조건 모두에서 다차선의 고속도로를 주행하였다. 실험참가자들의 과제는 무선적 시점에서 32회의 브레이크를 밟는 선행 차량을 따라가는 것이었는데, 이 선행 차량은 실험참가자가 브레이크를 밟기 전까지는 계속해서 브레이크를 밟은 상태를 유지하였다. 반면 실험참가자가 브레이크를 밟으면 다시 정상 속도로 가속하는 방식으로 운전 시나리오가 구성되었다. 실험 결과 도로 혼잡도와는 상관없이 실험참가자가 대화없이 운전하거나, 핸즈-프리 휴대전화를 통해 대화를 하더라도 한산한 고속도로를 주행하는 조건에서는 선행 차량과의 추돌이 관찰되지 않았으나, 혼잡한 도로를 주행하면서 휴대전화로 대화를 한 조건에서는 3회의 추돌이 발생하였다.

Strayer와 그의 동료들은 운전자의 브레이크 행동과 관련된 세 가지의 측면(즉, 선행 차량의 브레이크등이 점등된 이후 실험참가자가 브레이크를 밟기까지의 반응시간, 브레이크로부터 발을 떼기까지의 시간, 그리고 최소 운전속도에 도달하기까지의 소요시간)을 측정하였다. 실험참가자들이 이중과제(운전과 대화)/혼잡 도로 조건에서 운전할 경우는 다른 나머지 세 조건에 비해 세 가지의 브레이크 행동 측정치 모두에서 수행 시간이 증가하였다(예를 들어 이 조건에서는 선행 차량의 브레이크등 점등 이후 실험참가자가 브레이크를 밟기까지의 반응시간은 약 180msec 정도 더 길었다). 선행 차량과의 차간거리도 측정되었는데, 이중과제/혼잡 도로 조건에서의 차간거리가 다른 조건들에 비해 약간 길기는 하였지만 그 차이가 그렇게 크지는 않았다. 따라서 이중과제/혼잡 도로 조건에서 저하된 운전수행을 보상하기 위한 충분한 차간거리는 아니라고 할 수 있다.

이 실험에서 도로 혼잡도는 운전자가 주행하는 차선 이외의 차선에서 운행되는 차량의 수로만 조작되었다. Strayer와 동료들은 주변의 차량들이 운전자 차량이나 선행 차량과 전혀 상호작용하지 않았으나, 실험참가자들의 주의가 선행 차량으로부터 이러한 주변 차량으로 분산되어 어느 정도는 "무주의 맹시(inattentional blindness, 즉 주의가 주어지지 않은 자극을 의식적인 수준에서 탐지하지 못하는 것, 3장 참조)"를 가져왔다고 제안하였다. 이들은 실험참가자의 차량을 지나치는 다른 차량들은 운전자의 시각장에서는 갑작스런 시각적 자극의 출현과 같은 효과를 갖게 되고, 이 때문에 실험참가자들이 선행 차량의 브레이크등이 점등되는 것을 알아차리기 어렵게 하였을 것이라고 해석하였다.

또 다른 연구(McCarley, Vais, Pringle, Kramer, Irwin, & Strayer, 2004)에서도 이와 유사한 결론이 도출되었다. 젊은 운전자들(21세)과 노인 운전자들(68세)은 40회에 걸쳐 변화 맹시(change-blindness) 검사를 수행하였다. 각각의 시행에서 두 개의 장면이 하나씩 제시되었는데, 이 두 장면은 한 부분만 제외하고는 동일한 것이었다. 실험참가자들의 과제는 앞에 본 장면의 어떤 부분이 뒤의 장면에서 변화되었는지 신속하게 탐지하는 것이었다(3장 참조). 실험참가자들은 이 과제를 두 가지 조건에서 수행하였는데, 한 조건은 대화없이 조용히 과제를 수행하는 것이었고, 다른 조건은 다른 방에 있는 실험자와 핸즈-프리 휴대전화를 통해 일상적 내용(취미나 TV)에 관한 대화를 하면서 과제를 수행하는 것이었다. 실험 결과 휴대전화를 통한 대화조건에서 실험참가자들이 변화된 부분을 탐지하는 속도에는 영향을 주지 않았지만, 이 조건에서의 실험참가자들은 주의가 분산되지 않은 조건(즉 대화가 없는 조건)보다 더 많은 에러를 범하는 것이 관찰되었다. 대부분의 에러는 탈루(miss)였는데, 이것은 실험참가자가 60초 이내에 장면상의 변화를 탐지하지 못하는 경우였다. 젊은 운전자의 경우 주의가 분산되지 않은 조건과 대화를 하는 조건에서의 에러율은 각각 5%와 9%, 그리고 노인 운전자의 경우는 각각 22%와 30%로 노인 운전자의 에러율이 훨씬 더 높았다.

실험 도중에 수집한 안구운동 측정치는 휴대전화 사용이 운전자의 주사 패턴(scanning pattern)에 영향을 미쳤음을 보여주었다. 휴대전화를 사용할 때 실험참가자들은 더 빈번한 도약 안구운동(saccades)을 보였고, 이러한 도약 안구운동의 평균시간도 더 짧았다. McCarley와 동료들은 다른 평가자들에게 실험에 사용된 장면의 변화가 얼마나 현저한지, 그리고 그것이 얼마나 의미 있는지(즉, 그 장면이 운전과제와 얼마나 관련 있는 것인지) 분류하게 하였다. 이를 토대로 결과를 분석한 결과, 이전 연구에서 밝혔던 것과 같이 이 두 가지 요인은 모두 변화를 탐지하는 데 영향을 미쳤다. 젊은 운전자들의 경우 휴대전화를 사용한 조건이나 주의가 분산되지 않은 조건 모두에서 현저성이나 유의미성의 효과에 변화가 없었으나, 노인 운전자의 경우 휴대전화 사용은 장면의 유의미한 변화 탐지를 더 어렵게 하여 결과적으로 노인 운전자들은 유의미하게 변화되는 장면을 탐지하는 데 더 많은 응시를 해야 했다. McCarley와 동료들은 노인 운전자의 경우 휴대전화 사용이 지식-기반 탐색을 방해하여 장면의 유의미한 변화를 탐지하는 데 어려움을 줄 수 있다고 시사하였다.

운전 중에 발생할 수 있는 "보았지만 알지 못하는(looked but failed to see)" 에러와 휴대전화 사용으로 인해 운전자가 주의를 기울여야 하는 곳에 주의를 제대로 기울이지 못하는 것은 같은 측면을 말하는 것이라고 할 수 있다. Lanfham, Hole, Edwards, 그리고 O' Neil(2002)은 운전자의 관점에서 녹화된 일련의 동영상 클립을 실험참가자들에 제시한 후, 즉각적인 주의가 요구되는 위험요소를 발견하는 즉시 버튼을 누르도록 지시하였다. 실험참가자들은 주의가 분산되지 않은 조건과 Baddeley 등의 작업기억 폭 검사를 수행하는 조건에서 이 과제를 수행하였다. 한 동영상 클립에는 운전자가 주행하는 차선에 반듯하게 혹은 비스듬히 주차되어 있는 경찰차량이 제시되었다. 작업기억 폭 검사를 수행한 실험참가자들은 차선에 반듯하게 주차된 경찰차량을 탐지하는 데 더 느린 시간을 보였고, 몇몇 참가자들은 그것을 탐지하지도 못했다.

Strayer 등의 연구에서 시사되었던 것과 같이 휴대전화 사용 때문에 적절한 주의에 실패할 수 있다는 것은 신경생리학적인 연구 결과로도 지지를 받는다. García-Larre, Perchet, Perrin, 및 Amenedo(2001)는 참가자들이 세 가지 조건(즉 주의분산이 없는 조건, 핸즈-헬드 휴대전화 사용조건, 핸즈-프리 휴대전화 사용조건)에서 시각 탐지 과제를 수행할 때 보이는 사건-관련 뇌전위(event-related brain potential: ERP)를 기록하였다. 시각 탐지 과제는 컴퓨터 스크린에 특정 자극이 제시되면 가능한 빠르게 버튼을 누르고, 다른 자극은 무시하는 단순한 형태였다. 그 결과 휴대전화를 사용한 실험참가자들은 주의가 분산되지 않은 조건에 비해 시각 탐지 반응시간이 더 느렸고, 두 가지 휴대전화 사용조건 사이에는 반응시간에 차이가 없었다. 이 ERP 연구는 휴대전화 사용이 두 가지 측면에서 영향을 미친다고 시사하였다. 한 측면은 휴대전화 사용이 버튼 누르기에 대한 운동 프로그램의 개시를 지연시킨다는 것이고, 다른 측면은 휴대전화 사용이 시각적 표적에 대한 뇌의 전기적 반응을 감소시킨다는 것이다. García-Larre 등은 이것이 바로 이중과제의 특징이라고 주장하였다. 즉 한 자극에 대한 반응강도는 다른 과제에 대한 인지적 부담이 증가할수록 더 감소한다. 휴대전화 사용은 시각 자극에 대한 주의 할당을 감소시키고, 또한 이것이 만들어내는 각성수준을 감소시킨다. 이 효과는 반응과제와 함께 부가적인 대화 때문에 발생하는 인지적 부담과 관련이 있고, 이 효과는 휴대전화가 핸즈-헬드이건 핸즈-프리이건 상관없이 유사한 것으로 보인다.

ERP 연구 자료는 Strayer 등의 연구와 같은 행동 연구에서 밝혀진 주의 기제에 대한 몇 가지 통찰을 제공해 준다. 즉 주된 문제는 휴대전화의 유형과는 상관없이 휴대전화를 통한 대화에 의해 외부의 시각 환경으로부터 주의가 분산된다는 것이다.

실제 차량을 이용한 연구

많은 연구자는 위험을 무릅쓰고 휴대전화 사용이 운전에 미치는 효과를 실제 운전상황에서도 연구하였다. 이러한 연구의 결과들도 실험실에서의 연구 결과와 대체적으로 일치한다. 즉 운전 중 휴대전화 사용은 운전자의 반응시간을 심각한 수준으로 증가시킬 수 있다는 것이다.

Brookhuis, de Vries, 그리고 de Waard(1991)는 세 가지의 실제 운전상황 조건(비교적 한산한 고속도로, 교통량이 많은 복잡한 순환도로, 그리고 도심의 도로)에서 핸즈-프리 휴대전화와 핸즈-헬드 휴대전화 사용이 갖는 효과를 검증하였다. 종속 측정치는 운전수행에서의 변화와 심박률 변산성으로 측정한 인지적 노력의 수준이었다. 장비가 장착된 실제 차량을 이용하여 핸들(steering wheel) 조작 강도, 차선 유지수행, 그리고 선행 차량을 따라가는 능력 등을 측정할 수 있었다. 12명의 실험참가자들을 세 개의 연령 집단(23~25세, 35~50세, 50~65세)으로 구분하였는데, 이 참가자들은 모두 휴대전화를 사용한 경험이 없는 사람들이었다.

각 실험참가자들의 운전수행은 하루 1시간씩 휴일을 제외하고 3주간 측정하였다. 휴대전화 사용 과제는 난이도가 상당히 높은 기억 검사와 숫자 더하기 검사와 같이 이루어졌는데, 실험참가자들의 반은 핸즈-헬드 휴대전화를 사용한 반면 다른 반은 핸즈-프리 휴대전화를 사용하도록 하였다. 실험참가자들은 40m의 간격을 유지하면서 (실험자 중 한 명이 직접 운전하는) 선행 차량을 따라가도록 지시받았는데, 이 선행 차량은 무선적 시점에서 브레이크를 밟았고, 참가자들이 선행 차량의 브레이크등에 반응하기까지의 시간을 기록하였다.

Brookhuis 등은 선행 차량과의 차간거리 유지와 브레이크등에 대한 반응시간에 대해 휴대전화 사용의 효과가 유의하지 않은 것을 발견하였다. 따라서 하나의 요구된 행위(즉 액셀러레이터에서 발을 떼거나 브레이크를 밟음으로써 운전속도를 줄이는 것)가 분명하고 쉽게 변별할 수 있는 경우에는 휴대전화 사용이 특별한 영향을 미치지 않았다고 할 수 있다. 이러한 결과는 앞에서 기술된 Strayer, Drews 및 Johnston(2003)의 연구 결과와는 상반되는 것이다. 그러나 절대적 수치만 보면 휴대전화 사용으로 인해 발생한 브레이크등에 대한 반응시간의 증가는 두 연구에서 유사하였다(Strayer 등의 연구에서는 180msec였고, Brookhuis 등의 연구에서는 130msec였다). 이러한 반응시간의 차이가 Strayer 등의 연구에서는 유의했던 반면, Brookhuis 등의 연구에서는 유의하지 않았던 이유 중 하나는 각 연구에 참여한 실험참가자들의 수에서 찾을 수 있다(Strayer 등의 연구에서는 40명, Brookhuis 등의 연구에서는 12명). 다른 조건이 모두 동일하다면 일반적으로 적은 수의 표본으로는 통계적으로 유의한 차이를 검출하기 어렵다. 또한 시뮬레이션 연구에 비해 실제 현장에서 수행된 연구에는 주변의 차량 대수와 같은 요인에서 더 큰 변산성이 있었을 것이다. 마지막으로 시뮬레이션 환경보다 실제 운전상황에서는 브레이크등이 켜지거나 꺼지는 것에서의 조도 차이가 더 크기 때문에 실제 운전상황에서 브레이크등에 대한 탐지가 더 용이했을 것이다.

Brookhuis 등의 연구에서는 휴대전화를 사용하는 실험참가자들은 그렇지 않은 실험참가자들에 비해 선행 차량의 속도 변화에 따라 자신의 차량 속도를 맞추기까지의 시간이 23%(600msec) 정도 더 증가하였다. 이것은 시속 70km로 주행할 경우 차량을 정지시키기 위해 11.7m를 더 요구한다는 것을 의미한다. Brookhuis 등이 시사했듯이 선행 차량의 행동에 따라 반응하는 것에서의 이러한 굼뜸(sluggishness)은 선행 차량이 처음에 속도를 줄이다가 그 다음 갑자기 급브레이크를 밟는 경우에는 문제가 될 수 있다.

휴대전화를 사용한 조건에서는 심박률도 증가하였는데, 이것은 작업부하가 높아졌다는 것을 시사한다. 정신적 작업부하에 대한 주관적 추정치도 이와 유사한 결과를 보였으나, 핸즈-프리 휴대전화와 핸즈-헬드 휴대전화에 따라서는 심박률에서 차이가 없었다. 또한 모든 종속측정치에서 연령의 효과는 관찰되지 않았는데, 이에 대해 이 연구의 저자들은 표본 수가 너무 적었기 때문이라는 점을 인정하였다.

Brookhuis 등은 그들의 결과를 차량 제어에 관한 위계 모델의 관점에서 해석하였다. 이들에 따르면 휴대전화 사용은 **조작 수준**(*operational level*)에는 거의 효과가 없었을 것이라고 주장하였다. 즉 가장 낮은 수준의 제어에서는 주의가 거의 요구되지 않는다는 가정하에 차량에 대한 기본적인 제어 능력은 영향을 받지 않았다는 것이다. 하나의 예외가 있다면 그것은 운전자가 손으로 직접 휴대전화를 조작하는 경우인데, 이때는 핸들 조작의 크기(즉 범위)가 정상 수준에 비해 10배 정도 더 증가하였다. 휴대전화 사용은 다른 운전자의 행동에 대한 반응에 영향을 미쳤다는 점에서 **전술적**(*tactical*) 효과(단기적/부분적 효과)를 보였다. 고속도로 주행 조건에서는 운전자들이 주변을 살펴보는데 충분한 시간이 있었기 때문에 이들은 휴대전화를 사용할 때 후사경(rear-view mirror)을 체크하는 빈도를 감소시켰을 것이다. Brookhuis 등은 가장 높은 수준인 **전략적**(*strategic level*) 수준도 휴대전화 사용으로 인해 영향을 받았다고 주장하였다. 운전자들이 휴대전화를 사용하면 증가된 작업부하를 보상하기 위해 운전속도를 조절하여야 한다. 그러나 이들의 연구에서 휴대전화를 사용하는 운전자들은 한산한 고속도로 조건인 경우 운전속도를 조절할 수 있었음에도 불구하고 그렇게 하지 않았는데(이 조건에서 실험참가자들의 평균 운전속도는 지시받은 대로 시속 100km를 유지하였다), 그것은 한산한 고속도로에서는 지시받은 속도로 운전하여도 충분히 안전하다고 느껴졌기 때문일 것이다.

Lamble, Kauranen, Laakso, 그리고 Summala(1999)는 실험참가자들이 휴대전화 사용과제를 수행하는 동안 선행 차량의 감속을 탐지하는 능력을 검토하였다. 각각의 실험참가자들은 정상적인 상황의 30km 고속도로를 시속 80km로 운전하면서, 선행 차량과 50m의 차간거리를 유지하도록 하였다. 각각의 시행에서 선행 차량은 실험참가자들이 전방을 주시하는 조건(통제 조건) 혹은 두 가지의 주의분산 과제를 수행하는 동안 감속하기 시작하였다. 주의분산 과제 중 한 가지는 실험자가 불러주는 무선적인 세 숫자를 숫자 키패드를 이용하여 연속적으로 입력하는 것이었다. 다른 주의분산 과제는 실험자가 9개의 숫자를 한꺼번에 읽어주면 실험참가자는 마지막 두 개의 숫자를 더하는 것이었다. 종속 측정치로는 선행 차량과 충돌하기까지의 소요시간(time to collision: TTC)과 반응시간이 사용되었다. 그 결과 반응시간은 통제 조건에 비해 실험참가자들이 덧셈 과제나 혹은 숫자입력 과제를 수행할 때 0.5초 정도 증가하였고, TTC는 통제조건에 비해 덧셈 과제를 수행할 때는 0.62초, 그리고 숫자입력 과제를 수행할 때는 0.95초가 더 증가하였다.

운전 시뮬레이터를 이용하여 관찰된 실험참가자들의 주시패턴에 대한 주의분산의 효과는 실제 차량을 이용한 연구에서도 관찰되었다. Recarte와 Nunes(2000)의 연구에서 실험참가자들은 다양한 유형의 도로를 운전을 하면서 언어 과제와 심상 과제를 수행하였다. 정신적 언어 과제에서 실험참가자들은 30초 동안 특정 낱자로 시작되는 단어를 보고하도록 하였고, 심상 과제에서는 영어 낱자를 순서대로 머릿속에 떠올린 후 그 낱자의 외형(예를 들어 거울에 반사하여도 동일한 형태인지, 혹은 막힌 글자인지 아니면 개방된 형태인지 등)을 판단하도록 하였다.

이 과제들을 수행할 때 보이는 실험참가자들의 안구운동이 기록되었다. 분석 결과 두 가지 과제 모두 실험참가자의 동공을 확장시켰는데, 이것은 참가자들의 작업부하가 증가하였다는 것을 시사한다. 또한 실험참가자들은 공간적 심상 과제보다는 언어 과제가 더 어렵다고 평가하는 경향을 보였는데, 이러한 주관적 평가와는 달리 안구운동 자료는 공간적 심상 과제가 다른 과제의 수행에 더 방해가

되었다는 것을 보여주었다. 공간 과제를 수행할 때 실험참가자들은 정상적인 응시시간과 함께 긴 응시시간도 자주 보였다[Recarte와 Nunes는 이것을 "안구고정 효과(eye freezing effect)"라고 불렀다]. 수직적 혹은 수평적 응시범위는 두 과제 모두에서 각각 감소하였는데, 특히 공간 과제 수행의 경우에 이러한 감소폭이 더 컸다. 즉 언어 과제 수행의 경우 주시 범위는 수평적으로 25%, 수직적으로 40% 감소하였으나, 공간 과제 수행의 경우 주시 범위는 수평적으로 40%, 수직적으로 60% 감소하였다.

공간 과제를 수행할 때는 차 안에 장착된 거울을 응시하는 빈도도 줄어들었다. 정상 운전조건에서는 1,000번의 응시당 14번의 거울에 대한 응시가 있었으나, 언어 과제를 수행할 때는 1,000번의 응시당 4회, 공간 과제를 수행할 때는 1,000번의 응시당 2회의 거울 응시가 관찰되었다. Recarte와 Nunes는 운전자들이 운전 과제와 두 가지의 정신 과제(언어 과제와 공간적 심상 과제)를 동시에 수행함으써 발생하는 정신적 부하에 대처하기 위해 정략적으로 자원을 할당하기 위해 노력한다고 제안하였다. 이 때문에 운전자들은 운전에서 필수적인 행동들 중 일부(예를 들어 속도계를 보는 것이나 후사경이나 사이드 미러를 보는 것)를 생략하였다. Recarte와 Nunes는 (응시범위로 측정한) 공간적 주의 폭의 감소가 교통사상들을 탐지하는 능력도 감소시킬 수 있을 것이라고 시사하였다.

Patten, Kircher, Östlund, 그리고 Nilsson(2004)은 운전자의 주변시 탐지 능력에 대한 핸즈-헬드 휴대전화와 핸즈-프리 휴대전화의 효과를 검증하였다. 실험장치들이 장착된 차량으로 고속도로를 수행하면서 각 실험참가자들은 몇 개의 작은 적색 불빛 중 하나가 자신의 주변시 영역(옆 좌석에서 볼 때 7~22도 사이의 범위)에서 점등되면 신속하게 버튼을 눌러야 했다. 불빛들은 운전자의 차량 앞유리 위에 "헤드업(head-up)" 디스플레이 방식으로 제시되었으며, 제시된 각 불빛은 최대 2초간 지속되었다. 이 연구의 한 가지 특징은 실험참가자들이 운전 중에 라디오나 휴대전화를 빈번하게 사용하는 전문적이고 경험이 많은 차량 운전자들(예를 들어 택시 운전자)을 참여시켰다는 점이다.

실험 결과 휴대전화를 사용한 조건에서는 반응시간이 증가하였는데, 휴대전화 유형 사이에는 반응시간에 차이가 없었다. 주의가 분산되지 않은 통제조건에서의 반응시간은 584msec였으나, 두 가지 유형의 휴대전화 사용조건에서의 자료를 결합하여 분석하면, 실험참가자들이 간단한 산수 문제를 풀 때의 반응시간은 656msec, 그리고 좀 더 복잡한 산수 문제를 풀 때의 반응시간은 845msec였다. 반응시간에 대한 결과를 정지거리로 환산하여 생각해 보면, 통제조건에서 시속 110km로 주행할 때 정지거리가 93m이지만 복잡한 산수 문제를 풀 때의 정지거리는 101m로 증가하는 것이다. 불빛 자극을 놓치는 비율도 통제조건에서는 4%였지만 운전자들이 휴대전화를 사용하는 조건에서는 이것이 15%로 증가하였다. 핸즈-헬드 휴대전화 조건에서는 작지만 통계적으로 유의한 운전속도에서의 감소가 관찰된 반면, 핸즈-프리 휴대전화 조건에서는 운전속도에서의 차이가 유의하지 않았다. Patten은 휴대전화를 사용할 경우 운전수행이 방해받을 것이라는 것을 운전자들이 인식하고, 이러한 방해를 보상하기 위한 시도로써 운전속도를 감소시킨다고 제안하였다(물론 운전속도 감소만으로 충분한 것은 아니다). 또한 Patten은 휴대전화 사용이 운전자들의 주변 상황에 대한 자각을 감소시키고 이에 따라 반응시간을 증가시킨다고 주장하였다. 그리고 이 연구에서도 지적되었듯이 운전자들의 수행 자료는 이들이 모두 각성되어 있는 상태에서, 어렵지 않은 도로를 주행하였으며, 그들의 과제가 무엇인지 분명히 인식하고 있는 상태에서 수집된 것이다. 이러한 조건들이 갖춰지지 않은 실제 운전상황이라면 휴대전화 사용으로 인한 정지거리의 증가는 매우 위험한 결과를 초래할 수 있을 것이다.

결론

많은 연구는 운전 중 휴대전화 사용이 라디오 청취와 같은 차량 안에서의 다른 주의분산 요소에 비해 운전수행을 훨씬 더 많이 손상시킨다는 것을 지적하였다. 비록 초기 연구들은 휴대전화 사용으로 인한 차량 제어에서의 손상에 주로 초점을 맞추어왔지만 이것은 그렇게 중요한 것이 아니다. 사실 핸즈-헬드 휴대전화의 사용이 운전자의 차량 조향 수행에 미치는 효과는 일반적으로 매우 미미하거나 거의 없다. 이보다 더 중요한 문제는 운전자의 "마음"이 도로에 있지 않다는 점이다. 결과적으로 핸즈-헬드 휴대전화는 운전 중에 사용하지 못하게 하면서 핸즈-프리 휴대전화는 사용하도록 허락하는 것은 운전 중 휴대전화 사용으로 인한 교통사고 위험성의 증가를 막는 데 전혀 도움이 되지 않을 것이다.

이 장에서 기술된 대부분의 연구는 연구 방법에서의 문제를 갖고 있다. 사고율과 휴대전화 사용 사이의 관련성을 찾고자 하는 통계 자료 분석 연구는 인과관계를 해석하는데 항상 문제를 안고 있다. 예를 들어 운전 중에 휴대전화를 자주 사용하는 운전자는 휴대전화 사용 자체 때문이 아니라 다른 요인에 의해 사고에 휘말릴 가능성이 높은 사람들일 수 있다. 물론 운전 중 휴대전화를 가장 많이 사용하는 운전자는 운전경험이 부족한 젊은 운전자들이라는 자료는 많이 있다 (Horberry et al., 2001; Sullman & Bass, 2004). 그러나 이러한 변인들을 통계적으로 통제한다 하더라도 휴대전화 사용과 증가된 사고율 사이의 관계는 여전히 존재한다. 휴대전화 사용이 운전을 손상시킬 수 있다는 것에 대한 실험적 증거들도 많이 있다. 그러나 이러한 실험 연구들도 연구 방법에서의 문제를 안고 있다. 이들은 대부분 적은 수의 운전자 표본(대부분 운전경험이 별로 없는 대학 학부생)에 의지하여 수행되었고, 시뮬레이션 연구라고 해도 실제 운전상황과는 다른 운전환경 조건에서 수행된다. 또한 휴대전화 사용과제의 경우 운전자들이 수행하여야 하는 과제들은 매우 인위적이고, 실제 세계에서의 대화와는 다른 내용의 대화가 요구되기도 한다. 그러나 이러한 연구 방법에서의 문제점에도 불구하고 통계자료 분석연구나 실험연구들은 운전 중 휴대전화 사용이 운전수행을 손상시킨다는 것을 수렴적으로 보여주고 있다. 운전 중 휴대전화 사용으로 인한 사고 가능성은 운전자들이 자신의 주변에 있는 대상으로부터 다른 곳으로 주의를 전환하기 때문에 증가한다. 이러한 경우에는 예상하지 못했던 위험요소에 대해 신속한 반응이 요구된다 하더라도 운전자들은 그렇게 반응하지 못할 것이다. 이 장에서 소개된 많은 연구는 휴대전화 사용으로 인한 반응시간의 증가 정도에 대해 비교적 일치하는 자료는 제공하고 있는데, 그 증가 정도는 대략 0.5초 정도이다

(Brookhuis et al., 1991; Lamble et al., 1999; Alm & Nisson, 1995).

실험참가자들은 대부분 각성된 상태에서 실험자가 요구하는 과제가 무엇인지 분명하게 이해하고 실험에 참여하며, 이들에게 주어진 과제도 실제 운전상황에 비하면 매우 제한적인 것들이다. 따라서 휴대전화 사용으로 인한 반응시간의 증가는 실제 운전상황에서는 심각한 결과를 초래할 수 있다. 운전자들은 운전 중 휴대전화 사용이 운전을 저해할 수 있다는 것을 자각하지 못하거나(Lesch & Hancock, 2004; Strayer, Drews, & Jonhston, 2003), 이것에 무관심한 것으로 보인다. 그러나 운전 중 휴대전화 사용이 합법적인 뉴질랜드의 운전자들을 대상으로 실시된 한 설문지 연구(Sullman & Baas, 2004)에서는 꼭 그런 것은 아니라는 것을 보여준다. 전체 조사대상의 57%는 최소한 "가끔씩" 운전 중에 휴대전화를 사용한다고 응답하였지만, 2%만이 이것이 "전혀 위험하지 않다"고 응답하였다. 반면 조사대상의 27%는 "약간 위험하다," 32%는 "매우 위험하다," 그리고 26%는 "극히 위험하다"라고 응답하였다. 따라서 많은 운전자는 운전 중 휴대전화 사용의 위험성을 알고 있으면서도 휴대전화를 통한 상대방과의 대화를 위해 이러한 위험을 감수하고 있는 것이다.

운전 중 휴대전화를 통한 대화는 동승자와의 대화보다 더 위험한 것으로 보인다. Stevens와 Minton의 연구(2001)를 보면 동승자는 운전자의 주의를 분산시킬 수 있는 중요한 원인이다. 그러나 Lamble 등(1999)은 동승자와의 대화와 휴대전화를 통한 대화는 그 효과 측면에서 보면 매우 다르다는 것을 지적하였다. 동승자들은 대부분 도로 여건을 파악할 수 있기 때문에, 운전자와의 대화 내용이나 대화 시점을 조절할 수 있다. 그러나 휴대전화로 대화하는 상대방은 도로 여건을 파악하지 못하기 때문에 운전자의 주의가 도로 상황을 파악하는데 주어져야 하는 시점에서 운전자의 주의를 과도하게 요구하는 대화를 할 수 있는 것이다.

운전자들이 휴대전화 사용으로 인한 운전수행에서의 손상을 효과적으로 보상하기 위해 자신의 운전수행을 적절하게 조절한다는 것을 시사하는 증거는 거의 없다. 비록 운전자들이 휴대전화를 사용할 때 더 느리게 운전한다거나, 앞차와의 차간거리를 충분히 유지한다고 주장하더라도(Laberge-Nadeau et al., 2003),

이들이 보인 객관적 행동 자료들은 이러한 행동만으로는 휴대전화 사용으로 인한 운전수행에서의 손상을 보상하기에는 불충분하다는 것을 보여주고 있다(Alm & Nilsson, 1995; Strayer, Drews, & Johnston, 2003). 운전 중 휴대전화를 사용하는 운전자들은 자신이 운전과 휴대전화 사용을 적절하게 조절하여 별 문제없이 이 두 가지 과제를 모두 수행할 수 있다고 믿는 것 같다(Lesch & Hancock, 2004). 운전자들이 휴대전화 사용과 운전수행에 자원을 적절하게 배분할 수 있다고 하더라도 이렇게 하기 위해서는 더 많은 노력을 기울여야만 한다. 이것은 주관적 작업부하 평정에 대한 연구에서 이미 시사되었다(Matthews, Legg, & Charlton, 2002). 운전 중 휴대전화를 사용하는 것은 운전자가 시간을 좀 더 효율적으로 사용할 수 있게 하는 것이라는 주장이 제기되기도 한다. 그러나 운전에만 집중하는 것은 시간을 낭비하는 것이라고 가정하더라도 운전 중 휴대전화를 사용하기 위해서는 더 많은 정신적 노력이 요구된다는 점을 감안하면, 어찌 되었건 운전하면서 휴대전화를 사용함으로써 얻는 생산성은 휴대전화 사용으로 인한 정신적 피로감의 증가에 의해 그 이점이 상쇄될 것이다.

CHAPTER 5

위험 지각

운전은 위험한 것인가?

이 책의 서문에 언급하였듯이 자동차 사고는 선진국에서는 중요한 사망 원인 중 하나이고, 특히 아동이나 청소년 사망의 가장 큰 원인이다. 자동차 사고는 주로 인간 에러에 기인한 것이고, 기계적 결함에 의한 것은 매우 적다.

자동차 사고 통계는 운전자의 연령이나 성별에 따라 크게 달라진다는 것을 분명하게 보여주고 있다. 젊은 운전자(25세 미만) 특히 남성인 경우가 가장 위험하다. 미국에서 16~24세 사이의 인구는 전체 인구의 14%밖에 되지 않지만 이들은 2003년에 발생한 전체 교통사고 사망의 25%를 차지하였다. 25세 미만의 운전자들이 교통사고 사망에 휘말릴 가능성은 다른 연령대보다 높고(National Highway Traffic Safety Adminstration, 2003), 이러한 경향은 대부분의 선진국에서 동일한 형태를 보인다(Brorsson, Rydgren, & Ifver, 1993; Begg & Langley, 2001). 연령이 증가함에 따라 교통사고율이 감소하여, 중년의 운전자들(40~50세)에서는 가장 낮은 교통사고율을 보인다. 그 이후 고령의 운전자들(75세 이상)에서는 교통사고율이 다시 증가하게 되는데, 그렇다고 해도 젊은 운전자의 교통사고율 수준에는 미치지 못한다. 여성은 남성에 비해 교통사고율이 낮지만, 연령에 따른 사고율은 남성과 비슷한 형태를 보인다.

사고 통계치를 분석하는 것은 매우 어려운 일인데, 그것은 운전자 집단의 연령과 성별에 따른 차이뿐만 아니라 다른 여러 변인에서 차이를 보이기 때문이다. 특히 운전자들은 위험에 노출되는 수준이 매우 다양하다. 모든 조건이 동일하다면 운전을 더 많이 하는 사람이 사고의 가능성도 높을 것이다. 따라서 사고가 발생할 확률이 동일하다면 연간 단지 2,000마일을 운전하는 노인 운전자는 연간 20,000마일을 운전하는 젊은 운전자에 비해 사고에 휘말릴 가능성이 더 낮을 것이다. 이 때문에 연간 운전거리당 사고율을 계산함으로써 사고에 노출될 가능성을 다시 산정할 수도 있다. 그러나 이것이 연령대에 따라 운전하는 상황이 다르다는 것까지 상쇄해 주지는 못한다. 예를 들어 나이 든 여성 운전자에 비해 젊은 남성 운전자들은 아마도 야간에 그리고 주말에 운전할 가능성이 훨씬 더 높을 것이다. Brorsson 등(1993)은 모든 운전자가 모든 시간대에 걸쳐 운전할 때 관찰되는 평균적 사고 가능성에 비해, 금요일과 토요일 저녁과 밤에 운전할 때의 사고 가능성은 40배 더 높다고 추정하였다. 따라서 젊은 남성 운전자와 나이 든 여성 운전자가 운전능력에서는 서로 차이가 없다 하더라도, 젊은 남성 운전자들의 사고 가능성이 더 높을 것이다. 이러한 측면들을 모두 감안하더라도 통계 자료들은 젊은 운전자, 특히 남성 운전자의 교통사고 가능성이 실제로 매우 높다는 것을 강하게 시사하고 있다.

많은 교통사고는 음주와 관련이 있는데(7장 참조), 예를 들어 미국 National Highway Traffic Safety Administration(NHTSA, 2003)은 미국에서 발생하는 모든 교통사고의 7%, 그리고 모든 교통사고 사망의 40%가 음주운전에 의한 것이라고 추정하였다. 음주로 인한 교통사고는 특히 젊은 운전자들에게서 많이 찾을 수 있는데, 미국에서 혈중 알코올농도가 0.08mg/100mL나 그 이상인 상태에서 교통사고 사망과 관련된 운전자들의 반 이상은 16~24세 사이의 젊은 운전자들이었다. 그러나 교통사고 통계에서 음주로 인한 교통사고가 큰 비중을 차지하는 것은 분명하다 하더라도, 많은 교통사고는 음주 이외의 원인에 의해서도 발생한다. 객관적 관점에서 위험하다고 여겨지는 행동을 운전자들이 하는 이유는 무엇인가? 특히 젊은 남성 운전자들의 교통사고율은 왜 그렇게 높은가? 운전자들이 그들의 운전이 갖는 위험성을 어떻게 평가하는지 설명하기 위해, 그리고 감수하고자 하는 위험 정도에서 왜 개인차가 존재하는지 설명하기 위해 많은 이론이 제안되었다. 다음 절에서는 Wilde의 **위험 항상성 이론**과 Summala의 **제로-리스크 이론**(*zero-risk theory*)에 대해 자세히 다루고자 한다.

운전 중 위험감수 행동에 대한 이론적 설명들

위험 보상과 Wilde의 위험 항상성 이론

위험 보상(risk compensation)은 많이 알려진 개념으로, 이것은 운전자들이 일정한 위험 수준을 유지하는 방식으로 행동한다는 것을 시사한다. 이러한 개념과 관련된 가장 영향력 있는 이론은 Wilde의 **위험 항상성 이론**(*risk homeostasis theory:* RHT)이다(Wilde, 1982, 1988, 2002). RHT는 사람들이 주관적으로 경험하는 위험 정도를 특정 수준으로 유지하기 위해 자신의 행동을 조절한다고 제안한다. 만일 자신의 행동이 갖는 위험 수준이 주관적으로 설정한 특정 수준에 비해 더 높거나 낮으면, 사람들은 이 괴리를 없애는 방향으로 행동한다. 따라서 운전자가 선행 차량과 어느 정도의 차간거리를 유지할 것인지는 그 운전자가 주관적으로 생각하는 위험성에 대한 평가에 따라 달라질 것이다. 만일 어떤 운전자가 자신의 차를 잠김방지 브레이크 시스템(antilock brake system)이 장착된 더 안전한 차로 바꾸었다면, 이 운전자는 새로 바꾼 차가 더 짧은 제동거리를 보일 것이라고 생각할 것이다. 이 때문에 그 운전자는 운전할 때 이전에 비해 선행 차량과 더 짧은 차간거리를 유지하며 운전하게 될 것이고, 이를 통해 자신이 설정한 특정 위험 수준을 유지하고자 할 것이다. 따라서 잠김방지 브레이크 시스템이 갖는 안전에서의 이점은 차간거리가 더 짧아진 것에 의해 상쇄된다. 따라서 잠김방지 브레이크 시스템을 장착한 차를 운전한다 하더라도 사고 위험성은 그 이전(그러한 브레이크 시스템이 없던 차를 운전할 때)과 같아지고, 결국 교통사고율도 변화되지 않을 것이다.

Wilde는 운전자의 안전을 향상시키기 위한 많은 방안이 모색된다 하더라도 이들은 결국 실패할 것이라고 주장하였다. 왜냐하면 이러한 안전 향상 방안의 도입으로 운전자들은 자신이 더 안전한 운전을 할 수 있다고 느끼는 한편 자신이 설정한 특정 위험 수준을 유지하기 위해 이전에 비해 더 위험하게 운전할 것이기 때문이다. Wilde는 운전교육을 강화하고 면허발급을 더 엄격하게 하는 것, 충돌방지 혹은 충격완화 방호물을 설치하거나, 도로를 직선화하거나, 도로 조명을 개선하는 것과 같은 도로 여건을 개선하는 것, 그리고 안전벨트나 에어백, 오토바이 운전자의 헬멧 혹은 충격에 강한 차량과 같은 것들을 포함하는 대부분의 안전 향상 방안이 거의 효과가 없을 것이라고 주장하였다.

전 세계에 걸쳐 교통안전을 담당하는 대부분의 사람이 안전 향상을 위해 이러한 방안들을 주로 검토하였다는 점을 감안하면, RHT는 많은 논란을 낳을 것이다. 만일 RHT가 옳다면 이들은 엄청난 시간과 노력을 낭비한 셈이 된다. Wilde는 교통사고율을 줄이는 것은 가능하지만, 그것은 사람들 스스로가 더 안전해지기를 원하는 경우에만 가능하다고 주장한다. 다시 말해 사람들은 자신이 설정한 특정 위험성의 수준을 변화시켜야만 한다. Wilde(2002)는 안전 운전에 대한 인센티브 제공(이것은 자신이 설정한 주관적 위험성 수준을 바꾸도록 할 것이다) 등의 개입 방법들이 도로 안전을 향상시키는 데 가장 효과적이라고 제안하였다.

Wilde 이론의 검증

RHT 이론을 지지하기 위해 사용된 증거들은 어떤 안전 향상 방안들이 도입된 전후의 사고 통계치를 비교하는 연구와, 위험한 행동에 대한 손실과 이득을 조작하는 실험 연구로부터 도출되었다.

Wilde나 그의 비판자들은 모두 자신의 주장을 지지하는 증거로 사고 통계치들을 사용하였다. 수많은 연구가 안전벨트와 같은 안전 향상 방안이 도입된 전후의 사고율을 비교하였다. 만일 Wilde의 이론이 옳다면 사고율은 안전 향상 방안의 도입 전후에서 차이가 없을 것인데, 왜냐하면 그러한 것들에 의해 발생한 이득이 위험 보상 행동에 의해 상쇄될 것이기 때문이다. 반면 안전 향상 방안이 도입된 결과로 교통사고율이 감소하였다면, 이것은 RHT 이론에 반하는 증거가 될 것이다.

전반적으로 사고 통계치를 분석한 연구로부터 도출된 증거들은 확실한 결론을 제시하지 못하는 것으로 보인다. 어떤 연구들은 안전 향상 방안들이 사고율 감소에 아무런 효과가 없음을 보여 주는 반면(Peterson & Hoffer, 1994), 다른 연구들은 그 반대의 증거들을 제시하고 있다(Huguenin, 1988; Robertson & Pless, 2002). 그러나 한 가지 문제는 이러한 "사전-사후" 비교 연구는 엄밀한 실험적 통제가 불가능한 준실험(quasi-experiment)이라는 점이다. 만일 어떤 안전 향상 방안이 도입된 이후 사고율이 감소하였다고 해도 전자가 후자의 원인이라고 결론 내리는 것에는 주의가 필요하다. 왜냐하면 이것이 단지 우연의 일치였을 수도 있고, 교통사고율에서의 감소가 있었던 시점에 다른 변인에서의 변화도 있었을 수 있기 때문이다. 안전 향상 방안 효과를 검증하는데 사용된 자료가 어느 정도의 기간에 걸쳐 수집되었는지도 중요한 문제이다. 안전 향상 방안 도입의 효과를 다른 변인에 의한 효과(예를 들어 교통사고율에서의 전반적 감소 추세)로부터 분리시키기 위해서는 안전 향상 방안이 도입된 시점의 전후 범위를 비교적 짧게 하여 비교하는 것이 바람직하다(1년이나 2년 정도). 그러나 사고는 비교적 드물게 발생하는 사상이기 때문에, 자료 분석 기간의 범위가 너무 짧은 경우에는 안전 향상 방안의 효과가 없다는 잘못된 인상을 줄 수도 있다.

다양한 유형의 안전 향상 방안의 효과를 살펴본 연구들에서 차이가 나는 몇 가지 이유들은 이러한 연구들이 측정한 사고의 본질이 동일한 것이 아니기 때문에 발생한 것들이다. 오토바이 운전자의 헬멧, 에어백 혹은 안전벨트 사용 등을 통한 개입은 사고의 결과로서 발생하는 사망이나 상해의 심각성 수준에 영향을 미치지만, 이것은 사고의 발생 가능성 자체에는 거의 영향을 미치지 않는다. 반면 도로 조명의 개선이나 도로의 직선화 혹은 차량의 잠김방지 브레이크 시스템 등은 사고 발생 자체에 일차적으로 영향을 미치는 것들이다. 이러한 사고들은 본질적으로 다른 것들이기 때문에 위험보상 효과를 논의할 때 이들은 서로 분리되어야 할 것이다(Sagberg, Fosser, & Sætermo, 1997).

운전의 위험정도가 갖는 손실과 이득을 인위적으로 조작함으로써(대개의 경우 안전한 운전에 대한 약간의 금전적 인센티브를 통해) RHT와 이것의 시사점에 대해 실험적으로 검토하고자 하는 시도들이 있었다. 이러한 연구들이 갖는 가장 심각한 문제는 어찌 되었건 운전자들은 운전 시뮬레이션 상황에서 운전하였다는 것이다. 운전 시뮬레이터가 아무리 현실 상황을 충실하게 반영한 것이라 하더라도 운전 시뮬레이션 상황에서 운전자들은 (모사된) 사고 때문에 자신이 다치거나 사망할 가능성이 없다는 것을 이미 잘 알고 있다. 반면 실제 운전상황에서 동일한 사고가 발생한다면 운전자는 실제로 사망하거나 상해를 입을 수 있을 것이다(1장 참조). 이러한 유형의 연구들에서 생태학적 타당도가 떨어진다는 점은 본질적인 것이다. 그럼에도 불구하고 이것을 자꾸 문제 삼는다면 이에 대해 더 이상 거론할 것이 없다.

사람들은 위험을 얼마나 잘 판단하는가?

통계자료 조사연구나 실험연구 모두 RHT가 타당한지의 여부에 대한 논쟁을 해결할 것 같지는 않다. 아마도 이 이론에 대한 좀 더 타당한 검증 방법은 우리가 이미 알고 있는 위험 감수나 의사결정과 관련된 운전자의 심리과정과 이 이론이 일치하는지의 여부를 검토해 보는 것이 될 것이다. RHT의 가장 근본적인 가정 중 하나는 사람들이 자신이 노출된 위험의 정도를 정확하게 추정할 수 있다는 것이다. 만일 사람들이 이러한 추정을 제대로 하지 못한다면 RHT는 타당하지 않다고 결론지을 수 있을 것이다. 실제로 많은 연구가 RHT에서 말하는 수준만큼 사람들이 위험가능성을 정확하게 평가하지는 못한다는 것을 보여주었다.

피드백 부족 문제

사람들은 자신의 행동이 갖는 위험 정도를 평가하는 데 필요한 상세한 정보를 어디에서 얻을 수 있을까? 자신이 안전벨트를 착용하지 않을 경우 더 심각한 부상을 입을 수 있다는 것은 알고 있다 하더라도, 그것 때문에 상해 가능성이 얼마나 더 증가한다는 것을 정확하게 알 수 있을까? 사람들은 일반적으로 자신의 행동이 얼마나 위험한지를 배울 기회가 거의 없다. 즉 위험한 행동들은 오랜 시간 동안 아무런 부정적 결과없이 행해질 수 있기 때문에, 그러한 행동이 얼마나 위험한 것인지를 알지 못한 상태에서 반복적으로 그러한 행동을 수행하다가, 어느 순간 사고로 이어지는 상황과 그러한 행동이 결합되면 결국 사고를 경험하게 되는 것이다. 또한 개인이 사고 피해자가 되는 경우와 같이 사고는 개인이 완전히 통제할 수 있는 것도 아니다. 결과적으로 RHT가 가정하는 수준에 맞게 얼마나 정확하게 운전자들이 자신의 위험 정도를 통제할 수 있는지를 규명하기는 매우 어려운 일이다. 특히 운전자들 스스로는 자신이 경험할 수 있는 위험 정도를 정확하게 추정할 수 있다 하더라도 다른 요인들(예를 들어 가해 운전자의 행동) 때문에 그러한 정확한 추정이 무의미해질 수 있다.

위험 지각의 정확성에서의 문제

Mckenna(1988)가 지적하였듯이 다양한 이유 때문에 RHT는 받아들이기 어렵다. 사람들은 RHT가 요구하는 수준만큼 정확하게 행동하지는 않는다. RHT에 따르면 주관적 위험과 객관적 위험 사이의 관계는 매우 일관적이고 정확해야 하지만, 이러한 가능성은 매우 낮다. 또한 사람들은 매우 낮은 확률을 갖는 사상에 민감해야 하는데, 그 이유는 사회적 수준에서는 사고가 흔할 수 있지만, 개인적 수준에서는 드문 일일 수 있기 때문이다(Rumar, 1988).

자신이 처한 위험의 정도에 대해 정확하게 추정할 수 있기 위해서는 과거에 경험했던 것들, 특히 사고가 날 뻔했던 근접 사고(near-miss)와 같은 것들에 대해 정확한 기억을 갖고 있어야 한다. 그러나 연구에 따르면 운전자들은 근접 사고는 말할 것도 없고 자신이 당한 사고 경험에 대해 놀라울 정도로 저조한 기억력을 보인다는 것을 시사하고 있다. Chapman과 Underwood(2000)는 운전자들에게 지난 2주 동안 자신이 경험한 사고 혹은 근접 사고들을 회상해 내도록 요구하였다. 그 다음 동일한 운전자들에게 소형녹음기를 제공하고 2주 동안 자신에게 이와 유사한 일이 발생할 때마다 그것을 녹음기에 기록하도록 하였다. 각 2주 동안의 기간은 운전이나 노출되는 위험 정도에서 서로 매우 유사하다는 것을 가정하고, Chapman과 Underwood는 각각 2주 동안에 보고된 사고와 근접 사고의 수를 비교하였다. 그 결과 운전자들은 자신이 녹음한 사건 수에 비해 기억에 의존한 사건 수를 훨씬 더 적게 보고하는 것이 관찰되었다. Chapman과 Underwood는 근접 사고의 80%는 그것이 발생한지 2주 안에 망각된다고 주장하였다. 그러나 망각률은 그 사건에 대해 운전자들이 평정한 위험 정도에 따라 달라졌는데, "사고 위험성이 거의 없다"고 평정한 사상들은 95%가 망각된 반면, "사고 위험성이 크다"고 평정한 사상들은 50%만 망각되었다. 이러한 결과는 위험 경험에 대한 운전자의 기억이 매우 취약하다는 것(따라서 그들이 어느 정도로 위험한 상황에 노출되고 있는지를 추정하는 능력이 부족하다는 것)을 보여준다.

의사결정과 편파에서의 문제

의사결정과 관련된 심리학 연구들은 사람들이 어떤 사상의 발생 확률에 대해 합리적으로 추정할 수 있는 능력이 매우 부족하다는 것을 보여준다. Wilde의 이론에서는 단지 사람들이 위험 정도에 대한 특정 수준을 설정한다고 주장하고 있다. 그러나 이것은 사람들이 각자 설정한 위험 수준이 반드시 정확할 필요는 없다는 것을 시사하기 때문에 의사결정에서의 사람들이 보이는 취약성은 Wilde 이론에 심각한 영향을 주는 것 같지는 않다. 그러나 Wilde의 이론이 갖는 가장 큰 문제는 위험 수준에 대한 추정이나, 사상의 일반적 발생 확률에 대한 추정이 외부 요인에 의해 너무 쉽게 영향을 받는다는 것이다. Wilde의 이론이 타당하기 위해서는 사람들이 그들의 행위를 수정하기 위해 정보를 효율적으로 사용함으로써 스스로 설정한 위험의 수준을 유지할 수 있다는 것을 보여주어야 할 것이다. 그러나 그렇지 못하다. 사람들은 자신의 행위를 합리적 방식으로 수정하지는 않는다.

Tversky와 Kahneman(1973)에 의해 수행된 일련의 연구들은 사람들이 형식 논리 규칙에 기반한 추리는 거의 하지 않는 대신, 행위의 기초로써 다양한 유형의 **발견법**(*heuristics*)을 사용한다는 것을 보여주었다. 발견법은 쉽고 빠르게 문제에 대한 답을 제공할 수 있지만 항상 최상의 결과를 보장하지는 못하는 일종의 편의적(rule of thumb) 방법이다.

발견법의 한 유형에 **가용성 발견법**(*availability heuristics*)이라 불리는 것이 있는데, 이것은 추론이 기억 내용의 가용성에 영향을 받는다는 것을 의미한다. 일반적으로 흔한 것들은 그렇지 않은 것에 비해 쉽게 머리에 떠오른다는 점에서 가용성 발견법은 가능성(likelihood)을 평가하는 데 유용하다. 그러나 사고를 당할 수 있는 가능성을 평가하는 경우에는 가용성 발견법은 사람들로 하여금 잘못된 평가를 하게 할 수 있다. Baksteen(1995)은 1985년에 미국에서 자동차 사고로 사망할 가능성은 5,300분의 1이지만, 미국 이외의 지역에서 테러에 의해 사망할 가능성은 1,600,000분의 1이라고 추정하였다. 그러나 당시 테러리즘은 방송매체를 통해 사람들에게 널리 알려졌고, 이 때문에 많은 미국인은 다음 해에 해외로 여행가는 것을 주저하였다. 아마도 극히 일부의 사람이겠지만 어떤 사람들은 운전하는 것을 피했을 것인데, 죽기 원하지 않았다면 이것이 (해외로 여행을 가지 않는 것에 비해) 더 합리적인 선택이었을 것이다. 이와 유사하게 많은 사람은 항공기, 기차 혹은 자동차 사고에 대해 심각하게 왜곡된 생각을 갖고 있다. Baksteen이 말했지만 비행기로 여행하는 것은 매우 안전한 것이다(백만 번의 항공기 이륙에 대해 단지 1.5대의 항공기만 사고를 당한다). 비행기 사고가 너무 드물게 발생하기 때문에 이러한 사고는 대중매체에 많은 주목을 받는다. 이것은 사람들에게 항공기 참사를 더 현저한 사건으로 보이게 하고, 이에 따라 사람들이 항공기로 여행할 때의 위험성을 심각하게 과대평가하도록 한다.

다양한 사상의 발생 가능성에 대한 사람들의 추정은 그 결과가 바람직한 것인지의 여부에 따라서도 영향을 받는다. 사람들은 자신이 남들에 비해 인생에서 긍정적인 일들을 경험할 가능성이 더 크다고 생각하는 반면, 부정적인 일들을 경험할 가능성은 더 낮다고 생각한다(Plous, 1993).

자신의 능력에 대한 과대평가 문제

Groeger와 Brown(1989)은 사고 가능성이 위험 요소가 무엇인지와, 그러한 위험 요소 대해 그것을 감당할 수 있는 능력에 대한 개인의 지각에 따라 달라진다고 주장하였다. 예를 들어 어떤 운전자는 위험 요소를 탐지하지 못하거나, 그것이 갖고 있는 위험성을 과소평가하거나, 혹은 그것을 감당할 수 있는 자신의 능력을 과대평가한다면 사고에 휘말릴 가능성이 높아질 것이다. 아마도 이 세 가지의 모든 요인이 많은 사고의 이유가 될 것이다. Brown과 Groeger(1988)는 젊은 운전자들(20세 이하)은 어떤 교통 위험 요소들을 과소평가하고, 자신의 운전능력은 과대평가한다고 결론지었다.

Svenson(1981)은 대부분의 운전자는 다른 운전자들에 비해 자신은 운전기술이 더 좋고 더 안전하게 운전한다고 생각하는 것을 발견하였다. 이러한 결과는 그 이후에도 반복적으로 관찰되었다. 예를 들어 Horswill, Waylen과 Tofield (2004)는 영국의 운전자들을 대상으로 인터넷을 통해 설문조사를 실시하였다. 그 결과 응답자들은 자신이 다른 "평균적인" 영국의 운전자들에 비해 더 느리게 운전하고, 운전기술이 좋으며, 더 안전하고, 사고에 휘말릴 가능성이 더 낮다고 평정하였다. 자신의 운전기술에 대한 평정 점수와 운전속도 사이에는 상관이 있었는데, 평균적인 운전자들에 비해 자신의 운전기술이 더 좋다고 생각하는 사람은 더 빠르게 운전한다고 응답하였다.

운전자들은 왜 자신의 능력을 과대평가하는 것일까? 여기에는 몇 가지 이유가 있다. 이 중 하나는 "이기적 편향(self-serving bias)" 현상(Miller & Ross, 1975)으로, 개인이 다른 사람의 행동보다는 자신의 행동을 더 좋게 보려는 경향을 의미한다. 이 때문에 사람들은 자신의 실수를 다른 사람들의 실수에 비해 덜 중요한 것으로 혹은 더 정당화될 수 있는 것으로 생각한다. **귀인이론**(*attribution theory*, Jones & Nisbett, 1971)에 따르면, 사람들은 자신의 행동은 상황적 요인에 의한 것으로 해석하는 반면, 다른 사람의 행동은 그들의 안정적 개인 특성 때문이라고 해석하는 일반적인 경향을 보인다. 따라서 어떤 운전자는 자신의 실수를 상황적 요인에서 그 원인을 찾는 반면(예를 들어 "햇빛이 너무 강해서 적색 정지등을 보지 못했다"), 다른 사람의 실수에 대해서는 그 운전자가 "나쁜 운전자"의 특질을 갖고 있기 때문이라고 해석할 것이다(예를 들어 "그 운전자는 부주의하고 산만해서 적색 정지등이 켜졌음에도 불구하고 그대로 통과해 버렸다").

운전에서 피드백이 부족한 것도 운전자가 자신의 능력을 과대평가하는 하나의 요인이 될 수 있다. 운전면허시험에 일단 통과하면 그 이후에는 자신이 얼마나 운전을 잘 하는지에 대한 객관적 평가를 거의 받지 않는다. Duncan, Williams, 그리고 Brown(1991)은 초보 운전자, 운전경험이 많은 운전자(운전기간만 긴 운전자), 그리고 전문적인 경찰 운전자들에 대한 운전수행을 비교하였다. 이 연구자들은 운전경험이 많다고 해서 그것 자체 때문에 운전에서의 전문성이 발달되는 것은 아님을 발견하였다. 피드백이 좋다면 운전기술은 향상되지만, 피드백이 나쁘다면 운전기술은 더 저하될 것이다. 운전환경에 대한 주사, 예상, 그리고 선행 차량과의 안전거리 유지 등의 측정치에서 운전경험이 많은 운전자가 세 집단에서 가장 저조한 수행을 보였고, 초보 운전자들도 가끔은 이들과 유사한 수행을 보였다. 이기적 편향이나 귀인 이론에서 말한 귀인 특성이 시사하듯이 운전을 얼마나 잘 하는지 혹은 잘못하는지에 대한 정보가 없다면 운전자는 자신의 운전능력에 대해 잘못된 인상을 갖게 될 것이다. Horswill, Waylen과 Tofield(2004)의 연구에서 운전자들은 자신의 차량통제 능력보다 위험요소 지각 능력을 더 많이 과대평가했다. Horswill 등은 위험 요소 지각 능력에 대해 운전자들이 피드백을 받을 기회가 거의 없었기 때문에 이러한 경향이 생겼을 것이라고 해석하였다. 운전자가 위험 요소를 탐지하는 능력이 좋지 못하더라도 이 운전자는 사고 혹은 근접 사고가 발생하기 전까지는 그것에 대한 피드백을 받지 못할 것이다. 그들은 심지어 위험 요소가 있었는지의 여부조차도 모를 수 있다. 그러나 TV로 자동차 경주를 본다면 자신보다 운전기술이 더 좋은 운전자도 있다는 것을 깨달을 수 있다.

장거리 운전을 하면서 특정 수준으로 몇 가지 실수(예를 들어 방향 지시등을 켜지 않는 것 등)를 한다고 가정해 보자. 운전자는 그러한 실수를 어쩌다 범할 것이고, 실수했을 때라도 자신이 실수했는지의 여부조차 모를 수 있다. 그러나 장거리 운전의 경우 수많은 다른 운전자들의 운전행동을 관찰할 기회가 많기 때문에,

다른 운전자들이 자신과 같은 실수를 범하는 것을 볼 기회도 많을 것이다. 따라서 다른 운전자는 그러한 실수를 자주 범하는 반면 자신은 거의 범하지 않는 것으로 지각할 것이다.

왜 운전자가 자신의 능력을 과대평가하는지에 대한 설명이 무엇이든지, 이러한 왜곡이 가져올 수 있는 결과는 다양하다. 첫째, 이러한 경향은 운전자들로 하여금 자신이 처할 수 있는 사고의 위험 정도를 과소평가하게 할 것이다. 둘째, 이것은 사고 통계치에 대한 해석을 편향시켜, 사고는 다른 운전자(예를 들어, 역량이 부족한 운전자)들에게만 발생하고 자신은 사고를 당하지 않을 것이라는 생각을 강화할 것이다. 또 자신이 (아직) 사고를 당하지 않은 것은 운이 좋아서가 아니라 자신의 운전능력이 좋기 때문이라고 생각한다. 이것은 운전자 교육 캠페인이 별로 효과적이지 못한 이유이기도 하다(Summala, 1988).

위험감수 경향과 위험보상

위험보상이 설명하지 못하는 한 가지 현상은 위험하게 운전하는 사람은 왜 안전장치를 이용하여 증가된 위험 수준을 보상하지 않는가이다. 안전벨트를 잘 착용하지 않는 운전자들은 젊은 남성이고, 매우 위험하게 운전하며, 교통사고나 법규위반의 비율도 더 높고(Hunter, Stewart, & Rodgman, 1993), 알코올과 약물을 더 많이 사용하며(Foss, Belmess & Sprattler, 1994; Li, Kim & Nitz, 1999), 감각추구적이고 충동적인 경향이 있다(Begg & Langley, 2000; Jonah, 1990; Wilson, 1990). Eby와 Vivida(2003)에 의해 수행된 관찰 연구에서는 운전 중에 휴대전화를 사용하는 운전자들은 그렇지 않은 운전자들에 비해 안전벨트를 착용할 가능성이 더 낮다는 것을 발견하였다.

이러한 연구 결과들은 사고에 휘말릴 가능성이 가장 높은 운전자들은, 자신의 위험한 운전에 의해 증가된 사고 위험성을 보상하려고 시도할 가능성이 가장 낮은 운전자라는 것을 시사한다. 이러한 연구 결과들에 대해 RHT는 두 가지 방향으로 설명할 수 있을 것이다. 하나는, 위험하게 행동하는 운전자는 다른 사람들에 비해 더 높은 위험 수준을 받아들일 준비가 되어 있다는 것이다. 그러나 어떤 사람들은 다른 사람들에 비해 부상이나 재산상의 손상을 무릅쓰고 "기꺼이" 위험하게 운전하려는 것은 직관적으로는 언뜻 납득이 되지 않는다. 설상 그렇다고 하더라도 왜 그러한지에 대해서 RHT는 제대로 설명하지 못한다. 두 번째는 위험하게 운전하는 운전자들은 자신의 행동이 갖는 위험성을 잘못 지각할 수 있다는 것이다. 즉 이들은 다른 사람들과 유사한 위험 수준을 설정하지만 그들이 실제로 노출되는 객관적 위험에 대해 과소평가한다는 것이다. 이것은 운전 중 휴대전화 사용과 안전벨트 착용 사이의 관계를 잘 설명해 준다. 예를 들어 Lesch와 Hancock(2004)은 운전자의 운전 중 휴대전화를 사용하는 능력에서의 확신 수준과 그들의 실제 운전수행과는 전혀 관련이 없다는 것을 발견하였다. 따라서 운전자들은 자신의 역량을 과대평가하기 때문에 그들의 행동이 갖는 위험성을 과소평가할 수 있다.

Brown과 Cotton(2003)은 주로 과속하며 운전하는 운전자들은 이러한 과속에 따른 실제 위험성을 과소평가하도록 하는 일종의 "위험-경감화 신념(risk-mitigating belief)"이 있다는 증거를 제시하였다. 예를 들어 과속을 하지 않는 운전자들에 비해 과속하는 운전자들은 "나는 빠른 속도로도 안전하게 운전할 수 있다"거나 "너무 과도한 운전속도만이 위험한 것이다"라는 항목에 "그렇다"라고 응답하는 경향이 훨씬 더 높았다. (교통사고 통계를 보면) 이러한 신념은 잘못된 것이다. 그럼에도 불구하고 위험-경감 신념은 과속이 가져올 수 있는 위험에 대한 지각을 감소시키고, 과거에 자신이 과속했던 것을 정당화시켜줄 뿐만 아니라, 미래에도 과속하도록 고무시킨다. Brown과 Cotton은 담배를 피는 사람이 운동을 적절히 하면 폐질환에 걸릴 위험성을 줄여줄 것이라고 스스로를 확신시키는 것과 유사하게, 과속하는 운전자들도 일종의 자기-기만에 빠져 있는 것이라고 주장하였다. 여기에서 중요한 점은 이것도 판단과 관련된 사람들의 비합리성을 보여주는 또 다른 경우라는 것이다.

Wilde의 위험 항상성 이론에 대한 평가

위험 보상에 대한 생각이 직관적으로는 그럴듯해 보여도, 위험 평가에 대한 심리학적 지식은 사람들이 RHT가 주장하는 것만큼 그렇게 정확하게 위험 수준을 평가할 수 있을 가능성은 매우 낮다는 것을 시사한다. 실제로 사람들이 자신의 활동이 갖는 위험성을 평가하는 데 매우 열악하다는 것을 시사하는 증거들은 많이 있다. 위험 평가는 다른 많은 요인 때문에 비합리적이고 편향될 수 있다.

Rumar(1988)가 지적하였듯이 통계적 관점에서는 운전이 위험한 것이지만, 사람들은 이러한 관점에서 생각하지 않는다는 것이 가장 근본적인 문제이다. 운전을 할 때 어떤 운전자가 심각한 교통사고에 휘말릴 가능성은 거의 0에 가깝기 때문에 개개인의 운전자 관점에서 보면 운전은 위험한 것이 아닐 수 있다. Rumar에 따르면 운전자들은 스스로 교통상황을 완전히 통제할 수 있다고 생각하고, 또한 안전하게 느낀다. 이들은 속도제한과 같은 규정이 왜 시행되는지 이해하지 않을 뿐만 아니라, 이를 준수하고자 하는 동기도 가지고 있지 않다. 이 경우 위험 평가가 하는 역할은 매우 미미한데, 이것의 주된 이유는 운전자들이 위험에 대한 피드백을 전혀 받지 못하기 때문이다.

전반적으로 보면 Wilde의 위험 항상성 이론을 지지하는 증거는 거의 없는 것으로 보인다. 사고율도 운전자가 스스로 설정한 위험 수준과는 관련이 없는 것 같다. 그보다 교통사고는 운전미숙, 자기 스스로 만들어낸 편파, 그리고 음주운전이나 과속 같은 위험 행동과 관련된 사회적 규범 등이 복합적으로 작용하여 발생한다고 보는 것이 더 타당할 것이다. 그러나 RHT는 몇 가지 측면에서 이론적 중요성도 갖는다. 첫째, 이 이론은 위험 감수 행동에 영향을 미치는 동기의 중요성에 관심을 갖도록 하였다. 둘째, 이것은 이 이론에 대한 찬성론자와 반대론자 사이에 활발한 연구와 논의가 가능하도록 하였다.

왜곡된 속도-유용성 함수: Summala의 제로-리스크 이론

운전에 대한 Summala의 제로-리스크 이론(Naatanen & Summala, 1974, 1976; Summala, 1988, 1997)에 따르면 운전자들은 스스로 설정한 위험 수준을 유지하기 위해 행동하는 것이 아니라, 위험에 대해 전혀 생각하지 않는다고 주장한다. 그 대신 그들 주변의 안전 여유(safety margin)를 유지하는 것에 기초하여 위험 통제가 이루어진다. 예를 들어 운전자들은 다른 차량과 공간적으로 떨어져 있고, 다른 차량과 충돌하기까지 충분한 여유 공간을 유지하고 있다. 운전은 본질적으로 운전수행(차선 유지나 차간거리 유지 등과 같은 하위과제들)에 필요한 안전 여유를 비교적 자동적으로 통제하는 것에 기초한 습관적인 활동이 된다.

Summala에 따르면 주관적인 위험 수준의 역치가 너무 높게 설정되어 객관적인 위험 수준과 부합하지 못할 때 사고가 발생한다고 제안한다. 주관적 위험 수준과 객관적 위험 수준에서 차이가 발생하는 이유는 크게 두 가지이다. 첫째, 운전자들이 교통체계에 존재하는 "변산성(무선적인 변화)"을 고려하지 못하기 때문이다. 이 때문에 운전자들은 선행 차량이 급감속을 해야 한다거나 혹은 급하게 차선을 변경해야 하는 것과 같은 사실을 고려하지 못한다. 둘째, 운전자들은 가끔 너무 빠르게 운전하기 때문에 이들이 확보할 수 있는 안전 여유가 따로 충분하지 않을 수 있다. 운전자들은 좀 더 빠르게 운전하고자 하는 동기를 가지고 있고, 운전속도를 목적지까지 좀 더 빨리 도달하기 위한 수단으로 생각하며, 다른 사람에게 인상을 남기기 위한 수단으로 빠르게 운전하기도 한다. 이 때문에 운전자들의 위험에 대한 주관적 추정이나 속도-유용성 함수(speed-utility function, 예를 들어 A지점에서 B지점까지 빠르게 도달할 수 있는 수단으로서 운전속도가 갖는 유용성)가 모두 왜곡되는 것이다.

Summala의 이론은 교통사고를 줄일 수 있는 한 가지 방법은 교통체계에서의 변산성을 제거하는 것(예를 들어 예측 가능성을 증가시키는 것 등을 통해)이라고 제안한다. 교통공학이 이러한 목적을 위해 기여할 수 있다고 시사한다. 그러나 속도 제한을 도입하지 않을 경우 교통체계를 향상시키면 운전자들은 더 과속하게 될 것이다. Summala는 속도 제한이 교통사고를 줄이는 데 중요한 역할을 할 것이라고 생각한다. 따라서 운전자의 속도-유용성 함수를 변경함으로써 빠른 속도로 운전하는 것이 주는 이득과 비례하여 이것 때문에 발생하는 비용도 증가하도록 하는 것이 중요하다.

Summala의 이론이 갖는 가장 중요한 측면은 이것이 교통사고의 원인으로 운전속도가 갖는 중요성에 대해 주의를 환기시켰다는 점이다. 특히 운전자들이 목표를 달성하기 위한 하나의 수단으로써 빠르게 운전하는 것이 갖는 유용성을 과다추정한다는 것은 흥미로운 생각이다. 그러나 이것이 갖는 중요성에도 불구하고 이에 대한 연구는 많이 수행되지 않은 것으로 보인다. 그러나 Wilde의 이론이 그러한 것처럼 Summala의 이론에도 동일한 문제가 있다. 즉 왜 운전자가 과속하는지를 개념화하는데 이 이론이 유용하기는 하지만, 이 이론은 예측력이 부족하다. 이 이론은 누가, 왜, 그리고 언제 위험을 감수할지에 대해 말해주지 못한다.

개인차와 위험 운전

지금까지 기술한 이론들에서는 위험성과 관련한 개인차에 대해서는 거의 언급하지 않았다. 그러나 좀 더 바람직한 접근이 되기 위해서는 왜 개인에 따라 위험성에서 차이가 나타나는지 확인할 수 있어야 할 것이다.

기술에서의 개인차

운전기술에서 개인차가 있다는 것은 당연한 것이다. 이미 살펴보았듯이 대부분의 운전자는 차량을 제어하거나, 특히 위험 요소를 지각하는 것에서 자신은 평균 이상으로 우수하다고 생각한다(Horswill, Waylen, & Tofield, 2004). 차량 제어 기술에 대한 운전자들의 자기-평정치는 자신이 얼마나 안전하다고 생각하는지에 대한 자기-평정치와 상관관계가 높은데, 이러한 결과는 운전자들이 차량 제어 기술과 안전성을 같은 것으로 생각하고 있다는 것을 시사한다(Svenson, Fischhoff, & MacGregor, 1985). Horswill, Waylen 및 Tofield가 지적하였듯이 위험 요소에 대한 지각 기술의 수준과 안전성 사이의 상관관계를 보고한 몇몇 연구 결과는 있으나, 차량 제어 기술과 교통사고율 사이의 상관관계에 대한 증거들은 거의 없다. 오히려 운전기술과 사고는 우리가 생각하는 것과는 반대의 결과를 보이기도 한다. 예를 들어 Williams와 O' Neill(1974)은 자동차 경주 운전자들이 고도의 차량 제어 기술을 갖고 있지만, 이들이 일반 도로에서 운전하는 경우는 다른 일반 운전자들에 비해 더 많은 사고를 기록하였다는 것을 보여주었다.

Lajunen, Corry, Summala 및 Hartley(1998)는 운전기술 설문지(Driving Skill Inventory)에 대한 호주와 핀란드 학생들의 응답을 비교하였다. 이 설문지는 자신의 운전능력을 다른 사람과 비교하는 것이 아니라 자신의 운전수행에 대한 강점과 약점을 평가하도록 하는 것이었다. 질문 문항들은 안전 기술(위험 요소 탐지능력)과 차량 제어에 대한 것들이 포함되었다. 분석 결과 자신의 안전 기술이 높다고 평가한 사람들에 비해, 자신의 운전제어 기술이 높다고 평가한 사람들은 다른 사람들에 비해 더 위험하게 운전하는 경향이 있음이 밝혀졌다. 호주와 핀란드 학생들 모두에서 차량 제어 기술에 대한 평정치와 이들의 평소 운전속도는 높은 상관관계를 보였다. 운전속도와 사고 위험성은 서로 관련이 있기 때문에, 이러한 결과는 차량 제어 기술을 강조한 운전자들은 사고에 휘말릴 가능성이 더 높을 수 있다는 것을 시사한다. 왜 어떤 운전자는 다른 운전자들에 비해 사고 위험성이 더 높은지를 차량 제어 기술에서의 개인차를 통해 부분적으로 설명할 수 있겠지만, 그러한 설명은 일반인이 생각하고 있는 것과는 매우 다른 관점에서의 설명이다.

위험성의 유형

운전자 행동 설문지(*Driver Behavior Questionnaire*)에 대한 응답 결과를 토대로 Reason, Manstead, Stradling, Baxter 및 Campbell(1990)은 운전자의 과실은 세 가지 유형으로 구분될 수 있다고 제안하였다. "에러(error)"는 양보 표지를 보지 못하는 것과 같이 상황에 대해 부적절하게 반응하는 것이다. "슬립(slips)"과 "랩스(lapse)"는 자동차의 방향 지시등("깜빡이")을 끄는 것을 잊어버리는 것과 같이 어떤 행위를 의도하지 않고 생략하는 것이다. 그리고 "위반(violation)"은 적색 신호등을 통과하는 것처럼 고의적으로 교통법규를 무시하는 것이다. Åberg와 Rimmö(1998)은 스웨덴 실험참가자들을 대상으로 수행한 연구를 통해 Reason과 유사한 운전자의 과실에 대한 분류체계를 제안하였다. 그러나 이들은 Reason의 분류체계에 포함된 슬립과 랩스를 두 가지로 좀 더 세분화하였다. 교통신호를 관찰하지 못하는 것과 같은 "무주의 에러(inattentional error)"는 남성과 여성 사이에서 유사한 빈도로 보고되었는데, 연령과 운전경험의 증가함에 따라 무주의 에러도 증가하였다. 자동차 기어를 잘못 맞추고 운전하는 것과 같은 "경험미숙 에러(inexperience error)"는 여성과 중하위 연령집단에서 더 많이 보고되었다.

전반적으로 Reason의 원래 연구와 후속 연구들에서는 여성이 남성에 비해 에러를 더 많이 범하지만, 남성은 여성에 비해 위반을 더 자주하는 것으로 밝혀졌다(Parker, Reason, Manstead, & Stradling, 1995; Westerman & Haigney, 2000). 이러한 결과는 2,654명의 운전자를 대상으로 한 Storie의 설문조사 연구(1977)에서도 밝혀진 바 있다. 남성이나 여성 모두 자신이 관련된 사고의 약 60%는 운전자의 과실에 의한 것이었다. 그러나 여성 운전자 사고는 주로 지각이나 판단에서의 에러에 의한 것이었던 반면, 남성 운전자 사고는 주로 과속, 음주운전, 그리고 위험 감수와 같은 위반에 의한 것이었다.

세 가지 유형의 운전자 과실은 운전자 연령에 따라서도 다르게 나타난다. 남성은 여성에 비해 연령과 상관없이 더 많은 위반 빈도를 보이지만, 전반적으로 위반 빈도는 연령의 증가에 따라 감소한다. 에러는 연령의 변화에 따라서도 차이가 없는 반면, 랩스는 연령의 증가에 따라 더 증가한다(Åberg와 Rimmö, 1998; Westerman & Haigney, 2000). 위반의 경우에는 동기 혹은 사회적 요인이 중요한 반면, 에러는 정보처리에서의 결함에 의한 것으로 보인다. 위반 빈도가 가장 높은 운전자들은 자신의 운전기술이 특히 좋다고 응답하였는데, 이들은 좋은 운전자는 때로 규범을 악용할 수 있는 사람이라고 믿는 것처럼 보였다. 그러나 사고에 휘말릴 가능성을 높이는 것은 에러를 범하는 경향보다는 위반을 일삼는 성향과 더 관련이 있다(Parker, West, Stradling, & Manstead, 1995; West, Elander, & French, 1993). 가장 위반을 많이 하는 운전자들은 다름 아닌 젊은 남성 운전자들이라는 점은 특히 더 중요한 의미를 갖는다.

성격과 위험성

개개의 운전자들이 갖고 있는 태도나 행동은 비교적 시간에 따라 안정적이고, 이들의 태도는 그들의 행동에 대한 좋은 예언자이다(Iverson, 2004). 그렇다면 위험성은 그 자체로서 일종의 안정적인 성격 특질인가, 아니면 다른 성격 특질(예를 들어 공격성이나 조급함 등)로부터 생긴 일종의 부산물인가? 많은 연구가 위험행동과 다양한 성격 측정치 사이의 관계를 살펴보기 위해 수행되었다. 여기에서는 이 중에서 가장 많이 연구된 주제들, 즉 감각추구 성향, 분노 및 지각된 통제소재에 대해 살펴보고자 한다. 젊은 남성 운전자들이 동일한 연령대의 여성 운전자들에 비해 사고율이 훨씬 높다는 것을 고려하면, 젊은 남성 운전자들이 이 세 가지 측정치에서 모두 높은 점수를 보인 것은 주목할만한 결과이다.

감각추구 성향

감각추구 성향(sensation seeking)은 변화무쌍하고, 새롭고, 복잡하고, 강렬한 감각이나 경험을 추구하는 일종의 성격 특징으로, 감각추구적인 사람들은 이러한 경험을 얻기 위해 신체적, 사회적, 법적 혹은 재정적 위험을 기꺼이 무릅쓰고자 한다

(Zuckerman, 1994, p. 27; Zuckerman, 1979). 감각추구성향을 측정하는데는 Zuckerman, Kolin, Price 및 Zoob가 개발한 감각추구 척도(Sensation Seeking Scale)의 개정본이 많이 사용된다. 이 척도는 40개의 문항으로 이루어졌는데, 각 문항은 감각에 대한 욕구를 반영하는 것과 이와는 대조적으로 조심스럽고 신중한 행동을 반영하는 두 개의 진술문 중 하나를 선택하도록 구성되어 있다. 이 척도에는 네 개의 차원이 있다. **스릴과 모험추구**(*thrill and adventure seeking*) 차원은 흥분되고 모험적인 활동을 통해 흔하지 않은 감각추구를, **경험추구**(*experience seeking*) 차원은 약물 사용과 같은 새롭고 판에 박히지 않은 것에 대한 추구를, **권태 민감성**(*boredom susceptibility*) 차원은 무료하고 반복적인 과제의 혐오를, 그리고 **탈억제**(*disinhibition*) 차원은 음주나 파티에 가는 것과 같은 것을 통하여 자기-통제를 상실하고 싶은 요구를 각각 반영한다. 전반적인 감각추구 점수는 시간에 따라 상당히 안정적이다(즉 신뢰도가 높다). 이것은 이 척도가 특정 시간에서의 개인의 상태보다는 안정적인 성격 특질을 측정하고 있다는 것을 시사한다.

언뜻 보기에 왜 젊은 남성 운전자들이 다른 집단에 비해 더 위험하게 운전하는지를 설명하는데 감각추구라는 개념이 유용하게 사용될 수 있을 것 같다. 감각추구 점수는 여성에 비해 남성이 더 높다. 그리고 남성이나 여성 모두 16세까지는 감각추구 점수가 증가하다가 20대 초반부터 감소하기 시작한다(Arnett, 1996). Jonah(1997)는 감각추구와 운전위험성 사이의 관계를 살펴본 40개의 연구들을 검토하였다. 이 중 네 개의 연구에서만 감각추구와 몇 개의 위험한 행동 사이에 정적인 상관관계를 보고하였다. 감각추구 척도에 포함된 모든 하위 척도들이 자주 검증되는 것은 아니지만, 스릴과 모험추구 요인이 위험한 운전행동과 상관관계가 가장 높았고, 그 다음에 탈억제 요인과 경험추구 요인 순으로 높았다.

최근에 Rimmö와 Åberg(1999)는 Reason 등(1990)의 운전자 에러 분류체계를 수정하여 제작한 4요인 체계를 이용하여 감각추구와 위험한 운전 사이의 관계를 검증하였다. 무선 표집된 1,303명의 스웨덴 운전자들을 대상으로 수행된 한 연구에서는 다른 에러 범주들을 제외한 위반 범주만이 감각추구와 관련이 있다는 것을 발견하였다. 남성은 여성에 비해 감각추구, 위반, 그리고 무주의 에러에서 더 높은 점수를 보인 반면, 여성은 경험미숙 에러에서 점수가 더 높았다. 감각추구 척도 중 스릴과 모험추구 하위 척도와 탈억제 하위 척도는 각각 다른 유형의 위반과 서로 관련이 높았다. 즉 스릴과 모험추구는 과속 위반과 높은 상관을 보인 반면 탈억제는 부주의(carelessness)와 더 높은 상관을 보였다. 이 결과는 감각추구가 위반 빈도를 매개로 하여 교통사고에 간접적으로 영향을 미친다는 것을 시사한다. 다시 말해 감각추구는 위반을 범하는 성향을 이끌어내고, 증가한 위반들이 사고 위험성을 증가시킨다고 할 수 있다.

그러나 감각추구가 위험한 운전행동을 완전하게 설명할 수 있을 것이라는 것에 흥분하기 전에 몇 가지 고려해야 하는 것이 있다. Jonah는 감각추구와 위험한 교통행동 사이의 상관계수가 0.3~0.4의 범위에 있다고 지적하였다. 이것은 감각추구가 위험한 운전행동의 극히 일부만을 설명할 뿐이라는 것을 의미한다. 고등학생과 대학생들을 대상으로 감각추구와 위험한 운전행동 사이의 관계를 살펴본 Arnett(1996)의 연구도 이러한 결과를 보여준다. 낮은 감각추구 성향의 응답자들에 비해 높은 감각추구 성향을 보이는 응답자들은 거의 시속 130km 이상으로 운전하고, 다른 차량과 운전속도로 경쟁하며, 음주상태에서 운전하는 경향이 높았다. 그러나 감각추구 성향이 높은 응답자들뿐만 아니라 조사에 참여한 전체 응답자의 80% 이상이 시속 130km 이상으로 운전한다고 보고하였고, 응답자의 반 이상은 최근 일 년 동안 최소한 한 번 이상 음주운전을 하였으며, 최근 일 년 동안 다른 차와 운전속도로 경쟁하였다고 응답하였다. 모든 경우에서 남성은 여성에 비해 이러한 행동들에 대한 응답 비율이 높았다. 중요한 점은 이러한 위험한 운전이 너무 흔하다는 것이다. 감각추구 성향이 높은 사람들이 이러한 행동을 더 많이 하겠지만, 그것은 이러한 집단에만 국한되는 것은 아니다. 확실한 것은 "감각추구"가 젊은 사람들에서 보이는 위험한 운전을 단지 부분적으로만 설명할 수 있다는 것이다.

분노와 공격성

최근에 "도로 위의 분노"라는 개념으로 운전자의 공격성에 대한 관심이 상당히 많아졌다. 사실 공격성과 교통사고가 서로 얼마나 관련이 있는지는 심리학자들이 꾸준히 연구해오고 있는 영역이기도 하다. 실제로 Dula와 Ballard(2003)가 지적하였듯이 연구 문헌들에서는 운전자 행동의 세 가지 측면이 "공격적"이라고 명명돼 왔다. 그것들은 (1) 신체적, 언어적, 그리고 몸짓에 의한 의도적 행위(예를 들어 다른 운전자를 때린다거나, 욕설을 퍼붓는다거나 혹은 외설스러운 몸짓을 보이는 것 등), (2) 운전 중의 부정적 정서(예를 들어 분노), 그리고 (3) 위험 감수(예를 들어 적색 교통 신호등인데도 통과하거나 갑자기 차선을 변경하는 것) 등이다. 그러나 위험 감수를 공격성 자체로 보아야 할지, 아니면 공격성의 부산물로 보아야 할지에 대해서는 논란의 여지가 있다. 공격성과 위험성은 어느 정도 상관이 있다. Arnett(1996)는 캘리포니아 성격 검사(California Personality Inventory: CPI)에 포함된 하위 척도를 이용하여 고등학생과 대학생의 공격성을 측정하였다. 다른 차와 속도 경쟁을 하거나 시속 130km 이상으로 과속하며 운전하는 것과 같은 여러 유형의 "위험한" 운전행동들이 공격성과 어느 정도의 상관을 보였다. 특히 고등학생에 대한 자료에서 이러한 상관관계는 위험 행동과 감각추구 사이의 상관관계와 매우 유사하였다.

최근 연구들은 운전과 관련하여 공격성이나 분노를 측정하고자 시도하였다. 예를 들어 미국에서는 Deffenbacher와 그의 동료들이 "운전분노 척도(Driving Anger Scale)"를 개발하였고(Deffenbacher, Oetting, & Lynch, 1994), Lajunen, Parker 및 Stradling(1998)은 이것을 영국판으로 개정하였다. 이 척도들에서는 세 개의 요인들, 즉 "노골적 적의(direct hostility)", "진행 방해(progress impeded)", 그리고 "무모한 운전(reckless driving)" 등이다. Deffenbacher는 낮은 분노 성향의 운전자들에 비해 높은 분노 성향의 운전자들은 운전 중에 공격적 행동을 보일 가능성이 네 배 정도 더 높고, 공격적이지는 않지만 위험한 운전행동(예를 들어 과속이나 안전벨트를 착용하지 않는 것 등)을 보일 가능성은 거의 두 배 정도 더 높다는 것을 보여주었다.

DePaequale, Geller, Clark 및 Littleton(2001)은 분노 운전성향 척도(Propensity for Angry Driving Scale: PADS)를 개발하였다. 이 척도에는 다양한 분노-유발 시나리오가 포함되어 있고, 응답자들은 그들의 공격성 수준에 따라 하나의 응답을 선택한다. DePaequale과 동료들은 이 검사에서의 점수가 두 가지 유형의 공격적 행동, 즉 언어적 대결(말싸움)과 외설스러운 몸짓의 빈도와 상관이 있음을 발견하였다. 이 척도도 Maxwell, Grant, 그리고 Lipkin(2005)에 의해 영국판으로 제작되었다. Maxwell 등은 공격적인 운전자들은 다른 운전자들에 의해 자기 차의 진행이 방해받을 때 특히 더 위반을 범할 가능성이 높다는 것을 발견하였다. 또한 PADS 점수는 젊은 남성 운전자들이 가장 높았다.

비록 운전분노 점수가 높은 운전자들이 위험한 행동을 더 자주한다고 보고하는 경향이 있지만, 이러한 척도를 사용한 연구 중 분노와 실제 교통사고 사이에 유의한 상관을 보고한 연구는 없었다. 그 이유 중 하나는 사고 자체가 원래 잘 발생하는 것이 아니기 때문이다. 그러나 Deffenbacher의 운전분노 척도 점수들은 좀 더 흔하게 발생하는 위험 행동(예를 들어 부족한 집중, 차량 통제 상실, 그리고 운전 중 근접 사고 등)과는 정적으로(그러나 약하게) 상관을 보였다.

중요한 질문 중 하나는 공격성이 안정적인 성격 특징 중 하나인지 아니면 운전자가 속한 상황에 의해 촉발되는 것인지의 여부이다. 공격성이 하나의 성격이라는 것을 지지하는 증거들이 있다. 남성은 여성에 비해 위에서 언급된 대부분의 척도 점수에서 모두 높았는데, 이것은 공격성에서의 일상적인 성차가 운전에도 확장된다는 것을 시사한다. 또한 10주 간격을 두고 Deffenbacher의 운전분노 척도를 실시한 결과, 두 시점에서의 점수 사이에 0.84의 상관이 있었는데, 이것은 특정 시점에서 개인의 상태를 반영한 것이라기보다는 비교적 안정적인 성격 특질을 측정한 것임을 시사한다. 이러한 결과는 비록 남성의 공격성은 연령이나 운전경험의 증가에 따라 감소하는 경향을 보이기는 하지만(Lajunen & Parker, 2001), 공격성은 일생에 걸친 비교적 안정적인 개인차라는 것을 시사하는 연구들과도 일치한다(Dula & Ballard, 2003). 그러나 운전분노 척도 점수들은 운전맥락과는 다른 맥락에서 측정한 분노와 약간의 상관관계만 보였는데, 이것은 운전분노 점수가 높은 운전자들이 그들의 생활 전반에서도 분노 수준이 높다는 것을 의미하지는 않는다.

Deffenbacher는 운전자의 분노가 특질 분노와 상태 분노, 즉 운전자의 분노 성향과 운전자가 속한 상황의 상호작용에 의해 나타난다고 주장하였다. 학부 학생 운전자들을 대상으로 수행된 한 운전분노 연구에서는 운전자들이 "화창한 날에 시골길을 남의 방해가 전혀 없이 운전하는 것"을 상상하며 보고한 분노 수준과 운전분노 척도에서의 점수 사이에 상관관계를 발견하지 못했다. 그러나 교통상황이 나빠졌을 때는 이들의 분노 수준도 증가하였다. 분노는 운전에서의 공격성을 이끌 수 있는데, 이러한 공격성은 과속이나 급격한 차선변경과 같은 공격적이지는 않지만 위험한 운전행동뿐만 아니라, 야유, 욕설 혹은 몸짓 등과 같은 공격적 행동으로 표현된다(Deffenbacher, Lynch, Oetting, & Yingling, 2001). 특질 분노와 상태분노 사이의 이와 유사한 상호작용이 운전분노 때문에 상담을 받고 있던 운전자들을 대상으로 수행된 연구에서도 관찰되었다. 분노를 일으키는 자극의 수준이 낮은 경우에는 분노 수준이 높은 운전자나 낮은 운전자 모두 분노나 공격적 행동 수준에서 모두 유사하였지만, 분노를 일으키는 자극의 수준이 높은 경우에는 분노 수준이 높은 운전자들이 훨씬 더 높은 수준의 분노를 경험하였고, 공격적이고 위험한 행동을 더 많이 보고하였다(Deffenbacher, Huff, Lynch, Oetting, & Salvatore, 2000).

Lajunen과 Parker(2001)는 운전공격성과 관련하여 보편화된 생각에 의문을 제기하였다. 첫째는 분노가 항상 좌절 혹은 이와 유사한 이유에 의해 발생한다는 생각이다. 그러나 이것은 꼭 그렇다고 할 수는 없는데, 왜냐하면 다른 운전자들의 위험한 운전이 도덕적 무례함으로 해석되어 이 때문에 분노가 유발될 수도 있고, 다른 운전자들의 모욕적 운전이 분노를 유발할 수도 있기 때문이다. 두 번째 생각은 운전자들이 차에 오르면 이들의 성격이 어느 정도 변한다는 것이다. 그러나 Lajunen과 Parker는 성격 특질의 하나로서 공격성의 안정성을 감안한다면 그렇지 않다고 주장한다. 이들의 연구 결과는 분노, 언어적/신체적 공격, 그리고 운전 사이의 관계가 매우 복잡하고, 상황에 따라 분노와 공격성 형태도 달라진다고 시사하고 있다.

요약하자면 공격성은 사고를 이끌 수 있는 위험한 행동을 유발하는 한 요인임에는 분명한 것으로 보인다. 공격성으로 인한 폭력도 사회적 관심사로 대두되고 있다(Dula & Ballard, 2003). 분노와 공격성을 유발하는 환경적 요인들은 사라질 것 같지 않기 때문에, 연구들은 높은 특질 분노를 갖고 있는 사람들이 자신의 정서를 관리하는 것을 어떻게 도울 수 있는지에 초점이 맞춰져야 할 것이다.

통제 소재

Rotter(1966)의 "통제 소재 척도(Locus of Control Scale)"와 위험 운전 사이의 관계를 검토해 보고자 하는 시도가 있었다. 이 척도는 자신의 운명을 스스로 얼마나 통제할 수 있는지를 측정한다. 일반적으로 내적 통제 소재를 갖고 있는 사람은 사상들이 자신의 통제하에 있다고 믿는 반면, 외적 통제 소재를 갖고 있는 사람은 자신에게 발생한 일들이 외부의 영향(예를 들어 영향력이 있는 타인이나 운 혹은 사주팔자 등)에 의해 결정된 것이라고 믿는다. 내적 통제 소재를 갖고 있는 운전자들은 외적 통제 소재를 갖고 있는 운전자들에 비해 더 안전한 운전자라고 제안되어 왔는데, 그 이유는 후자의 경우 사고를 피하기 위해 조심할 가능성이 더 낮기 때문이다(Hoyt, 1973). 그러나 Rotter의 원래 척도뿐만 아니라 운전자들의 통제 소재를 측정하기 위해 특별히 제작된 다른 측정도구들[예를 들어 "운전 내재성(Driving Internality)"과 "운전 외재성(Driving Externality)"을 측정하기 위한 Montag와 Comrey(1987)의 척도. Iversen & Rundmo, 2002; Miller & Mulligan, 2002; Ozkan & Lajunen, 2005]을 이용한 경험적 연구들은 이러한 생각을 확증해주지 못하였다.

Miller와 Mulligan(2002), 그리고 Ozkan과 Lajunen(2005)은 특정한 운전상황을 고려해야 할 것이라고 제안하였다. 내부 통제 소재를 갖고 있는 사람은 기술-기반 과제들에 대해 더 많은 위험을 감수하는 반면(왜냐하면 이들은 그들의 행동 때문에 어떤 결과가 발생할 것이라고 믿기 때문에), 외부 통제 소재를 갖고 있는 사람은 운을 포함한 과제들에 더 많은 위험을 감수할 준비가 되어 있다고 주장하였다. Taris(1997)도 바람직한 행위와 그렇지 않은 행위 중 하나를 선택할 때(예를 들어 적색 교통신호등에서 통과할 것인지 통과하지 않을 것인지), 통제 소재가 상황에 대한 추가적 정보 제공 여부(이것은 예를 들어 주변에 경찰차가 빈번하게 순찰한다는 정보를 제공하거나 그렇지 않은 것으로 조작되었다)와 관련이 있음을 발견하였다. 즉 외부 통제 소재를 갖고 있는 실험참가자들에서는 상황에 대한 정보와 행위 선택 사이에 강한 관계가 관찰된 반면, 내부 통제 소재를 갖고 있는 실험참가자들에서는 이러한 관계가 약하였다. 이러한 결과에 대해 Taris는 내부 통제 소재를 갖고 있는 실험참가자들에 대해서는 이들의 규범이나 가치 등에 의해 행위 선택이 결정되는 반면, 외부 통제 소재를 갖고 있는 실험참가자들에 대해서는 자신의 행위가 다른 사람에게 얼마나 잘 드러날 수 있는지에 의해 이들의 행위가 결정된다고 결론지었다. 따라서 통제 소재는 운전자가 속한 상황과 서로 상호작용한다.

Ozkan과 Lajunen(2005)은 운전에 특별히 초점을 맞춘 "교통에 관한 다차원 통제 소재 척도(Multidimensional Traffic Locus of Control: T-LOC)"를 개발하였다. 통계 분석 결과 이 척도는 네 개의 요인으로 나누어질 수 있었다. "다른 운전자(Other Drivers, 사고의 원인이 다른 운전자의 행동에 의한 것), "자신(Self, 사고의 원인이 자신에게 있는 것)", "차량과 환경(Vehicle and Environment, 사고의 원인이 외부 요인에 의한 것)", 그리고 "운(Fate, 사고의 원인이 재수나 운에 의한 것)" 등이다. 터키의 대학 학부생을 대상으로 이 척도를 실시한 결과 "자신" 요인 점수는 자기-보고된 총 사고 건수, 자신에 의해 발생한 사고 건수, 교통법규 위반 수, 그리고 Reason 등(1990)의 "운전자 행동 설문지(Driver Behavior Questionnaire: DBQ)"에 포함된 에러 점수 등과 정적으로 상관이 있었다. "차량과 환경" 요인에서의 점수는 교통법규 위반 수와 DBQ 에러 점수와 정적으로 상관이 있었던 반면, "다른 운전자" 요인에서의 점수는 에러 점수와 부적으로 상관이 있었다. 마지막으로 "운" 요인에서의 점수는 다른 어떤 측정치들과도 상관을 보이지 않았다. Ozkan과 Lajunen의 연구 결과는 도로 안전의 관점에서 보면 너무 높은 내적 통제 소재는 좋지 못한 것임을 시사한다. 왜냐하면 이러한 운전자들은 외적 통제 소재 운전자들에 비해 더 많은 교통사고에 휘말렸기 때문이다. Ozkan과 Lajunen은 너무 높은 내적 통제 소재를 갖는 운전자들은 아마도 교통상황을 통제하거나 사고를 피하는 것에서의 자신 능력을 과대평가하거나 지나치게 낙관적으로 생각하여 너무 위험하게 운전하기 때문에 교통사고에 더 많이 연루된다고 주장하였다. 그러나 Ozkan과 Lajunen이 개발한 척도의 네 가지 하위요인들 사이뿐만 아니라 DBQ 점수들과 자기-보고된 교통사고율 사이의 상관은 절대적 의미에서 그렇게 크지 않다는 것을 주목해야 한다. 통제 소재가 어떠한 방식으로 측정되든지 상관없이 교통사고의 위험성을 특정적으로 예언할 수 있는 강력한 결정요인은 아직 알려지지 않았다는 것으로 결론을 내려야 할 것 같다.

성격 차원의 상대적 중요성

앞에서의 논의에서는 다양한 성격 특성들이 각각 독립적인 관점에서 다루어졌다. 그러나 좀 더 정교한 접근이 되기 위해서는 성격 요인들이 서로 어떻게 상호작용하는지, 그리고 이들은 위험한 운전행동과 어떠한 관련성이 있는지 살펴보아야 할 것이다.

Iversen과 Rundmo(2000)는 2,605명의 노르웨이 운전자들을 대상으로 설문지 연구를 실시하였다. 설문지에는 운전자들이 얼마나 자주 위험하게 행동하는지 특히 얼마나 자주 과속이나 신호위반을 하는지를 묻는 문항들이 포함되었다. 또한 이 설문지에는 통제 소재, 무규범성(normlessness, 즉 응답자들이 행동에 대한 사회적 규범에 대해 얼마나 동의하는지의 정도), 감각추구, 운전자 분노, 그리고 사고 관련 경험 등에 대한 항목들도 포함되었다. 분석 결과 감각추구가 위험감수에 가장 많은 영향을 미쳤고, 그 다음으로 무규범성과 운전자 분노가 위험감수에 영향을 미치는 것이 관찰되었다. 이 세 가지 요인은 사고 관련 경험에 직접적으로 영향을 미치거나 혹은 위험한 행동을 매개로 하여 간접적으로 사고 관련 경험에 영향을 주었다. 통제 소재는 위험 운전이나 사고 관련 경험에 대해서는 중요한 요인이 아닌 것으로 밝혀졌다. 그러나 이러한 세 가지의 중요한 예측변인들(즉 감각추구, 무규범성 및 운전자 분노)조차도 위험한 운전에 대해서는 전체 변량의 39%, 그리고 사고 관련 경험에 대해서는 전체 변량 중 20%만 설명하였다. 사고 자체가 드물게 발생하는 것이고, 그것도 운전자가 완전히 통제할 수 있는 것은 아니라는 것(즉, 사고는 다른 운전자에 의해 발생할 수도 있으며, 어떤 운전자의 위험한 행동이 반드시 사고로 이어지지는 않는다는 것)을 고려해 보면 사고 관련 경험에 대해 이 세 가지 주요 예측 변인들의 설명량이 적은 것은 어느 정도 이해 가능한 측면이다. 이들의 연구에서 중요한 예측 변인들이라고 밝혀진 성격변인들이 (운전자가 통제할 수 있는) 위험 운전을 39%만 설명하고 나머지 61%는 설명하지 못한다는 것은, 운전자의 위험성을 성격 변인들이 단지 부분적으로만 설명할 수 있다는 것을 시사한다.

Dahlen, Martin, Ragan 및 Kuhlman(2005)은 "운전분노 척도" 점수가 불안전 운전행동을 얼마나 잘 예측할 수 있는지, 그리고 다른 변인들(감각추구, 무규범성 및 권태 성향)까지 함께 고려하였을 때 이러한 예측력이 향상될 수 있는지 검토하였다. 그 결과 비록 다른 변인들을 추가하는 것이 통계적으로 유의하게 불안전 운전행동에 대한 예측력을 향상시키기는 하였지만, 감각추구 변인을 추가한 경우에 이것에 대한 예측력이 가장 많이 증가하는 것을 발견하였다. 그러나 절대적 의미에서는 이러한 변인들도 운전자가 보고한 위험 운전행동 빈도에 대한 전체 변량 중 극히 일부만 설명할 수 있었다. "운전분노 척도" 점수들은 공격적 운전의 17%, 그리고 언어적 공격성의 25%를 설명하였는데, 이것은 별로 놀랄 만한 결과는 아니다. 왜냐하면 운전 중 공격성에 대한 측정치와 공격적 운전행동 점수 사이에 상관이 있는 것은 당연한 것이기 때문이다. "집중 실패"나 "미미한 통제 손실"과 같은 대부분의 다른 측정치에 대해서도 "운전분노 척도" 점수는 5%("운전 분노 척도" 점수만 고려했을 때) 혹은 6%("운전분노 척도" 점수와 다른 측정치들을 함께 고려했을 때) 정도 밖에 설명하지 못하였다. Iversen과 Rundmo의 연구에서와 마찬가지로 비록 이 연구에서 비교적 독립적인 성격 변인들을 고려하더라도 자기-보고된 위험성의 대부분은 충분히 설명되지 못한 것으로 보인다. 따라서 (최소한 설문지에 대한 응답을 통해 측정한) 성격 변인들은 왜 운전자들이 위험하게 운전하는지 충분히 설명하지 못한다고 할 수 있다.

결론: 성격과 사고

Rimmö와 Åberg(1999)는 "다양한 성격 요인과 교통사고 관련성 사이의 관계를 알아보고자 하는 무수한 연구들이 있었음에도 불구하고, 교통심리학의 맥락에서는 이러한 노력이 큰 성과를 보이지 못한 것으로 보인다"고 피력하였다. 이들은 교통사고율에 대해 운전자 성격 검사 점수들은 기껏해야 5~10% 정도만 설명할 수 있다고 주장하였다. 이들도 지적하였듯이 여기에는 몇 가지 이유가 있다. 첫 번째 이유는 설문지를 통한 성격 측정에서의 오류와 관련이 있다. 다시 말해 측정하고자 하는 성격 특성을 제대로 측정하지 못하였기 때문이다. 사고나 근접 사고에 대한 응답자의 부정확한 기억에 기반한 보고 점수와 함께, 이러한 잘못된 측정치는 대부분의 상관 연구에서 오차(error)로 처리되어, 설문지에 대한 응답 점수와 교통사고율 사이의 관계가 갖는 강도를 약화시킬 수 있다. 두 번째 이유는 거의 대부분의 경우 사고는 여러 요인이 복합적으로 작용하여 발생하는데, 성격 요인은 사고로 이어지는 긴 과정에서 단지 출발점에 불과하기 때문이다. Rimmö와 Åberg는 감각추구 개념을 예로 들어 이것을 설명하고 있다. 즉 감각추구 자체가 직접 사고를 야기하는 것은 아니다. 그보다 감각추구는 잘못된 운전행동을 야기하는 일종의 성향이고, 사고는 이러한 잘못된 운전행동에 의해 발생할 수 있기 때문이다.

위험 행동 변인들의 상호작용 모델

단일한 요인만으로 위험성을 완전히 예측하지 못한다는 것은 분명하다. Deery(1999)가 지적하였듯이 위험한 운전행동은 수많은 요인의 상호작용에 의해 만들어진 것일 수 있다. 이 중 한 가지는 개인이 수용하고자 하는 위험의 수준이다. 이러한 위험 수준은 개인의 성격(감각추구와 공격성 등), 개인적 경험(운전교육 수준 혹은 자신이나 주변 사람들이 경험한 사고에 대한 경험 등), 그리고 정서적 요인(예를 들어 동승자에게 자신의 운전실력을 과시하고 싶은지의 여부 등)에 따라 달라진다. 두 번째 요인은 주어진 환경에 존재하는 실제적인(객관적인) 위험 수준이다. 세 번째 요인은 개인의 위험 수준에 대한 지각이다. 이것은 존재하는 위험에 대한 개인의 탐지와 평가에서의 정확성, 그리고 이러한 위험에 대한 스스로의 대처 능력에 대한 평가의 정확성 정도에 따라 달라진다. 경험이 많은 운전자에 비해 초심 운전자들은 위험을 평가하는데 특히 더 많은 어려움을 경험하는데, 그 이유는 초심 운전자들이 위험을 잘 탐지하지 못할 뿐만 아니라 자신의 운전기술을 과대평가할 가능성이 높기 때문이다. 마지막 요인은 자신의 위험한 운전행동(이러한 행동이 과속이나 음주운전과 같은 교통법규 위반과 관련되어 있다면)이 경찰에 의해 탐지되어 처벌받을 가능성을 개인이 어떻게 평가하는지이다.

실제로 이러한 모든 요인은 광범위하게 상호작용하고, 그 정도는 운전자와 상황의 특정 조합에 따라 달라진다. 그러나 더 복잡한 문제는 사고가 한 사람 때문이라기보다는 여러 도로 사용자들 사이의 상호작용에 의한 결과로 발생한다는 점이다.

상호작용 접근을 취할 때의 이점은 Taubman-Ben-Ari, Mikulincer 및 Iram(2004)의 연구에서 잘 나타난다. 이들은 295명의 이스라엘군 운전병들에 대해 광범위한 설문조사를 실시하였다. 이를 통해 이 연구자들은 각각의 응답자들이 다양한 위험 운전행위를 얼마나 자주 보이는지, 그러한 행위들에 대해 어떻게 생각하는지(예를 들어 그러한 행위들이 얼마나 위험하다고 생각하는지 혹은 위험한 행위를 해볼 만한 것이라고 생각하는지 등), 그리고 그들의 직장동료, 친구 혹은 가족이 일반적인 위험 운전에 대해 어떻게 생각하고 자신들의 운전에 대해서는 또 어떻게 생각하는지에 대한 자료를 수집할 수 있었다.

이러한 자료들에 대한 통계 분석 결과는 무모한 운전행동은 개인적 요인과 환경적 요인이 복합적으로 작용하여 발생한다는 것을 보여주었다. 낮은 수준의 무모한 운전행동은 하나의 개인적 요인(무모한 운전을 일종의 위협으로 지각하는 것)과 환경적 요인(안전하게 운전하는 것에 대해 친구나 가족으로부터 긍정적으로 평가받는 것)과 관련이 있었다. 반면 높은 수준의 무모한 운전은 세 개의 개인적 요인(무모한 운전을 일종의 도전으로 생각하는 것, 무모한 운전을 자신이 충분히 감당할 수 있다고 생각하는 것, 그리고 무모한 운전에 의해 발생할 수 있는 부정적인 결과를 무시하는 것)과 환경적 요인(가족이나 친구도 무모하게 운전하고 자신의 위험한 운전을 용납한다고 생각하는 것)과 관련이 있었다.

Taubman-Ben-Ari 등은 이러한 모든 요인에 의해 운전의 위험성이 예측될 수 있다고 결론지었다. 그러나 이 모델이 비교적 포괄적이기는 하지만 이 모델로는 위험 운전점수의 43% 정도만 설명할 수 있었다. 이러한 문제에 대해 이 연구자들은 설명되지 못한 나머지 부분은 그들의 모델에서 고려되지 않았던 성격 변인들(예를 들어 감각추구 등)에 의해 설명될 수 있을 것이라고 주장하였다.

Taubman-Ben-Ari와 동료들은 운전자 행동에 대한 모델로 개인적 요인과 환경적 요인을 각각 독립적으로 고려하는 모델보다는 이들을 종합적으로 고려한 전체론적인 모델(holistic model)의 개발을 주창하였다. 이들은 위험한 운전행동은 개인이 갖는 특성과 다양한 환경적 요인들을 지각하고 해석하는 방식이 모두 작용하여 얻어진 결과라고 제안하였다. 젊은 남성 운전자들은 위험한 운전을 일종의 도전으로 여기고, 이에 대처하는 자신의 능력을 과대평가하며, 이 때문에 발생할 수 있는 부정적 결과를 무시하고, 불안전하게 운전하는 사람들의 영향을 받지 않는 경향이 높다.

18~23세의 노르웨이 운전자 2,856명을 대상으로 설문지를 이용하여 수행한 Ulleberg(2002)의 연구에서도 이와 유사한 결론이 도출되었다. 이 설문지에는 다섯 개의 성격 측정치(감각추구, 공격성, 불안, 이타성 및 무규범성)와 "운전분노 척도"로부터 추출된 몇 개의 문항들이 포함되었다. 또한 위험에 대한 지각, 운전할 때 위험을 감수하는 것에 대한 태도, 다양한 위험 운전을 얼마나 자주 범하는지, 자신이 경험한 교통사고 기록, 그리고 자신의 운전기술에 대한 자기 평가 점수 등과 같은 정보들도 수집되었다. 성격 점수와 "운전분노" 점수는 군집분석(cluster analysis, 이것은 유사한 패턴을 보이는 사람들을 하나의 군집으로 묶어주는 일종의 통계 기법이다)을 통해 분석되었는데, 그 결과 운전자들은 6개의 군집으로 묶이는 것이 확인되었다. Ulleberg는 이러한 군집분석 결과를 전반적인

위험성을 평가하는데 먼저 사용한 후에, 이를 위험에 대한 태도, 위험 행동, 그리고 사고 경험 각각에 대해서도 적용하였다.

군집분석을 통해 얻어진 6개의 군집은 다시 두 개의 고위험 군집, 두 개의 저위험 군집, 그리고 이들의 중간에 위치하는 두 개의 중간위험 군집으로 구분되었다. 두 개의 고위험 군집 중에서 한 군집에 포함된 운전자들은 성격 요인 중에서는 감각추구, 무규범성, 그리고 운전분노에 대해서는 높은 점수를 보인 반면, 이타성과 불안에 대해서는 낮은 점수를 보였다. 또한 이 운전자들은 높은 위험 감수, 위험에 대한 좋지 못한 태도, 그리고 낮은 위험 지각을 보였다. 이들은 자신의 운전기술에 대해서는 높게 평정하였으나 실제로는 교통사고율이 가장 높았다. 이 집단의 81%는 남성이었다. 또 다른 고위험 군집에 속한 운전자들의 감각추구 점수는 평균 이상이었고, 공격성, 불안 및 운전분노 점수가 높았다. 이들의 이타성 점수는 평균 이하였다. 이 집단은 또한 위험한 운전습관을 갖고 있었고, 도로안전에 대해서는 바람직하지 않은 태도를 보였으며, 사고율도 비교적 높았다. 그러나 앞에서 기술한 또 다른 고위험 군집의 운전자들과는 달리 자신의 운전 기술이 좋다고는 평정하지 않았고, 또한 자신이 교통사고에 휘말릴 가능성도 매우 높게 지각하였다. 이 집단의 59%는 여성이었다.

6개 군집에 속한 모든 운전자에게 몇 년간 노르웨이에서 진행되어 온 교통안전 캠페인에 대한 의견을 물어 보았을 때, 위험 수준이 가장 낮은 집단에서 이 캠페인이 가장 효과가 있는 것으로 평가된 반면, 위험 수준이 가장 높은 집단에서는 그 반대였다. Ulleberg는 안전을 향상시키기 위한 개입 방안을 고려할 때 모든 젊은 운전자를 똑같이 취급하지 말 것을 제안하였다. 젊은 운전자들이라 할지라도 집단에 따라 상이한 접근 방식이 모색되어야 할 것이다.

결론

위험 항상성이나 감각추구와 같은 개념을 비교하면, 운전자 집단에 따라(특히 운전경험이 다른 운전자들에 따라) 달리 나타나는 위험성을 설명하는데 상호작용적 접근이 좀 더 강력한 것으로 보인다.

한 가지 분명한 사실은 젊은 남성 운전자들이 사고에 휘말릴 가능성이 가장 높다는 것이다. 이들의 위험한 행동은 성격 특질, 주변에 대한 효과적이지 못한 주의 분배, 어떤 위험요소가 실제로 존재하는지에 대한 부정확한 평가, 그리고 자신의 능력에 대한 과대평가 등과 같은 수많은 요소의 조합에 의해 발생한다.

젊은 운전자가 갖는 문제의 한 가지는 이들의 위험 지각 능력보다 차량 통제 기술이 더 빠르게 발달한다는 점이다. 예를 들어 도로 교통법규에 대한 지식은 매우 신속하게(예를 들어 15시간 정도) 습득되지만(Hall & West, 1996), 위험요소 지각 기술을 습득하는 데는 훨씬 더 오랜 시간이 요구된다. 이 때문에 초심 운전자들은 빠르게 운전할 수 있지만 이들이 주변의 위험요소를 자각하지 못하기 때문에 그들의 운전속도가 위험하다는 것을 제대로 인식하지 못하는 것이다(Brown, 1982). 이들은 사고 자체에 휘말릴 가능성을 높이는 반면 사고가 발생했을 때 생존할 가능성을 줄이는 위험한 운전의 여러 가지 형태(과속, 음주 혹은 약물 복용 후 운전, 안전벨트 미착용 등)를 보일 경향이 높다. 운전의 위험성을 줄이기 위한 효과적 방안을 모색하기 위해서는 각각의 요인들을 단편적으로 고려하기보다는 이러한 모든 요소가 어떻게 서로 상호작용하는지 제대로 검토하는 과정이 선행되어야 한다.

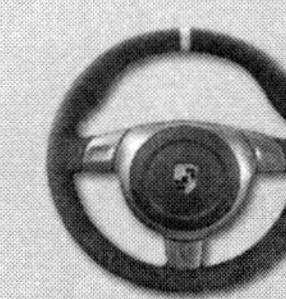

CHAPTER 6

운전과 피로

얼마나 많은 사고가 운전자의 무료함이나 피로 때문에 발생하는 것일까? 운전자는 피곤함을 이겨낼 수 있을까? 무엇이 운전자를 피로하게 하는 것일까? 피로는 수행을 전반적으로 손상시키는가, 아니면 운전의 특정 측면이 다른 측면에 비해 더 많이 손상되는가?

졸림, 피로 및 각성의 정의

중요한 문제 중 하나는 “졸림(sleepiness)”, “각성(arousal)”, 그리고 “피로(fatigue)” 대한 정의가 제대로 이루어지지 않았다는 것이다. Johns(2000)는 이 영역에서 이루어진 연구가 개념이나 용어를 제대로 정의하지 않고 사용하였을 뿐만 아니라 (심지어는 동일한 논문에서조차) “졸림”과 “피로”를 때에 따라 같은 의미로 혹은 다른 의미로 혼동하여 사용하였다고 지적하였다.

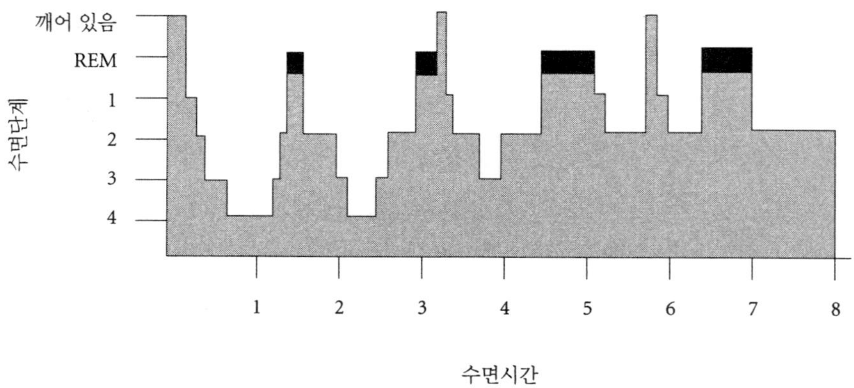

그림 6.1. 젊은 성인의 전형적 야간수면패턴.

이 중에서 졸림(*sleepiness*)은 이것의 기능이나 기제에 대해서는 아직 잘 알려지지 않았으나, 그나마 가장 정의가 잘된 개념이다. 수면은 몇 가지 단계로 이루어지는데 각 단계에 따라 뇌에서 생성된 전기적 활동 패턴(이것은 뇌전도 혹은 EEG로 측정된다)이 달라진다. 수면은 크게 두 가지 유형으로 구분하는데 하나는 REM(rapid eye movement, 빠른 안구운동) 수면이고 다른 하나는 비-REM 수면이다. 비-REM 수면은 다시 네 개의 상이한 단계를 갖는데, 비-REM 수면은 젊은 성인의 경우 전체 수면량의 70%를 차지한다. 1단계와 2단계는 일종의 "과도기적인" 얕은 수면 단계로 각성 상태에서 수면으로 전이되는 과정이다. 3단계와 4단계는 가장 깊은 수면 상태에 해당한다. 그 외의 수면은 REM 수면이다(REM 수면은 이전의 네 단계에 이어서 나타나기 때문에 5단계 수면이라고도 불린다). REM 수면은 수면 상태가 된 이후 대략 90분 이내에 나타나기 시작해서, 잠에서 깨기 전까지 매 90분마다 반복된다(각각의 REM 수면은 좀 더 길어지기도 한다). 전체 수면 단계들은 밤새 약 5회 정도 반복된다(그림 6.1 참조).[1]

각 수면 유형이 어떤 기능을 하는지에 대해서는 아직 알려진 바가 없다.

---

1. 출처: *Why We Sleep: The Functions of Sleep in Humans and Older Mammals:* Copyright 1988 by Oxford University Press.

Horne(1992, 1993)은 3단계와 4단계의 수면은 대뇌피질, 그 중에서도 전두엽 피질(이 영역은 행동의 계획과 체제화를 담당한다)의 회복과 특히 관련된다고 시사하였다. 3단계와 4단계의 수면을 상실할 경우 신체적 피곤함을 경험하는데, 이 단계들에서의 수면은 수면 박탈된 사람들에게 특히 필요한 것이기도 하다. 성인들에게 REM 수면의 상실은 과민함 이외에 다른 특별한 영향은 없는 것으로 보인다.

얼마나 피로한지를 느끼는 것은 상당 부분 최근에 어느 정도의 수면을 취했는지와 얼마나 오랫동안 깨어 있었는지에 따라 결정된다. 그러나 정확히 언제 졸림을 경험할지는 주변의 밝기 수준과 함께 내적인 일일 주기리듬에 따라 많은 영향을 받는다. 대부분의 사람은 하루에 두 번(새벽 3~4시 사이와 점심식사 이후의 오후에) 가장 많은 졸림을 경험한다. 가장 많은 졸림을 경험하는 두 번의 시점을 포함해서, 하루 중 졸림 수준의 싸이클은 교통사고 통계치에도 그대로 반영되는 것으로 보인다(Folkland, 1997; Horne & Reyner, 2001; Pack, Pack, Cushier, Rodman, Cuchier, Dings & Schwab, 1995). 이러한 관련성은 운전 시뮬레이션을 이용하여 일일 주기리듬과 운전수행 사이의 관계를 검토한 연구에서도 관찰되었다(Contardi, Pizza, Sancisi, Mondini, & Cirignotta, 2004; Lenné, Triggs, & Redman, 1997).

Horne(1985)은 수면의 유형에는 **보상적 수면**(*restitutive sleep*)과 **임의적 수면**(*facultative sleep*)의 두 가지 유형이 있다고 제안하였다. 보상적 수면은 반드시 취해야 하는 수면이다. 이것은 수면의 초기 부분을 차지하고, 뇌 기능의 회복을 위해 어느 정도 중요한 것으로 보인다. 나머지 수면은 임의적 수면인데 이 수면은 주기리듬, 수면습관, 그리고 무료함 등에 의한 영향을 더 많이 받는다. 수면부족으로 인한 피곤함은 대부분 임의적 수면의 상실에 의한 것이고, 본질적 수행 역량에 대한 전반적 저하보다는 특정 활동의 수행에 대한 저하를 가져 온다. 임의적 수면은 좀 더 가변적이고, 잠을 더 자는 것 이외의 다른 방법으로도 임의적 수면상실이 가져올 수 있는 문제를 보완할 수 있다. Brown(1994)은 사람들이 어느 정도의 수면 박탈은 견뎌낼 수 있고 비교적 잘 수행할 수도 있지만, 대부분의 사람은 하루에 최소한 4~5시간 정도의 수면은 취해야 한다고 시사하였다.

운전장면에서 매우 피곤한 운전자들은 매우 짧은 시간에 행동적으로(외부 자극에 대한 반응성 부족의 관점에서), 그리고 생리적으로(수면특성을 반영하는 EEG를 통해; Corfisen, 1999) 마치 잠에 빠진 것처럼 보이는 순간 수면(microsleep)에 자주 빠지기도 한다. 각 순간 수면은 0.5~1.5초 정도 지속된다(Lisper, Laurel, & van Loon, 1986). Lisper 등(1986)이 지적하였듯이 순간 수면이 운전 중에 심각한 차량 통제 상실을 가져오는 경우는 거의 없지만, 다른 위험요소가 있는 곡선 도로나 연결 도로로 접근하는 경우는 심각한 사고의 원인이 될 수도 있다.

"피로", "각성" 그리고 "정신적 노력"도 많이 사용되는 개념이기는 하지만, 졸림과는 달리 매우 열악하게 정의되어 있다. 일상적 용어로 사용될 때, "피로(fatigue)"는 신체적 피로와 정신적 피로를 모두 의미할 수 있으며, "피곤함(tiredness)"과도 분명하게 구분되지 않는다. 심리학에서 "피로"는 (비록 이것이 무엇인지 확실하지는 않지만) 매우 다른 의미로 사용되는 것으로 보인다. 심리학 영역에서 어떤 연구자들은 피로와 피곤함을 전혀 구분하지 않는 것 같다. 예를 들어 Mabbott와 Hartley(1999)는 피로를 "궁극적으로 수면에 빠지게 하는 각성에서의 상실"이라고 정의하여 사용하였고, Maycock(1997)은 졸림을 "피로의 한 가지 발현"이라고 생각하였다. 다른 연구자들은 정신적 피로를 신체적 피로와 유사한 어떤 것이라고 간주하였는데, 그것은 이 두 가지가 모두 반복적 활동이나 지속적 과제 수행의 결과로 나타나는 것이기 때문이다. 신체적 피로가 주로 근육의 반복적 사용에 의한 근육 강도에서의 감소에 의해 주로 발생하는 반면, 정신적 피로의 신경생리학적인 기제가 무엇인지는 아직 분명하지 않다. Brown(1994)이 지적하였듯이 최근의 자동차 운전이 그렇게 활발한 신체적 활동을 요구하지 않는 것과 유사하게, 심리적 피로가 신체적 피로와 밀접하게 대응되는 것 같지는 않다. 또한, 피로는 EEG와 같은 생리학적인 측정치와도 그렇게 큰 연관성을 보이지는 않는다(Campagne, Pebayle, & Muzet, 2004; Nilson, Nilson, & Carlson, 1997). Nilson과 동료들은 피로에 대한 주관적 측정치가 다른 생리학적인 측정치들보다 더 분명하고 일관적이라는 것을 강력하게 주장하였다. Nilson 등은 첫째, 개인은 실험자보다 자신의 생리적 과정을 더 자주 확인할 수 있다는 것과 둘째, 피로의 생리적 측면들은 실험자가 객관적으로 측정하기 힘든 인지 요인과 동기 요인에 의해 영향을 받기 때문이라는 것을 그 이유로 제시하였다.

실제 피로는 일반적으로 그것에 의해 발생한 결과들로 정의된다. 즉 어느 정도 수행한 활동을 계속하고 싶지 않은 것, 활동에 대한 집중 상실 혹은 주관적인 피로감이나 불편감 등은 피로의 결과로 나타날 수 있는 것들이다. 또한 항상 그러한 것은 아니지만 피로에 의해 수행이 저하되기도 한다. Brown(1994)은 운전에 대한 피로의 효과를 "도로나 교통상황이 요구하는 것으로부터 점차적으로 주의가 철수하는 것"이라고 기술하였다.

극단적으로 피로에 의해 운전자가 졸음에 빠질 수도 있지만 이 시점의 훨씬 이전부터 운전수행은 저하되기 시작한다. "정신적 노력"을 통해 피로한 운전자는 최소한 당분간은 피로에 기인한 운전수행의 저하를 극복할 수도 있을 것이다. 그러나 피로가 더 증가함에 따라 추가적인 노력을 기울이는 것이 귀찮아진다. 실제로 피로는 때로 어떤 과제에 추가적인 노력을 기울이는 것에 대해 주관적으로 경험된 혐오라고 정의되기도 한다. Hockey(1997)가 제시한 재미있는 생각 중 하나는 피로가 노력이 덜 요구되는 방향으로 행동하게끔 함으로써 어느 정도는 적응적인 기능도 갖고 있다는 것이다. 일반적으로 피로한 사람은 노력이 덜 드는 방략을 선택한다.

Pashler(1998)가 지적하였듯이 "노력"이 실제로 무엇을 포함하고 있는지, 그리고 왜 그것이 싫은 것인지에 대해 우리는 잘 모르고 있다. 뉴런이 왕성하게 활동할수록 더 많은 에너지를 요구할 것이기 때문에, 언뜻 보기에는 이러한 에너지 소비의 증가 때문에 정신적 노력을 꺼린다고 생각할 수도 있을 것이다. 그러나 사고하는 것(thinking)에 의한 전두엽 영역에서의 증가된 활동량은 단순하고 수동적인 시각 활동에 의한 후두엽 영역에서의 활동량에 비해 매우 작다. 따라서 대부분의 사람이 어려운 사고(hard thinking)라고 여기는 것에 소비되는 전체 에너지량은 TV를 보는 것에 소모되는 전체 에너지량과 차이가 없을 수도 있는 것이다.

"피로"나 "노력"과 마찬가지로 "각성"도 애매하고 잘 정의되지 않은 개념이다. 각성은 신경 시스템에서의 일반적 활동 수준이라고도 할 수 있을 것이다. 각성은 대부분의 경우 사례를 통해 정의된다. 예를 들어 완전하게 저각성된(under-aroused) 사람은 무의식 혹은 수면상태에 있는 반면, 매우 고각성된(over-aroused) 사람은 제대로 기능할 수 없다는 식이다. 그러나 각성에 대한 이러한 식의 정의는 단지 순환적인 정의에 불과하다. 다음 예시를 보자. 어떤 사람이 최적의 각성 상태라는 것을 어떻게 알 수 있는가? 그들이 효율적으로 기능하고 있기 때문이다. 왜 어떤 사람이 효율적으로 기능할 수 있는가? 왜냐하면 그들은 최적 수준으로 각성되어 있기 때문이다. 그러나 각성이 동공크기, 심박률, 그리고 피부에서의 전기 전도 수준과 같은 다양한 생리적 지표들로 측정될 수 있다는 주장이 제기되어 왔다. 각성과 피로 사이의 정확한 관계는 불확실하다. 비록 피로와 각성이 서로 반대의 상태를 나타내는 것으로 보이기도 하지만, 이 두 가지 상태가 각각 독립적일 수 있는 상황을 고려한다면 이러한 관계는 그렇게 단순한 것은 아니다. 예를 들어 전쟁 상황에서 장거리 폭격 임무를 수행하는 군인은 피로하기도 하지만 동시에 각성되어 있을 수도 있다. 이와는 반대로 어떤 사람은 무척 따분하지만(비각성) 동시에 전혀 피로하지 않을 수 있는 것이다.

이러한 모든 개념의 모호한 정의를 감안하여 저자는 지금부터는 "피로"와 "졸림"을 구분하지 않고 사용할 것이다. 그러나 이 두 가지 현상이 아마도 개념적으로는 서로 다를 것이라는 것은 인정한다. 분명한 것은 운전자가 언제 운전하는지(예를 들어 주기리듬 중 어느 시점인지), 얼마나 오랫동안 운전하는지(즉 계속해서 운전한 시간), 그리고 운전을 시작하기 전의 초기 각성 상태는 어떠했는지(예를 들어 운전하기 전에 수면은 충분히 취했는지 아니면 졸린 상태였는지) 등의 요인에 의해 운전자의 수행이 영향을 받는다는 점이다. Thiffault와 Bergeron(2004)이 지적하였듯이 이러한 모든 것은 운전의 내적 상태와 어느 정도 관련되는 "내생적" 요인들이다. 그러나 운전수행은 운전환경에서 제공되는 시각 자극의 특성과 같은 "외생적" 요인에 의해서도 영향을 받는다. Thiffault와 Bergeron은 이것을 실험적으로 검토하였다. 실험참가자들은 주기리듬으로 볼 때 점심식사 후 식곤증이 생기는 단계에서 40분씩 두 세션에 걸쳐 운전 시뮬레이터를 운전하였다. 두 세션 모두 운전해야 하는 도로는 굴곡이 거의 없는 곧은 2차선 고속도로였다. 그러나 이 중 한 세션에서는 끝없이 반복되는 가로수가 제시되었는데, 이 때문에 도로는 매우 단조롭고 예측이 가능하였다. 다른 세션에서는 주변 환경이 많이 변화되도록 하였는데, 이 세션에서 실험참가자들은 다리와 고가도로를 지나거나, 산발적으로 사람, 나무, 집 그리고 도로 표지 등을 접할 수 있었다. 두 세션 모두에서 운전수행은 운전시간이 증가함에 따라 점차적으로 감소하였으나, 운전수행의 저하 정도는 도로 환경이 가변적인 경우에 비해 단조로웠던 경우에 더 컸다.

운전환경의 단조로움은 "고속도로 최면(highway hypnosis, Williams, 1963; Williams & Shor, 1970)" 혹은 "무주의 운전(driving without attention mode; Kerr, 1991)"이라고 불리는 현상의 중요 요인이라는 주장이 제기되어 왔다. 이러한 용어들은 운전자가 단조롭고 예측 가능한 조건에서 오랜 시간 운전할 때 가끔씩 운전자에게서 나타나는 현상을 지칭하기 위해 사용되었다. 이것은 운전자들을 "멍한" 상태에 빠뜨려, 마치 자동항법 시스템처럼 자동적으로 운전하게 한다고 알려져 있다. 많은 운전자는 이와 같은 경험을 했고, 이들 대부분은 자신이 아무 기억도 없이 그렇게 먼 거리를 운전하고 왔다는 사실에 깜짝 놀란다고 한다. 이러한 현상에 대해 많은 연구가 이루어지지는 않았으나, 이것은 중간 수준의 피로와 관련이 있을 것이다.

교통사고의 원인으로서 피로의 심각성

전체 교통사고 중에서 피로에 의해 발생한 사고비율에 어느 정도인지에 대한 추정치는 연구자들에 따라 매우 다르다. 여기에는 몇 가지 이유가 있다. Connor,

Whitlock, 및 Jackson(2001)은 교통사고에 미치는 피로의 효과를 검토한 연구들을 광범위하게 개관한 후, 이러한 연구들의 질적 수준에 대해 비판을 가하였다. 여기에 포함된 연구들은 열악한 실험 설계로 인해 수면장애, 교대근무, 수면박탈 그리고 주간의 졸림과 같은 요인들 사이에서 인과관계를 밝히는데 한계를 보였다. 많은 연구에서는 통제집단과 실험집단 사이에서 피로 요인 이외에 다른 변인들에서 체계적인 차이가 있었을 뿐만 아니라(예를 들어 알코올이나 약물의 남용, 평균 주행거리 혹은 연령 등에서 두 집단이 동질적이지 못했다), 표본 수도 너무 작았다. 다른 연구들에서는 피로와 사고 사이에 정적인 상관을 찾기도 하였으나, 그러한 관계의 강도에 대해서는 믿을만한 추정치를 제공하지 못하였다. 또한 19개의 연구 중에서 13개 연구들이 운전자의 피로가 클수록 사고 혹은 상해를 당할 가능성이 증가하는 관계를 발견하였으나, 연구에 따라 그러한 가능성에 대한 추정치는 매우 달랐다.

운전에 대한 피로의 효과를 연구할 때 봉착하는 가장 중요한 문제는, 이전에도 기술하였듯이 피로를 타당하게 정의하는 것이 매우 어렵다는 것이다. 피로를 기술하는 데 연구자들에 따라 무주의에서 운전 중 조는 것에 이르기까지 다양한 용어를 사용하였다. 또 다른 문제는 사고가 하나의 요인에 의해서만 발생하는 일이 매우 드물기 때문에, 얼마나 많은 사고가 피로에 의해 발생하는지 확실하게 추정하는 것이 불가능하다는 것이다. 극단적인 경우 운전자가 졸아 차선을 벗어났고, 그 결과 도로 주변의 무엇인가와 충돌하거나 앞에서 접근하던 차량과 충돌하였다면 이것은 피로에 의한 사고라고 분류될 수 있을 것이다. 그러나 이보다 낮은 수준의 피로도 주변에 주의를 기울이는 능력이나 다른 차량의 행동에 대해 반응하는 능력을 심각하게 손상할 수 있다고 하더라도, 실제 이 때문에 사고가 발생했는지를 확인하는 것은 훨씬 더 어렵다. 많은 연구자가 지적하였듯이(Horne & Reyner, 1999, 2001; Sagberg, Jackson, Krüger, Muzet, & Williams, 2004), 피로는 우리가 생각하는 것보다 훨씬 더 많이 사고와 관련될 수 있다. 왜냐하면 만일 피로가 어떤 사고의 단일한 원인이 아니라고 한다면(예를 들어 정신을 바짝차리고 운전한 사람이 야간에 텅빈 직선 고속도로에서 단독 사고를 당한 경우처럼),

그 사고는 운전자 무주의나 자동차 펑크와 같은 다른 요인 때문에 발생하였다고 말할 수 있다(그러나 이러한 유형의 사고는 매우 드물 것이다). 또한 졸음 운전으로 인해(따라서 피로로 인해) 사고를 낸 사람은 법적 문제 때문에 경찰 조사에서는 이것을 잘 인정하려 하지 않을 것이다(따라서 이 경우 표면적으로는 피로가 사고의 원인에서 빠질 수 있다).

사고 통계치

사고 통계치 분석을 통해 일반적으로 얻을 수 있는 결론은 피로가 전체 교통사고의 원인에서 차지하는 비중은 상대적으로 적지만, 사망 교통사고 원인에 대해서는 이보다 더 큰 비중을 차지한다는 것이다. 예를 들어 피로에 의한 전체 교통사고의 비율은 1~6% 수준이지만, 피로에 의한 사망 교통사고의 비율은 25% 이상이다(Lyznicki, Doege, Davis, & Williams, 1998; Summala & Mikkola, 1994).

Dibbie(2002)는 피로에 의한 사고를 (1) 자정부터 다음날 오전 6시 혹은 오후 2~4시 사이에 발생한 차량 단독사고나, (2) 사고 당시 다른 차량을 추월하지 않았던 차량들끼리의 정면충돌 사고로 조작적으로 정의하였다. 만일 사고 자료에 보행자, 무면허 운전자, 제한속도가 시속 80km 이하인 도로, 음주운전자 등이 포함되어 있었다면 이러한 자료들은 분석에서 제외되었다. 이러한 자료를 토대로 Dobbie는 1998년에 호주에서 발생한 전체 사망 교통사고 중 약 17% 정도가 운전자 피로와 관련되었다고 추정하였다. 차량 단독사고의 대부분은 이른 아침(자정부터 오전 6시까지)에 발생하는 반면, 정면충돌 사고는 오후 시간대에서 더 흔히 발생하였다. 차량 단독사고 운전자의 76%와 정면 충돌사고 운전자의 73%가 남성이었다. 29세 이하의 운전자는 나이 든 운전자에 비해 피로-관련 사고에 관계될 가능성이 더 높았다. 또한 29세 이하의 운전자들은 이른 아침에, 차량 단독사고의 가능성이 더 높았던 반면, 50세 이상의 운전자들은 오후 시간대에, 그리고 정면 충돌 사고의 가능성이 더 높았다.

이와 유사한 결과가 1989~1993년 사이의 미국 교통사고 통계치를 분석한

Knipling와 Wang(1994)의 연구에서도 도출되었다. 피로-관련 교통사고는 30세 미만의 운전자들에서 발생할 가능성이 가장 높았고, 평균 주행거리를 감안하더라도 남성은 여성에 비해 피로-관련 교통사고에 휘말릴 가능성이 거의 두 배 정도 더 높았다. 30세 미만의 운전자들은 30세 이상의 운전자들에 비해 피로-관련 교통사고에 관련될 가능성이 4배 더 높았다. 45세 이상의 운전자들은 야간에, 반면 65세 이상의 운전자들은 오후 시간대에 피로-관련 교통사고를 경험할 가능성이 상대적으로 더 높았다.

Horne과 Reyner(1995b)는 경찰 자료와 다른 자료를 사용하여, 영국에서 고속도로 혹은 고속주행이 가능한 기타의 도로에서 발생한 모든 교통사고의 상세한 분석을 실시하였다. 이 연구자들은 피로와 관련된 사고를 선별하는데 몇 가지 엄격한 기준을 적용하였다. (1) 운전자가 도로를 벗어나거나 다른 차량(혹은 물체)과 충돌한 경우 혹은 이 두 가지 모두가 발생한 경우, (2) 스키드 마크(skid mark)와 같이 충돌 이전에 브레이크를 밟았다는 증거가 없는 경우, (3) 차량이 도로를 벗어나거나 다른 차량(혹은 물체)과 충돌할 때, 운전가가 최소한 몇 초 동안은 외부를 분명하게 볼 수 있었던 경우, (4) 날씨, 음주 혹은 자동차의 기계적 결함과 같은 다른 요인들을 분명하게 배제시킬 수 있는 경우, 그리고 (5) 이상적으로 사고 발생 이전에 사고 차량이 차선에서 벗어났다는 것을 목격한 사람이 있는 경우이다. Horne과 Reyner는 영국의 주요 도로에서 발생한 전체 사고 중 15~20%, 그리고 고속도로에서 발생한 전체 사고 중 약 20% 정도는 졸음운전에 기인한 것으로 추정하였다.

많은 연구는 피로가 상용차량 운전자들, 특히 장거리 트럭 운전자들에게는 더욱 심각한 문제라고 지적하였다(Adams-Guppr & Guppy, 2003; Arnold, Hartley, Corry, Hochstadt, Penna, & Feyer, 1997; Baas, Charlton, & Bastin, 2000; McCartt, Rohrbaugh, Hammer, & Fuller, 2000). Dobbie(2002)의 연구에 인용된 호주 서부지역 교통부 자료에 따르면, 이러한 운전자들은 장시간 운전, 연장 야간 운전, 불규칙적인 운전시간, 수면을 취하지 못하거나 제대로 수면을 취하지 못하는 것, 그리고 이른 아침에 출발하는 것 등의 문제에 시달리고 있다. 많은 상용차 운전자는 과체중의 중년 남성들인데, 이들은 (밤에 잠을 잘 때 심한 코골이 등으로 인해 호흡에 곤란을 겪는) 수면 무호흡증을 보일 가능성이 가장 높은 사람들의 집단에 해당한다. 이러한 문제에 시달리는 사람들은 작업시간에 만성적인 피로를 경험한다. 수면 무호흡증이 그렇게 흔한 것은 아니지만(예를 들어 전체 인구 중 남성의 4%와 여성의 3%), 트럭 운전자들에게서는 훨씬 더 높은 비율을 보인다(Babar & Quan, 2002). 상용차 운전자들의 운전이 대개 단조로운 고속도로에서 이루어진다는 것과 결부하여 생각해보면, 상용차를 운전하는 직업은 피로-관련 사고에 취약한 직업이라고 할 수 있다.

Horne과 Reyner(2001)는 유럽연합(EU)이 트럭 운전자들의 작업시간을 주당 56시간으로 제한하였지만, 실제로 운전을 하지 않는 작업시간까지 고려하면 이들의 작업시간은 6일 작업 기준으로 주당 84시간에 육박한다고 지적하였다. 따라서 이 집단은 피로-관련 교통사고에 관련될 잠재성이 매우 높은 것이다. 특히 소형밴, 픽업, 택시를 운전하는 운전자들이나 매일 운전하며 돌아다녀야 하는 판매원의 경우에는 이 상황이 더 악화될 수 있는데, 왜냐하면 유럽연합이 이들의 작업시간에는 제한을 두지 않기 때문이다.

42명의 Sydney시 택시 운전자들을 대상으로 한 Dalziel와 Job(1997)의 연구도 이와 유사한 위험 운전습관을 발견하였다. 67%의 운전자들이 주당 최소한 50시간을 운전하였고, 다른 작업까지 포함하면 작업시간은 평균 59시간이었다. 상한계는 주당 평균 84시간이었고, 단 두 운전자만이 주당 40시간 이하로 운전하였다. 장시간 운전 후의 휴식시간도 평균 37분으로 짧았다. 이 통계치를 보면 선뜻 Sydney시의 택시를 타고 싶지 않겠지만, 42명 중의 운전자들 중 단 5명만이 운전중에 졸음에 빠진 적이 있다고 보고하였고, 그것도 이들 중 3명은 손님을 기다리면서 택시 주차장에서 졸았다고 보고하였다. 2년 동안 (23명의 운전자들에 의해) 모두 40건의 교통사고가 있었지만, 이 사고 중 피로와 관련된 것은 한 건도 없었다. Dalziel과 Job은 이러한 운전자들의 많은 운전경력(연간 2,400시간의 운전)도 이들이 피로를 관리할 수 있는 기술을 갖도록 했을 것이라고 시사하였다. 또 다른 가능성은 택시 운전이 피로를 어느 정도 이길 수 있는 직무라는 것이다. 예를 들어 복잡한 교통상황에 대처하기 위해 계속적으로 과제를 변화시켜야 하는 작업이고, 요금을 계산해야 하며, 직무상 무전 교신을 계속해야 하고, 목적지를 기억하면서 운전해야 하는 것이다. 이 연구에 참여한 택시 운전자들은 주로 도심에서 운전하고 있었기 때문에 많은 야간 트럭 운전자가 감수해야 하는 단조로움은 경험할 기회가 많지 않았을 것이다.

운전자의 자기-보고

운전자들로부터 피로에 대한 정보를 직접 수집한 연구들도 많이 있다. 이러한 연구들은 운전자들이 위험할 정도로 피로를 느끼는 빈도가 매우 높다는 추정치를 제시하고 있는데, 그것은 이 연구에 심각한 사고뿐만 아니라 근접 사고나 경미한 사고와 관련된 모든 피로를 포함하였기 때문이다(음주나 운전 중 휴대전화 사용과 같은 다른 위험 요인과 마찬가지로). 운전자의 피로 때문에 사고가 발생했다고 공식적으로 보고되는 비율은 그렇게 높지 않다.

이러한 유형의 연구들은 대부분의 운전자가 운전 중의 어느 시점에서 피로를 경험한다는 것을 보여주고 있다. 25~50%의 운전자들은 운전 중 얼마 정도 졸았다고 보고하였고, 10% 정도의 운전자들은 졸음운전 때문에 사고를 경험하였다고 인정하였다(McCartt, Ribner, Pack, & Hammer, 1996; Maycock, 1997; Sagberg, 1999; Storie, 1984). 늦은 야간 시간대에 지나가는 차를 무선적으로 정차시킨 뒤 노변에서 실시한 설문조사 연구에서, Corfitsen(1999)은 240명의 젊은 남성 운전자들 중 82명은 운전 중에 한 번 이상 잠깐 졸았던 경험이 있고, 26명은 졸음운전을 한 경험이 있다는 것을 발견하였다. 이들 중 8명은 졸음 때문에 사고를 경험했다고 응답하였다. 특히 졸음운전 경험이 있는 26명의 운전자들은 이 설문조사에서도 자신이 현재 "피로하다"거나 "매우 피로하다"로 평정하였다.

사고 통계치와 마찬가지로 설문조사 결과들도 상용차량 운전자들의 피로가 일반 운전자들의 피로에 비해 더 심각하다는 것을 시사해 주고 있다. 예를 들어 미국의 장거리 트럭 운전자들을 대상으로 실시한 설문조사 연구에서는 응답자의 47%가 졸음운전 경험이 있다고, 그리고 25%는 지난 1년 동안 졸음운전의 경험이 있다고 응답하였다(McCartt, Rohrbaugh , Hammer, & Fuller, 2000).

영국에서 회사 차량 운전들을 대상으로 실시된 Maycock(1997)의 설문조사 연구에서는, 이들의 많은 운전량과 장거리 운전에 의한 피로 때문에 사고 가능성이 더 높다는 것이 발견되었다. 응답자의 60%가 운전 중에 졸았던 경험이 있다고 응답하였다.

피로가 교통사고율에 미치는 효과에 대한 매우 상세한 연구는 Sagberg(1999)에 의해 수행되었다. 그는 두 개의 보험회사 자료에서 무선적으로 수집한 29,600건의 사고 보고서를 기초로 3,239명의 가해 운전자와 2,922명의 피해 운전자들에 대해 설문조사를 실시하였다. 그 결과 12명 중 1명은 지난 1년 안에 졸음운전을 한 경험이 있다고 응답하였고, 이러한 졸음운전 사례 중 4%는 사고(주로 도로 이탈 사고)로 이어졌다. Sagberg는 오랜 시간 운전할수록 피로가 사고의 원인이 될 가능성이 높다는 것을 발견하였다. 그러나 피로에 의한 사고의 90%는 150km 이하로 운전한 경우였기 때문에, 이것은 단지 두 시간 정도의 운전을 하는 경우라도 졸음운전에 의한 사고의 위험성이 매우 높다는 것을 시사한다. 가장 중요한 요인은 운전 시간대였다. 즉 전체 사고 중 피로(혹은 졸음운전)에 의한 사고 비율은 3.9%였으나, 자정부터 다음 날 오전 6시까지 발생한 피로-관련 사고는 이 시간대에 발생한 전체 사고의 18.6%를 차지하였다.

호주의 New South Wales에 거주하는 운전자들을 대상으로 실시된 Fell과 Black(1997)의 전화 조사연구는 피로가 장거리 운전자뿐만 아니라 도시 지역에서 단거리로 운전하는 사람들에게도 중요한 문제가 될 수 있다는 것을 보여주었다. 이들이 지적하였듯이 교외 도로를 운전할 때 피로를 경험할 기능성이 더 높지만, 대부분의 운전은 도시에서 이루어진다는 점을 감안하면, 피로-관련 교통사고는 교외보다는 도시에서 발생할 가능성이 더 높을 수 있는 것이다. Fell과 Black이 수행한 이전 연구에서는 경찰이 확인한 사고의 40%가 New South Wales의 도심에서 피로에 의해 발생한 사고였다. 그러나 도심에서의 운전속도는 빠르지 않기 때문에 사고가 발생했을 때의 심각성 수준(사망이나 상해의 정도)은 교외 지역에서의 사고에 비해 훨씬 더 낮았다.

Fell과 Black은 운전자 피로가 도시에서 비교적 짧은 거리를 운전하는 경우(2시간 이내)라도 중요한 문제가 될 수 있다고 지적하였다. 사고가 가장 많이 발생하는 시간대는 늦은 야간(야간 10시에서 자정 사이)과 출퇴근 시간(오전 6~10시)이다. 직무 수행은 직접적으로(예를 들어 직무 수행을 위한 운전) 혹은 간접적으로(예를 들어 일 때문에 전날 잠을 제대로 못 잔 것) 모두 운전자 피로를 야기하는 주요 요인이다. 피로와 관련된 사고(또는 근접 사고)를 경험한 응답자의 47%는 직무와 관련된 운전 중에, 그리고 37%는 직무와는 다른 사회적 활동을 위한 운전 중에 사고가 발생한 것이었다고 응답하였다. 여기에서도 교대 근무가 피로 관련 사고의 중요한 요인으로 밝혀졌는데, 사고를 경험한 모든 응답자 중 28%가 교대 근무자들이었다.

운전 이전의 수면상실은 피로-관련 교통사고와 밀접한 관계가 있다. 예를 들어 사고를 경험하였다고 응답한 사람들의 57%가 사고가 발생한 전날 밤에 수면을 충분히 취하지 못했다고 보고하였다. 이들 중 절반은 그러한 상실이 밤 늦게까지 근무하였다거나 야간에 교대근무를 하였다거나, 혹은 일 때문에 일찍 출근하는 것과 같은 작업과 관련된 이유 때문이었다고 보고하였다.

많은 응답자는 운전을 시작하기 전에는 자신이 피로한 상태라는 것을 알지 못한 것으로 보이는데, 응답자의 27%는 운전 전에 전혀 피로를 느끼지 않았다고 보고하였고, 이보다 조금 많은 35%의 응답자들이 "약간 피로한 정도였다"라고 응답하였다. 이러한 결과는 운전자의 피로가 운전을 계속함에 따라 점점 더 심해진다는 것은 분명해 보이지만, 운전자들은 운전을 완료해야 한다는 압력 때문에 중간에 멈추어 휴식을 취하지 않는다는 것을 시사한다. 이 때문에 많은 사고는 목적지 근처에서 발생하였다.

피로가 운전수행에 미치는 영향에 대한 심리학적 이론들

지금까지 기술된 연구들은 피로가 직접적으로 혹은 간접적으로 교통사고에 모두 영향을 미친다는 것을 시사한다. 운전자가 너무 피로하여 졸음에 빠진 결과 차량 통제를 상실하여 발생한 사고에서는 피로가 운전행동에 영향을 주었다는 것이 매우 분명해 보인다. 그러나 약간 낮은 수준의 피로가 운전에 미치는 효과는 어떠한가? 피로 수준이 증가함에 따라 운전수행이 점진적으로 저하될 것인가, 아니면 운전자가 자신의 피로를 어느 정도까지는 보상하며 운전하다가 갑작스럽게 운전수행이 저하되는 것인가? 이러한 질문들은 이론적 관점에서 매우 흥미 있는 것들이다. 그러나 운전자들이 약간 피로한 상태에서 운전하는 것이 흔한 것이라는 자기-보고 자료의 결과를 보면, 이러한 질문들에 대한 대답을 찾는 것은 실용적으로도 함의가 많다고 할 수 있다. 또한 운전자가 피로를 보상하기 위한 행동을 취하는지, 그리고 그렇다면 어떤 행동을 보이는지 살펴보는 것도 유용할 것이다.

개인의 내적 각성 상태(즉, 피로)가 수행에 어떤 영향을 미치는지에 대해서는 다양한 이론이 제기되었다.

이러한 이론 중 아마도 가장 유명한 이론은 Yerkes-Dodson 이론(Yerkes & Dodson, 1908)일 것이다. 이 이론은 각성 수준과 수행이 역전된 U자 형태의 관계를 보인다고 주장한다. 다른 말로 하면 수행은 중간 수준의 각성 상태에서 최적 수준을 보이고, 각성 수준이 너무 높거나 낮은 경우는 수행이 저하된다는 것이다. 각성의 최적 수준은 과제의 복잡성에 많은 영향을 받는다. Yerkes-Dodson 이론을 변형한 Easterbrook(1959)의 **단서 활용 이론**(*cue utilization theory*)에서는 각성 수준이 증가할수록 주의는 중심부에 제시되는 자극에 더 한정되어 주어지는 반면, 주변 자극으로 갈수록 점차적으로 약해진다고 시사한다.

Easterbrook의 이러한 생각을 지지하는 실험증거들은 많이 있다. Rogé와 그녀의 동료들(Rogé, Péybale, Kiehn, & Muzet, 2002; Rogé, Pébayle, El Hannachi, & Muzet, 2003)은 (과제 지속시간에 의한) 피로가 운전자의 "유용한 시각장(useful field of view, 자극이 지각되고 처리될 수 있는 응시점 주변의 영역)"의 범위를 좁히는 것을 발견하였다. Rogé 등(2002)의 연구에서 실험참가자들은 운전 시뮬레이터를 이용하여 2시간 동안 단조로운 운전을 수행하면서 응시점으로부터 다양한 거리에서 간헐적으로 제시되는 표적을 탐지하는 과제를 수행하였다. 운전자의 피로가 증가함에 따라 응시점으로부터 5~10도 떨어진 주변 자극에 대한 탐지 수행은 점점 더 저하되었지만, 응시점 근처에 제시된 자극에 대해서는 그렇지 않았다. Rogé 등(2003)의 또 다른 연구에서 하룻밤의 수면박탈은 피로와는 질적으로 다른 효과를 보였는데, 자극이 주변시 영역의 어디에서 제시되건 이를 탐지하는 데 전반적으로 저하된 수행을 보였다.

아쉽게도 각성에 대한 일차원적인 이론들은 Yerkes와 Dodson의 연구부터 축적되어온 피로와 각성에 대한 연구 결과들을 설명하기에는 너무 단순하다. Robbins(1997)은 이 개념에 대한 짧은 개관을 통해 각성에 대한 다양한 측정치들 사이에 서로 상관이 낮을 뿐만 아니라(즉, 각 측정치들이 단일한 처리 과정에 기초하지 않는다), 특정 각성 체계에 대한 신경생리학적 증거들(즉 각 각성 체계는 서로 상이한 신경전달물질과 관련되어 있다)도 있다고 지적하였다. 행동 증거들도 수행이 각성 수준과 그렇게 직접적으로 관련되는 것은 아니라는 것을 보여주었는데, 예를 들어 어떤 주어진 시점에서 피로와 각성이 갖는 효과는 주어진 과제 자체뿐만 아니라 그러한 과제를 수행하고자 하는 개인의 동기에 따라서도 다를 수 있다는 것을 보여주었다.

가장 최근의 연구들은 피로에 대한 인간 수행의 우연성과 적응성을 강조한다. 이 이론들은 두 가지의 보편적인 생각에 기초하고 있다(4장 참조). 첫 번째 생각은 서로 다른 과제에 할당할 수 있는 자원이 제한되어 있다는 것이다(Kahneman, 1973). 피로는 자원을 소모하기 때문에 피로한 개인은 어떤 과제가 자신이 투여할 수 있는 자원의 양 이상을 요구할 때 그 과제에 대해 저하된 수행을 보인다. 과제 수행이 어떻게 저하될 것인지는 다양한 과제에 대해 개인이 자원을 어떻게 할당할 것인지에 따라 달라진다. 예를 들어 피로한 운전자는 교통환경에 대한 주의 처리의 수준을 감소시키는 대신 운전수행은 효율적으로 유지하고자 할 것이다[4장

Hockey(1997) 보정 통제 이론 참조].

두 번째 생각은 자원 할당이 매우 역동적이고 유연하다는 것이다. 자원 할당은 어떤 목표가 달성되어야 하는지, 그리고 이러한 목표를 달성하기 위해 현재의 수행이 어느 정도 성공적인지는 개인의 지각에 따라 달라진다. 피로는 자원이 부족하다는 것 자체와는 관련이 없고, 그보다는 자원 할당 과정에서의 효율성에 영향을 미칠 수 있다. 과소부하나 과다부하 상태에서는 주어진 과제 요구에 자원을 맞추는 것이 특히 더 어려울 것이다.

"자원 이론"이나 "역동적/적응적 통제 이론" 모두 개인의 의지나 노력을 통해 피로의 효과를 일시적으로 극복할 수 있다는 것은 잘 설명하지만, 왜 그렇게 되는지는 완전히 다른 설명을 제공한다. 즉 자원 이론은 과제에 더 많은 자원이 투여되는 것으로, 반면에 적응적 통제 이론은 통제 과정에 더 많은 노력을 기울이는 것(즉 수행을 더 효과적으로 감시하는 것)으로 이것을 설명한다. 또한 자원 이론은 과제의 요구가 증가할수록 투여되는 자원의 양도 증가할 것이라고 예측하지만, 적응적 통제 이론은 과제가 어렵지 않다고 보일 때 피로가 사람들로 하여금 그 과제에 투여해야 하는 자원의 양을 과소추정하기 때문에 이 조건에서 피로의 효과를 가장 잘 확인할 수 있다고 주장함으로써 직관과는 약간 상반된 예측을 제공한다.

Norman과 Shallice의 인간 정보처리 모델(Norman & Shallice, 1986; Shallice, 1988)은 피로의 효과에 대한 또 다른 이론적 틀을 제공한다. 이 이론에서는 처리에 두 가지 수준이 있다고 제안하고 있는데, 낮은 수준 처리는 상당히 자동적인 경합 조절 시스템(*contention scheduling system*)이고, 높은 처리 수준은 의식적 활동을 포함하는 관리 주의 시스템(*supervisory attentional system*)이다(4장 참조).

이 모델에 따르면 피로가 수행을 저하시키는 방식에는 여러 가지가 있다. 먼저 피로가 일차적으로 경합 조절 시스템에 영향을 미친다고 생각해 보자. 이때는 관리 주의 시스템이 행동을 의식적으로 통제하기 때문에 이를 통해 수행을 유지할 수 있을 것이다. 그러나 결국에는 관리 주의 시스템이 피로해지고, 수행은 저하될 것이다(이것은 사람들이 주관적으로 피로를 경험하더라도 얼마 동안은 왜 정상적 수준에서 수행을 유지할 수 있는지를 설명해 준다). 이러한 설명의 한 가지 시사점은 수행을 유지하기 위해서는 그 대가가 요구된다는 점이다. 의식적 활동과 연합된 시스템의 일부는 자동적으로 기능하는 낮은 수준의 시스템과 같이 작동하고자 하기 때문에 의식적 활동을 포함하는 과제가 저하될 것이라고 예상할 수 있을 것이다.

이 이론에서 피로를 살펴보는 또 다른 방법이 있다. 피로는 덜 중요한 과제로부터 자원을 넘겨받아 중심적이고 중요하다고 지각된 과제에 한정하여 주의를 방략적으로 투여함으로써 가용한 자원과 요구된 자원 사이의 비대응에 대처하려는 시스템의 노력을 반영하는 것일 수 있다. Hockey(1986, 1997)는 이러한 방식으로 피로가 "과제 갖춤새(task set, 과제의 목표와 우선순위를 유지하기 위해 과제와 관련되는 정보에 더 집중하는 것)"를 갖도록 한다고 제안하였다. 이 견해에 따르면 모든 관찰된 수행 저하는 과제에 주어진 요구에 대한 시스템의 적응적 반응의 결과이다. 이것은 왜 운전과 같이 복잡한 과제의 일부 요소가 다른 것에 비해 피로에 더 많이 손상되는지를 설명해 준다. 과제를 지속적으로 수행하는 동안 과제에 집중하는 것이 일반적으로 점점 더 어려워지기 때문에 수행이 손상된다. 지속적인 과제에 대해서는 과제의 방향과 활동을 유지하기 위해 증가된 통제 활동이 요구된다(Hockey, 1986, 1993). 노력을 투여하고자 하는 동기가 낮다면 수행은 저하될 것이지만 동기가 높다면 수행이 완전히 저하되지는 않는다.

또 다른 가능성은 피로가 수행 효율성을 감시하는 개인의 능력에 영향을 미친다는 것이다(Brown, 1995; Matthews & Desmond, 2002). 따라서 개인의 수행이 저하되었다는 것에 대한 충분한 피드백을 받지 못할 경우 수행에서의 손상이 일어난다. Brown이 지적하였듯이 장시간의 과제 수행으로 인해 수행이 저하되는 경우, 그것이 동기 수준의 감소 때문인지, 아니면 자신의 과제 수행에 대한 감시에서의 자발적이지 않은 저하 때문인지 확실히 알기 어렵다.

운전에 대한 연구뿐만 아니라 많은 연구가 정신적 노력을 증가시킴으로써 얼마 동안은 피로를 극복할 수 있다는 것을 보여주었다. 그러나 일차적인 차량 통제에 노력을 더 많이 투여하기 위해 다른 도로 사용자들의 행동에 주의를 기울인다거나 위험요소를 예측하는 것과 같이 그렇게 절박한 것은 아니지만 궁극적으로는 운전과제만큼 중요한 과제들에 대해서는 자원을 덜 투여할 수 있다. Brown(1994)과 Fairclough(2001)가 지적하였듯이 피로는 운전자들로 하여금 주변 상황보다는 자신의 내적 상태에 더 집중하도록 하여, 환경에서 중요한 정보를 놓치게 할 수 있다. 마지막으로 피로는 운전 자체에 대한 수행을 직접적으로 손상시키기보다는 운전자의 스트레스 수준을 높이거나 기분을 각성시킴으로써 사고를 간접적으로 유발할 수 있다. 예를 들어 피로한 운전자는 조바심을 자주 경험할 수 있는데, 이 때문에 다른 도로 사용자들과의 상호작용이 방해받을 수 있다.

간단히 말해 피로가 운전을 손상시킬 수 있는 방식은 여러 가지가 있다. 이러한 방식 중에 가장 가능성이 높은 것이 무엇인지는 여러 가지 실제적인 이유 때문에 찾아내기 매우 어렵다. 위에서 기술된 설명들은 서로 배타적인 것은 아니다. 사실 이들은 피로가 수행에 어떤 영향을 미치는지에 대해서는 (약간 다른 이유를 들지만) 전반적으로 유사한 설명을 제공하고 있다. 이러한 이론 중 어떤 것도 어떻게 그리고 언제 피로가 수행에 영향을 미치는지에 대해서 완전하게 정확하거나 검증 가능한 설명을 제공하는 것은 아니다. 피로는 개인의 각성상태, 동기 수준, 그리고 수행되고 있는 과제의 특성이 서로 상호작용하여 나타난 매우 복잡한 현상인 것은 분명하다. 운전과제 자체도 복잡한 것이다. 운전은 인지 요구가 서로 다른 다양한 과제들의 복합체이다. 최소한 경험이 많은 운전자에게 운전의 어떤 측면들은 비교적 단순하고 부담이 적을 것이고(예를 들어 조향이나 기어 변속 등), 다른 측면들은 높은 수준의 추론이나 계획을 요구할 것이다(예를 들어 경로를 선택하거나 다른 대상들과 상호작용 방식을 결정하는 것 등). 운전은 도로에 대한 자신의 차량 위치, 다른 운전자 혹은 보행자들에 대해 계속적인 감시를 요구하는 경계 과제가 대부분이다. 그러나 운전은 기대하지 않았던 위험요소에 대해 신속한 판단과 반응을 요구하기도 한다.

운전에 미치는 피로의 효과에 대한 실험 연구들

운전이 복잡하고 다양한 하위 과제들로 구성되어 있다는 점을 감안하면, 피로에 의해 운전의 특정 측면들은 다른 측면들에 비해 더 많은 영향을 받을 것이라고 생각할 수 있다. 실험 결과들도 이러한 가능성을 지지한다. 또한 이러한 실험 결과들은 피로에 대한 실험실 연구 결과들과는 사뭇 다르기도 하다. 예를 들어 수면박탈은 반응시간, 경계 혹은 단기기억과 관련된 비교적 단순한 과제에 대한 수행보다는 복잡한 과제(추리나 문제해결)에 대한 수행을 덜 저하시킨다(Wilkinson, 1964). 그 이유 중 하나는 복잡한 과제는 더 흥미 있고, 실험참가자들이 더 많이 관여할 수 있도록 하기 때문에 피곤함을 보상하기 위해 참가자들이 더 많은 노력을 기울이기 때문이다.

그러나 고차적인 인지 처리에 피로가 전혀 영향을 미치지 않는다는 것은 아니다. 이 주제에 대한 연구들을 개관한 후 Harrison과 Horne(2000)은 하룻밤의 수면박탈이 고차적인 의사결정을 상당한 수준으로 손상시킨다고 결론지었다. 이들은 수면박탈에 일차적으로 영향을 받는 뇌 영역이 전두엽이라는 사실과 관련된다고 시사하였다. 앞에서도 언급하였듯이 이 영역은 의사결정, 계획, 행동 조직화, 그리고 목표에 대한 초점을 유지하는 것과 같은 고차적인 인지 기술과 주로 관련이 있다. 이와 유사한 주장이 Heuer, Kleinsorge, Klein 및 Kohlisch(2004)에 의해 제기되었다. 이들은 하룻밤의 수면박탈에 의해 한 과제에서 다른 과제로 신속하게 전환해야 하는 과제 수행이 저하된다는 것을 발견하였다(과제 전환은 주로 전두엽에 의해 이루어진다고 알려져 있다).

피로와 운전에 대한 연구들을 개관한 Brown(1994)은 차량 통제 기술은 피로에 의해 거의 영향을 받지 않는다고 주장하였다. 그는 피로에 의해 경계 과제 수행이 저하된다는 증거가 거의 없다는 것은 피로가 증가함에 따라 주의가 더욱 선택적이 된다는 것을 잘 보여준다고 시사하였다(이와 유사한 결론은 앞에서 소개한 Rogé 등의 연구에서도 도출되었다). Brown은 인지 수행에서의 변화에 적응하는 한 가지 방법으로 운전자들은 좀 더 중요한 과제에 더 집중한다고 제안하였다

(이것은 왜 피로에 의해 조향과 같은 운동적 과제 수행이 저하되는지에 대한 설명도 제공하는데, 그것은 운전자가 차선 유지와 같은 수행은 저하되는 것을 허락하면서, 더 중요한 과제 수행에 집중하기 때문이다). Brown은 자기-조절적 과정이 붕괴될 경우 이러한 선택은 문제를 야기할 수 있다고 주장하였다. 예를 들어 환경적 요구부담이 낮다면 운전자들의 시각적 주사 행동은 경험을 통해 습득한 도로 환경에 대한 예측 능력(즉, 기대)에 점점 더 많은 영향을 받을 것이다.

Corfitsen(1999)은 야간(새벽 1~6시 사이)에 운전하는 240명의 젊은 남성 운전자들을 대상으로 실시한 연구에서 자기-보고된 피로도와 반응시간 사이에 관련성이 있다는 것을 발견하였다. 운전자들은 자신의 주관적 피로 정도를 3점 척도("충분히 휴식을 취했다", "피곤하다" 혹은 "매우 피곤하다")로 평정한 후, 간단한 반응시간 과제(불빛 자극 제시에 대해 버튼을 누르는 것)를 수행하도록 요구받았다. 그 결과 세 집단 사이에 작지만 유의한 차이가 발견되었다. 평균 반응시간은 각각 189ms, 233ms, 그리고 309ms였다. 그러나 Horne과 Reyner(2001)는 브레이크를 밟는 것에서의 반응시간은 졸림에 의해 영향을 받지 않는다고 말하였다. 실험실 실험 결과 운전자들은 거의 정상적으로 반응하거나 혹은 전혀 반응하지 않았다(이 때문에 위험요소와 충돌하였다). 다시 말해 반응시간은 점진적으로 저하되기보다는 급진적으로 저하된다.

Horne과 Reyner의 주장은 신속한 반응을 요구하는 경계과제를 통해 수면박탈의 효과를 살펴본 실험실 연구들에 기초한 것이다. 이러한 연구들은 피곤함이 증가할수록 수행에서의 랩스(lapses, 즉, 주의가 전혀 주어지지 않거나 수행이 이루어지지 않는 공백으로 대략 0.5초 이상의 시간)가 증가한다는 것을 보여주었다. 이러한 긴 반응시간은 짧은 반응시간과 뒤섞여 나타난다(Dinges & Kribbs, 1991; Graw et al., 2004; Heuer, Kleinsorge, Klein, & Kohlisch, 2004; Lisper & Kjellberg, 1972; Tilley & Brown, 1992). Doran, Dongen 및 Dinges(2001) "랩스" 현상을 설명하기 위해 **상태 불안정 이론**(*theory of state instability*)을 제안하였다. 이 연구자들은 수면에 대한 압박감이 증가할수록 신경적 활동의 변산성이 점점 더 커진다고 제안하였다. 잠깐 동안의 졸음에 수반되어 나타나는 낮은 각성의 짧은 시간 동안 실험참가자들은 경계 과제에 계속해서 주의를 주는 것에 어려움을 경험한다. 이때의 정상적인 반응시간은 수행을 유지하기 위해 실험참가자들이 여분의 노력을 과제 수행에 투여했기 때문에 나타난다.

Van der Hulst, Meijman 및 Rothengatter(2001)는 장시간의 운전이 운전수행에 어떠한 영향을 미치는지 살펴보기 위해 운전 시뮬레이션을 이용하였다. 참가자들은 교외의 도로를 시속 80km의 운전속도로 2시간 이상 운전하였다. 운전 도중 가끔씩 어떤 차량이 실험참가자 차량 앞으로 끼어들어 시속 75km로 운전하였다. 이 선행 차량은 무선적인 시점에서 부드럽게 혹은 급작스럽게, 그리고 예측이 가능하게 혹은 예측이 불가능하게 브레이크를 밟았다. 그 결과 지속적인 운전으로 인해 증가된 피로가 운전의 모든 측면을 동일하게 손상시키는 것은 아니라는 것이 밝혀졌다. 또한 운전시간이 증가함에 따라 피로나 졸림의 정도에 대한 주관적 평정치가 증가하였고, 운전을 계속하고자 하는 동기 수준이 저하되었으며, 조향 수행의 정확성에서 감소가 관찰되었다. 그러나 충돌 회피와 같은 중요한 과제들은 영향을 별로 받지 않았다. 전반적으로는 첫 번째 실험 세션과 두 번째 실험 세션 사이에서 선행 차량과의 차간거리는 통계적으로 유의한 차이가 없었으나, 실험 도중 자신의 주관적 피로 정도를 높게 평정한 운전자들은 낮게 평정한 운전자들에 비해 선행 차량과의 차간거리를 더 멀리 유지하는 경향을 보였다. 이것은 피로한 운전자들이 충돌 회피를 위해 선행 차량과의 안전 여유 거리를 증가시켰다는 것을 시사한다.

Van der Hulst와 동료들은 피로한 운전자들이 위험요소 회피를 우선적으로 중요시하는 대신, 지각-운동 통제에 대한 노력은 상대적으로 덜 기울이지만, 만일 충돌 회피와 같은 지각-운동 통제가 실제로 필요한 시점에서는 이를 충분히 수행할 수 있다고 제안하였다. 이 연구자들은 그들의 결과를 Hockey(1997)의 생각, 즉 운전자들은 장시간의 운전에 따른 피로에 대해 적응적이고 방략적으로 대처할 수 있다는 생각에 기초하여 해석하였다. 첫째, 운전자들은 우선권이 높은 하위 과제에 대한 수행은 유지하는 반면, 조향과 같은 덜 중요한 하위 과제에서의 수행 저하는 허락하는 "손상-한계 방략(damage-limitation strategy)"을 채택한다. 운전자들은 위험요소에 반응하는데 시간을 더 벌게 해주는 안전 여유(safety margins)를 증가시킴으로써 과제 부담의 수준을 줄이고자 할 것이다. 이를 통해 장시간의 운전에 따른 과제 수행에서의 부담을 줄이고, 충돌을 회피할 수 있는 안전 수준은 유지할 수 있는 것이다.

Desmond와 Matthews(Desmond & Matthews, 1997; Matthews & Desmond, 2002)도 피로가 운전의 모든 하위 과제를 모두 동일하게 손상시키는 것은 아니라는 점을 시사하는 실험 자료를 제시하였다. 두 개의 연구에서 실험참가자들은 PC-기반 시뮬레이터를 이용하여 모사된 운전과제를 수행하였다. 과제 부담 수준은 직선 도로나 굴곡이 있는 도로를 제시함으로써 조작되었다. "피로 유도(fatigue induction)" 조건에서 피로는 운전과 함께 숫자 확인 과제를 이차적으로 수행하도록 요구하게 유도되었다. Desmond와 Matthews는 이 과제가 도심을 운전할 때 경험할 수 있는 것과 같은 일종의 "스트레스성 피로(stress-like fatigue)"와 유사하고, 장시간의 운전을 통해 생기는 "졸림형 피로(sleepiness type fatigue)"와는 다른 것이라고 주장하였다. 피로 유도 조건에서의 운전수행과 통제 조건(즉 이차과제가 주어지지 않은 조건)에서의 운전수행이 비교되었다.

두 개의 연구 모두에서 피로 유도는 조향의 정확성과 정교한 조향 활동의 양을 감소시켰다(통제 조건에 비해 이러한 감소는 그렇게 크지는 않았지만 통계적으로는 유의한 차이였다). 그러나 이 효과는 굴곡이 있는 도로 조건이 아닌 직선 도로 조건에서만 관찰되었다. 실험참가자들은 직선 도로 조건에서의 수행 유지를 위해 필요한 노력의 양을 과소평가하는 것으로 보였는데, 이러한 과소평가의 정도는 피로에 의해 더 증가되었다. 또한 두 연구 모두는 유도된 피로의 효과가 동기 요인에 의해 경감될 수 있다는 것도 보여주었다. 예를 들어 운전 도중의 특정 시점에서 시뮬레이터 스크린에 "운전기술을 측정하고 있음"이라는 메시지가 제시되었는데, 실험참가자들은 이 메시지가 제시되면 차량을 제대로 통제하는 데 노력을 더 추가하여야 했다. 이 메시지는 굴곡이 있는 도로 조건보다는 직선 도로 조건에서 효과가 있었는데, 그 이유는 굴곡이 있는 도로 조건의 경우 실험참가자들은 이미 자신의 모든 노력을 투여하여 운전과제를 수행하였기 때문인 것으로 보인다(따라서 동기 수준의 조작으로 운전수행이 더 나아질 것이 없었다).

이러한 결과들은 각성에 대한 일차원적 모델들과는 분명히 일치하지 않는데, 왜냐하면 피로에 의한 운전의 어떤 측면이 다른 측면들보다 확실하게 더 많이 손상되는지를 설명하지 못하기 때문이다. 또한 이러한 결과들은 피로에 대한 자원 이론과도 맞지 않는 것으로 보인다(사실 피로에 대한 자원 이론은 Desmond와 Matthews가 얻은 결과와는 정반대의 예언을 한다). 자원 이론에 따르면 만일 피로 유도가 수행에 조금이라도 영향을 미친다면, 직선 도로보다는 굴곡이 많은 곡선 도로에서 피로에 의한 운전수행의 저하가 더 커야 하기 때문이다. 왜냐하면 곡선 도로 조건에 비해 직선 도로 조건에서는 피로한 운전자의 (얼마남지 않은) 자원을 상대적으로 덜 요구할 것이기 때문이다. 결론적으로 Desmond와 Matthews의 연구 결과는 피로가 자원 자체를 고갈시킨다는 생각보다는 피로가 행동에 자원을 할당하는 통제 시스템에 영향을 미친다는 생각과 더 일치하는 것으로 보인다.

Van der Hulst와 동료들이 그랬던 것처럼 Matthews와 Desmond도 그들의 결과를 Hockey(1997)의 이론적 틀에서 해석하고자 하였다. 과제에 의해 유도된 피로는 (주관적인 피로 수준 평정치나 조향반응 빈도에서의 감소를 통해 살펴볼 수 있듯이) 과제에 주어지는 노력에서의 상실과 관련되는 것으로 보인다. Matthews와 Desmond는 피로한 운전자들이 부담 수준이 높은 조건에서는 과제를 수행할 수 있는 역량이 남아 있지만, 부담 수준이 낮은 조건에서는 그렇지 않다는 사실은, 자원 할당 자체의 관점보다는 노력의 조절이라는 관점과 더 일치하는 증거라고 주장하였다. 그러나 왜 노력에서의 상실이 발생하는지에 대한 문제가 남아 있다. 운전자들이 수행 저하 자체를 알지 못했을 수도 있고, 이와는 반대로 그들이 자신의 수행 저하를 알고도 이에 대한 보상적 노력을 기울일 의향이나 능력이 없기 때문일 수도 있다. Matthews와 Desmond는 직선 도로와 곡선 도로에서의 수행 차이를 고려해 볼 때 첫 번째 설명(즉, 운전자들이 수행 저하 자체를 알지 못하는 것)이 더 타당할 것이라고 주장하였다. 예를 들어 곡선 도로 조건과 비교하여 직선 도로 조건에서는 운전자들에게 그들의 수행이 저하되었다는 것을 알려주는 단서들이 더 적었던 반면, 곡선 도로 조건에서는 운전자들이 스스로 자신의 수행을 평가할 수 있게 하는 외부 피드백이 충분하였을 것이다. 역설적이지만 피로의 효과는 과제 부담 수준이 높은 조건보다는 (텅빈 직선도로를 야간에 운전하는 것과 같은) "과소부하" 조건에서 더 클 수 있다(9장 참조). 또한 (실험자의 지시에 따른 동기 수준에서의 변화가 보여주었던 것처럼) 운전자의 수행이 증가된 노력에 의해 향상될 수 있다는 결과는 자원 부족이라는 용어로는 설명하기 어려운 것이다.

음주와 피로의 결합

이미 언급하였지만 피로의 효과를 확인하는데 있어서의 한 가지 문제는 피로 효과가 단일한 요인으로 작용하는 경우는 매우 드물다는 점이다. 실제 운전상황에서 피로는 다음의 두 가지 이유 때문에 음주와 결합되는 경우가 많다. 첫째, 운전자들은 자신이 이미 피로해져 있는 저녁이나 야간에 술을 마시는 경향이 있다. 둘째, 알코올은 중추신경계를 진정시키는 효과가 있기 때문에 그날 밤의 피로 수준을 더 증폭시킨다(7장 참조).

Horne과 Reyner(2001)에 따르면 다른 시간대에 비해 가장 많이 졸리는 시간대(새벽 4~6시, 오후 2~4시)의 알코올의 영향은 거의 두 배 이상 높다고 한다. 음주 시간대가 여성 운전자에 미치는 연구에서 Horne과 Baumber(1991)는 만일 오후 시간대에 음주를 한다면 그것이 비록 소량이라고 하여도 운전수행에 위험할 정도의 영향을 줄 수 있다는 것을 발견하였다. 이들은 또한 오후에 졸림을 더 많이 경험하는 사람일수록 그 시간대 알코올의 효과가 더 크다고 주장하였다. Horne, Reyner 및 Barrett(2003)는 젊은 남성 운전자들에게 영국에서 법적 기준치의 절반에 해당하는 양(경우에 따라 이 정도의 음주는 경찰의 음주측정기로도 측정되지 않는 수준이다)의 알코올을 섭취하게 한 후 운전 시뮬레이션을 이용하여 이들의 수행을 검증하였다. 이들은 또한 수면의 양도 조작하였는데 한 조건에서는 정상적인 수면을 취한 후에, 그리고 다른 조건에서는 제한적인 수면을 취한 후에 실험에 참가하도록 하였다. 과제는 오후 시간대에 2시간 정도 운전 시뮬레이터를 운전하는 것이었다. 실험 결과 알코올과 수면 제한 모두는 각각 운전수행을 어느 정도 손상시켰는데, 이 두 가지가 결합된 경우에는 차선 내에서의 차량 위치 편차가 유의하게 더 증가하였다. 알코올과 졸림의 결합 효과는 실험참가자들의 EEG 기록을 보면 더 분명하게 나타났지만, 졸림의 정도에 대한 주관적 평정치에는 이러한 결합 효과가 관찰되지 않았다. 다시 말해 이 운전자들은 자신이 위험한 수준으로 졸리다는 것을 전혀 자각하고 있지 않다는 것이 분명하였다.

Philip, Vervialle, Le Breton, Taillard 및 Horne(2001)은 프랑스에서 1994~1998년 사이에 최소한 한 명 이상 심각하게 부상을 입었거나 사망한 모든 교통사고 자료를 이용하여, 피로와 음주가 심각한 교통사고에 미치는 효과를 분석하였다. 그 결과 피로와 음주, 특히 이 두 가지가 결합되는 경우에는 사망이나 심각한 부상이 발생한 교통사고의 가능성이 매우 높다는 것을 발견하였다. 또한 시간대에 따라 사고 원인에도 차이가 있었는데, 야간에는 음주-관련 사고가 많았다. 그러나 음주와 피로가 결합되어 발생한 사고라도 경찰관은 사고 원인을 단지 음주로만 돌릴 것이다.

피로 극복 방법의 상대적 효과성

Sagberg(1999)는 각성 상태에서 졸리는 상태로의 전이가 자신도 모르게 이루어지기 때문에 운전자들이 그것을 알아차리기 힘들다고 주장하였다. 그러나 초기 단계에서는 그럴 수 있지만, 운전자들이 실제로 졸 때는 이에 대한 많은 경고 징후가 있다. 대부분의 운전자는 졸음에 빠져 사고를 당할 때 짧은 시간 동안의 순간적 졸음을 경험한다. 여기서 문제는 경고 징후들이 있을 때 어떻게 하면 운전자들이 이러한 징후를 무시하지 않고 이에 대해 적절하게 대처하도록 할 것인지이다. 그러나 이에 대해 말하는 것은 쉽지만 실제 그렇게 하는 것은 쉽지 않은 문제이다. 사람들은 목적지에 도착하는 것에 대한 시간 압력에 시달리고, 운전자들이 피로를 경험할 가능성이 가장 높은 고속도로에서는 차를 멈추고 잠깐 휴식을 취할 수 있는 장소가 부족할 수 있다.

Horne과 Reyner(2001)는 피로와 관련하여 교통사고를 낸 대부분의 운전자가 아마도 법적 혹은 보험 문제 때문에 이것을 부정하는 경향이 있다고 주장하였다. 건강한 운전자들이라고 약간 졸리는 경험없이 바로 졸음에 빠진다는 증거도 없다(Lisper, Laurell, & Loon, 1986; Reyner & Horne, 1998b; Sagberg, Jackson, Krüger, Muzet, & Williams, 2004; Sumrnala et al., 1999).

Horne과 Reyner(2001)가 지적하였듯이 졸리는 운전자들은 운전이 위험한 것을 알기 때문에 졸리는 것에서 벗어나고자(졸음을 쫓고자) 많은 노력을 기울인다. 많은 연구가 운전자들의 졸음을 쫓는 방법에 대한 재미있는 자료를 제시하고 있다. 신문이나 방송에서 소개된 내용을 토대로 Wedderburn(1987)은 운전 중에 졸았던 개인담과 이것을 이기기 위한 다양한 방법에 대한 자료를 모을 수 있었다. 졸음을 쫓는 몇 가지 방법들에는 잠깐 수면을 취하는 것과 자신 스스로를 졸음으로부터 깨도록 자극하는 방법이 포함되었다. 특히 후자의 경우에는 라디오나 카세트를 듣는 것, 자동차 창문을 여는 것, 운전속도를 높이거나, 속도를 달리하면서 운전하는 것, 차선을 밟으면서 운전하는 것 등의 방법이 소개되었다. 이와 유사한 방법들이 Maycock(1997)의 연구와 Oron-Gilad와 Shinar(2000)의 연구에서도 보고되었다. Wedderburn은 피로를 이기기 위한 방법 중에는 팔 뻗기, 긁기, 입술 깨물기, 심지어 자신의 따귀 때리기와 같은 "직접적인 신체 자극주기" 방법이 가장 많았다. Rogé, Pebayle 및 Muzet(2001)는 이러한 활동들을 자세히 분석한 후 이것들이 개인의 각성 수준을 증가시키는 데 도움을 줄 수 있다고 결론을 내렸다. 그러나 이러한 활동들이 계속됨에 따라 어느 시점에서는 운전수행이 저하될 수도 있다.

안타깝게도 Rayner와 Horne(1998a)은 피로 대처 방법들을 평가해 본 후, 이러한 방법들이 실제로 졸음에 빠지는 시점을 효과적으로 연장시킬 수 있다는 증거는 거의 없다고 결론지었다. 이들은 찬 공기나 시끄러운 음악은 단지 일시적으로만(약 15분 정도) 효과가 있다는 것을 발견하였다. 따라서 차를 세워놓고 잠시 수면을 취할 수 있는 곳을 찾는 것이 더 나을 것이다. 차를 세우고 운동을 하거나 잠시 걸어보는 것도 효과가 없기는 마찬가지이고, 효과가 있다 하더라도 잠시 동안만 그렇다(Horne & Foster, 1995).

카페인(커피)은 졸음을 쫓는데 어느 정도 효과가 있다. 예를 들어 Reyner와 Horne(2000)은 200mg의 카페인(커피 세 컵 정도)은 밤을 꼬박 샌 젊은 운전자들에게는 단지 30분 정도만 졸음을 감소시켜주었지만, 5시간 정도만 수면이 박탈된 운전자들에게는 주관적 졸림이나 가벼운 사고를 줄이는 데 확실한 효과를 보여주었다. Reyner와 Horne(2002)은 카페인 성분이 많이 들어 있는 250mL의 "기능성 강장 음료"를 제공한 집단과 가짜 음료를 제공한 집단 사이의 운전수행을 비교하였다. 젊은 운전자들이 운전 시뮬레이터를 이용하여 오후 시간대에 2시간 동안 고속도로를 운전하였다. 이들은 모두 전날 밤에 5시간만 수면을 취하도록 하였다. 그 결과 카페인 성분이 들어 있는 음료는 운전을 시작한 이후 90분 동안은 주관적 졸림이나 차선 유지 편차를 유의하게 감소시키는 것이 관찰되었다.

비록 카페인이 졸음을 쫓는데 상당한 효과를 갖고 있는 것으로 보이지만, Horne과 Reyner(1996; Reyner & Horne, 1997)은 졸음을 쫓는 가장 좋은 방법은 150~200mg의 카페인 섭취 후에(10~15분 정도) 짧은 수면을 취하는 것이다. 이 두 가지 방법을 같이 사용하는 것이 각각의 방법을 사용하는 것에 비해 졸음을 억제하는 데 더 효과적이다. Horne과 Reyner는 15분 이상 수면을 취하지 말 것을 권고하였는데, 그것은 20분 이상 수면을 취할 경우 완전한 숙면으로 이어질 가능성이 높고, 또 잠에서 깨고자 할 때도 정신을 차리기 어렵게 하여 "수면 후 무력증"을 야기할 수 있기 때문이다.

결론

운전자들이 운전 중에 얼마나 자주 피로를 경험하는지에 대한 자료를 얻기 어렵다는 사실은 최근까지 이 문제가 갖는 심각성을 과소평가하게 하였다. 피로에 의해 어느 정도의 사고가 발생하는지에 대한 어떠한 자료라 할지라도 이것은 단지 추측에 기반한 것일 수밖에 없겠지만, 많은 운전자가 피로한 상태에서 운전하는 현상이 매우 흔하다는 사실은 분명한 것으로 보인다. 피로는 직접적으로도(운전자가 졸음에 빠져 차량 통제를 상실한 결과 사고가 발생하는 것과 같이) 또한 간접적으로도(피로한 운전자가 주변에 대해 주의를 보내는 것보다 자신의 졸음을 쫓는데 더 많은 노력을 기울인 결과 사고가 발생하는 것과 같이) 사고를 이끌 수 있다.

운전 중 운전자가 피로를 느낄 가능성에 대해 확실하게 말하기는 어렵다. 그 이유는 피로가 운전자의 내적 상태(예를 들어 일일 주기리듬이나 충분한 수면을 취했는지의 여부 등), 시간대, 그리고 외적 요인(운전이 얼마나 단조로운지 등)과 같은 많은 요인의 상호작용에 따라 달라지기 때문이다. 또한 피로가 정확히 무엇인지, 그리고 그것이 수행에 정확히 어떠한 영향을 미치는지 분명하지 않다. 그러나 Brown(1994)이 지적하였듯이 (최소한 잠시 동안은 그럴 수 있다고 해도) 피로는 노력이나 의지로 극복될 수 있는 것은 아니다.

교대근무자의 경우 피로의 수준을 결정하는 주요 요인은 교대의 형태와 운전자들이 피로할 때 차를 멈추고 잠깐 쉴 수 있는 것이 가능한지의 여부이다. 불규칙적인 교대근무 형태가 운전수행을 특히 더 저하시킬 수 있다는 증거들은 많이 있다. Brown(1994)이 지적하였듯이 사업용 차량 운전자들은 이들이 피곤할 때나, 자신의 일일 주기리듬에 맞지 않는 시간대에도 운전을 해야 할 것이다.

(졸음에 빠지게 하는) 극단적인 피로, "무주의 운전" 혹은 "고속도로 최면"이 연속체인지의 여부는 불분명하지만, 이것이 안전한 운전과 양립할 수 없다는 것은 확실하다. 지나치게 졸리지는 않더라도 이 때문에 운전수행은 저하될 수 있다. 일반인들이 운전 중 졸음을 쫓을 수 있는 해결책은 매우 단순하다. 졸리면 차를 멈추고 잠시 자는 것이다. 순간적인 졸음과 같이 졸음에 대한 사전의 경고 징후

없이 바로 졸음에 빠지는 운전자는 거의 없다. 사업용 차량 운전자들에게 이 문제는 조금 더 복잡하다. 상업적 목적 때문에 이들에게는 졸릴 때 잠시 수면을 취할 수 있는 기회가 주어지지 않을 것이고, 이것은 결국 이들이 피로한 상태에서도 계속 운전하게 할 것이다. 교대근무 때문에 이들은 운전을 시작하기 이전부터 피로한 상태에 있을 가능성이 높다. 교대근무 시간에 맞추기 위해 이들은 일일 주기리듬의 가장 저점에서도 운전해야 하고, 다른 사람들이 모두 활동하는 낮 시간에 잠을 자야 하는 경우도 있기 때문에 제대로 수면을 취할 수도 없을 것이다. 이들은 또한 대부분의 운전시간을 고속도로나 주요 간선도로 위에서 보낼 것인데, 이러한 도로 조건은 운전자로 하여금 피로를 더 잘 느끼게 하는 단조롭고 자극적이지 못한 운전환경이다. 안타까운 것은 많은 국가가 사업용 차량 운전자들이 극도로 피로할 때는 운전하지 못하도록 하는 법령을 제대로 갖추고 있지 않다는 것이다.

운전자가 피로하다는 것을 경고해 주는 장치가 개발됐지만, 차선 유지 정확성이나 눈깜박임 반응(느린 눈꺼풀 반응의 빈도가 눈이 감겨 있는 시간)과 같은 피로에 대한 객관적 측정치들이 운전자의 내적 상태와의 상관이 매우 약하다는 사실로 인해 그렇게 성공적인 것은 되지 못하였다. 어찌 되었건 이러한 시스템의 개발 연구들은 착상 자체가 잘못되었다고 할 수 있는데, 그 이유는 앞에서 살펴보았듯이 운전자들은 일반적으로 자신이 피로하다는 것을 이미 잘 알고 있기 때문이다. 정말 중요한 문제는 운전자들이 자신의 의지나 노력으로 피로의 효과를 극복할 수 있다고 믿는 경향이 크다는 점이다(Horne & Reyner, 1999). Hancock과 Verwey(1997)가 지적하였듯이 "피로에 대한 해답은 간단하다. 충분하게 쉬는 것이다. 그럼에도 불구하고 사회나 그 사회에 속한 개인 모두 이 말을 잘 들으려 하지 않는다."

따라서 중요한 문제는 어떻게 하면 운전자들이 피로를 느낄 때 운전을 멈추고 쉬도록 하는 방법을 찾는 것이다. 사업용 차량 운전자들에 대해서 이것은 어려운 문제일 것이다. 그렇다고 일반 차량 운전자들에게는 이것이 쉬운 문제라는 것은 아니다. Maycock(1997)의 연구에서는 응답자들 중 25%가 자신들은 한 번 운전할 때 4시간 이상 쉬지 않고 운전할 수 있다고 응답하였다. 일반 차량 운전자들에게는 피로의 효과에 대해 적극적으로 홍보하고, 피로에 대처하기 위해서는 약간의 수면을 취하는 것 이외에 마땅한 다른 방법이 없다는 것을 인식시키는 것이 아마도 가장 좋은 해결책이 될 수 있을 것이다.

CHAPTER 7

운전과 약물

알코올이 운전수행을 손상시킨다는 것은 이미 오래 전부터 알려진 사실이다. 최근에 들어서는 다른 약물들의 운전능력에 미치는 효과에 대한 관심이 커지고 있다. 16~25세 사이의 사람들 중 절반 이상이 불법 약물을 복용한 경험이 있는 것으로 추정된다. 영국에서만 운전자들의 68%(2,100만 명)가 이 연령대에 속한다는 점을 감안하면, 엄청나게 많은 약물 복용 운전자가 도로를 주행하고 있다고 할 수 있다(Albery, Srang, Gossop, & Griffiths, 2000). 불법적인 향정신성 약물을 복용하는 운전자들뿐만 아니라 신경안정제, 항우울제 혹은 항히스타민제 등과 같은 의료 목적의 약물을 복용하는 운전자들도 많다. 벤조다이아제핀(Benzodiazepines), 클로르디아제폭시드[Chlordiazepoxde, 상표명으로는 리브리엄(Librium)], 그리고 다이아제팜[Diazepam, 상표명으로는 발륨(Valium)] 등은 미국에서 가장 흔하게 처방되는 약물인데, 미국 국민의 5% 정도가 주로 불안이나 불면증 때문에 이러한 약물을 합법적 처방에 따라 복용하고 있다(Taylor, McCracken, Wilson, & Copeland, 1998).

운전에 대한 약물의 효과

Longo, Hunter, Lokan, White 및 White(2000a)가 지적하였듯이 실험 연구는 약물의 효과를 밝히는 데 유용하게 사용될 수 있지만, 이것은 다음 두 가지의 질문에 대해서는 해답을 주지 못한다. 첫째, 운전자들이 얼마나 자주 약물을 복용한 상태에서 운전하는가? 둘째, 실험실에서 밝혀진 약물의 효과와 도로 사고를 발생시킨 약물의 효과 사이의 관계는 무엇인가? 통계자료 분석을 통해 교통사고와 이러한 약물들이 얼마나 관련되는지 파악함으로써 이 두 가지 질문에 대한 답을 어느 정도는 찾아볼 수 있을 것이다.

1장에서도 언급하였듯이 실험적 연구와 통계자료 분석 연구는 모두 문제를 가지고 있다. 그러나 약물의 효과를 검토하는 것에서는 추가적인 문제들이 나타난다.

약물의 장기 사용 효과와 단기 사용 효과

약물을 한 번 복용하고 나타나는 단기적 효과와 그것을 지속적으로 사용함으로써 나타나는 장기적 효과는 다를 것이다. 약물을 반복적으로 사용할 경우 그 약물에 대한 내성이 생기고, 또한 그것에 심리적 혹은 생리적으로 의존적이 될 수도 있다. 약물 효과에 대한 많은 실험 연구는 어떤 약물을 정규적으로 복용하지 않는, 비교적 젊고 건강한 지원자들을 대상으로 그 약물의 단기적 효과를 주로 살펴보았다. 그와 같은 연구들은 그러한 약물을 장기적으로 복용하는 사람들이 겪을 수 있는 인지적 손상의 정도를 지나치게 강조할 수 있다. 예를 들어 O' Hanlon, Vermeeren, Uiterwijk, Veggel 및 Swijgman(1995)은 지나친 불안감을 치료하기 위해 로라제팜(Lorazepam)이라고 불리는 신경안정제가 처방된 18명의 환자를 대상으로 운전수행 정도를 측정하였다. 치료 일주일 후 실험참가자들의 절반은 운전검사를 완료하지 못하였고, 운전검사를 완료한 나머지 절반의 참가자들은 차선 안에서 차량의 위치를 좌우로 많이 이동시키며(weaving) 운전하는 경향을 보였다. 그러나 2주 후부터는 이 약물에 대한 내성이 생겨 차량을 차선 안에서 좌우로 이동시키는 빈도가 줄어들었고, 1명의 참가자만이 수행검사를 완료하지 못하였다.

준실험적 설계의 문제

약물의 효과를 제대로 살펴보기 위해서는 모든 실험참가자가 실험 조건들에 무선적으로 할당되는 실험적 설계를 하는 것이 바람직할 것이다. 그러나 약물 효과에 대한 연구에서는 이것이 가능하지 않다. 예를 들어 사람들을 코카인 중독 조건에 무선적으로 할당하는 것이 (그래서 이들을 코카인 중독이 되도록 하는 것이) 가당한 것인지 생각해 보라. 따라서 이러한 경우에는 약물 사용자 집단의 수행과 비사용자 집단의 수행을 비교하는 준실험법적 설계가 최상의 선택이 될 수 있다. 그러나 이러한 설계가 갖는 한 가지 문제는 운전수행에서 관찰된 어떠한 차이도 약물 자체가 아닌 다른 요인에 의해 발생했을 가능성을 완전히 배제할 수 없다는 점이다. 약물 사용자와 비사용자는 약물을 복용한 것 말고도 많은 측면(예를 들어 성격, 위험감수에 대한 태도, 감각추구성향, 일반적 건강 상태 등)에서 다를 수 있다. 예를 들어 Butler와 Montgomery(2004)는 엑스터시(암페타민 유도체)를 복용할 경우 충동성과 위험감수가 더 증가한다는 것을 발견하였다. 그러나 현재로서는 엑스터시가 (이것이 뇌에서의 세로토닌 분비를 억제함으로써) 이러한 성격을 야기하는 것인지, 아니면 이미 매우 충동적인 성격을 가진 사람이 엑스터시 복용에 관심을 갖게 되는지는 분명하지 않다.

알코올의 경우 이것이 갖는 생리적 효과에 의한 손상 이외에도 음주운전자들이 위험하게 운전한다는 증거는 많이 있다. 음주운전은 반사회적 행동, 불법적 행동, 그리고 위험 행동이 복합적으로 작용하여 나타난다(Denney, 1997; Ferrante, Rosman, & Maroni, 2001; Horwood & Fergusson, 2000; Soderstrom, Ballesteros, Dischinger, Kerns, Flint, & Smith, 2001; Vingilis, 1983).

탐지 가능한 효과와 의미 있는 효과

잘 설계되고 잘 통제된 실험실 연구는 미량의 복용량이라도 약물이 수행에 주는 미묘한 효과를 탐지해 낼 수 있을 것이다. 이때의 질문은 이러한 탐지 가능한 약물의 효과가 실제 교통사고도 증가시킬 것인지의 여부이다. 만일 어떤 약물이 운전자의 반응시간을 약간만 증가시키거나, 이들의 주의집중 능력에 미약한 효과만을 갖는다면, 이것이 실제로 운전자들의 교통사고 가능성에도 영향을 미친다고 할 수 있을까? Macdonald 등(2003)은 약물 효과에 대한 실험실 연구에서 밝혀진 손상은 이론적인 관점에서는 흥미 있는 결과이지만 실제 세계에서의 수행과는 관련성이 부족하다고 주장하였다. 많은 실험실 연구에서는 가능한 빠르게 주어진 과제를 완료하도록 요구하기 때문에 전형적인 수행보다는 최상의 수행만을 측정하는 경향이 있다. 또한 실제 운전상황이라면, 사람들은 잠재적으로 위험한 요소는 피하거나(운전속도를 줄이는 것과 같은 방법으로) 그들의 손상을 보정하려고 할 것이다.

통계자료 분석연구를 통해 실험실 연구에서 밝혀진 약물 효과가 도로 안전을 위협할 가능성이 어느 정도인지 탐색해 볼 수 있을 것이다. 그러나 이때의 주요 문제는 도로 안전에 위협을 주는 약물의 효과와 비교하기 위한 기저(baseline) 자료를 얻기 어렵다는 점이다. 일반적으로 상해나 사망 교통사고를 일으킨 운전자들 중 몇 명이나 약물 검사에서 양성 반응을 보였는지에 대한 정보는 얻을 수 있으나, 이 자체만으로는 거의 의미가 없다. 다시 말해 운전 중 약물을 복용한 것이 얼마나 사고로 이어질지를 평가하기 위해서는 약물을 복용한 사람 중 얼마나 많은 운전자가 사고를 내지 않았는지를 알아야 하는 것이다. 그러나 많은 약물은 불법적인 것이기 때문에 약물 사용에 대한 추정치는 매우 정확하지 않을 수 있다.

이 문제를 해결하기 위해 두 가지의 해결책이 제시되었다. 하나는 **사례 통제 방법**(*case-control method*)이다. 이 방법에서는 사고에 휘말린 운전자 집단이 이들과 유사하지만 사고에 휘말리지 않은 운전자 집단과 비교된다. 구체적으로 말하면 이 두 집단 사이에서 약물을 사용하는 정도를 비교한 후, 만일 전자의 집단에서 약물 사용이 더 빈번한 것으로 밝혀진다면, 약물이 이 집단에서의 교통사고에 원인으로 작용하였다고 할 수 있는 것이다. 두 번째 방법은 **책임소재 분석방법**(*culpability analysis*)으로 이것은 본질적으로 사례-통제 방법이 변형된 형태이다. 상해나 사망 사고를 일으킨 운전자들에 대한 상세한 사고조사를 통해 각각의 운전자가 사고의 책임이 있는 가해 운전자인지 아니면 사고의 책임이 없는 피해 운전자인지 평가한다. 이러한 평가를 통해 운전자들을 가해 운전자 집단과 피해 운전자 집단으로 구분한 후, 각각의 집단에서 약물 사용의 정도를 비교한다.

직접 효과와 간접 효과

약물은 운전자의 인지적 혹은 운동적 수행에 영향을 줌으로써 운전수행에 직접적인 영향을 미칠 수 있다. 그리고 약물은 운전수행에 간접적으로 영향을 미칠 수도 있다. 예를 들어 코카인은 (특히 알코올과 결합될 경우에는 더) 공격성을 증가시킨다는 연구 결과가 있다. 이것은 약물이 운전수행에 대해 갖는 부정적인 효과를 더 증가시킬 것이다. 약물 사용을 중지한 중독자들은 집중하여 운전할 수 있는 가능성이 거의 없다. 알코올은 피로를 가중시키고, 많은 사고는 피로에 의해 발생한다(6장 참조). 따라서 약물의 효과는 그것이 갖는 직접적이고, 확인 가능한 영향보다 훨씬 더 넓은 범위에서 사고 가능성을 높일 수 있는 것이다.

약물 사용에 의한 단기적 효과와 장기적 효과

현재 약물을 사용하고 있는 경우에서 약물이 갖는 효과와 약물 사용의 결과 장기적으로 나타나는 약물 사용의 효과를 구분할 필요가 있다. 예를 들어 코카인을 정제한 환각제인 "크랙", 메타돈(Methadone) 그리고 엑스터시 등은 모두 인지 기능에 장기적이고 돌이킬 수 없는 효과를 갖는다(Bhattachary & Powell, 2001; Darke,

Sims, McDonald, & Wickes, 2000; Di Scalfani, Tolou-Shams, Price, & Fein, 2002; Fein, Di Scalfani, & Meyerhoff, 2002; Mintzer, Copersino, & Stitzer 2005; Morgan, 2000). 알코올 중독으로부터 회복된 사람들도 영구적인 신경학적 손상을 입을 수 있다. 특히 이러한 손상은 뇌의 전두엽 영역에서의 손상과 관련이 많은데 이 영역은 주의, 계획하기, 그리고 문제해결과 같은 기능을 담당한다(Fein, Bachman, Fisher, & Davenport, 1990). Tedstone과 Coyle(2004)은 술이 깬 알코올 중독자들이 다양한 주의 검사를 포함한 많은 신경생리학적 검사에서 손상된 기능을 보인다는 것을 발견하였다. 특히 운전수행의 측면에서 이 사람들은 알코올 중독이 아닌 사람들에 비해 두 가지 정보 요소에 주의를 분산시키도록 한 과제에서 더 많은 에러와 더 느린 반응시간을 보였다.

이러한 연구들이 시사하는 바는 약물이 갖는 손상 효과 때문에, 약물 사용을 중단한 이후에도 인지적 수행(따라서 운전수행에도)에 영향을 미친다는 것을 시사한다. 약물이 갖는 효과를 완전하게 파악하기 위해서는 일회성 약물 사용자, 간헐적 약물 사용자, 현재는 약물 사용을 중지한 장기 약물 사용자, 그리고 현재도 약물을 사용하고 있는 장기 약물 사용자들을 모두 고려해야 할 것이다.

중다약물 남용

실제 세계에서 약물 사용자들은 여러 약물을 동시에 복용할 수도 있다. 예를 들어 마리화나와 알코올, 엑스터시와 마리화나(Gonzalez et al., 2004), 그리고 코카인과 알코올(Pennings, Leccese, & Wolff, 2002) 등은 흔히 함께 사용된다. 어떤 약물들은 서로 가산적인 효과를 갖기도 한다. 예를 들어 알코올과 진정제의 일종인 바르비투르(Barbiturates)를 함께 복용할 경우는 이들을 각각 많이 복용하는 경우보다 거의 유사하거나 심지어 더 강한 진정 효과를 가져 온다. 운전에 대한 마리화나의 연구들을 개관한 후 Ramaekers 등(2004)은 알코올과 마리화나를 함께 복용할 경우 이 두 가지 약물은 서로 가산적인 효과가 있고, 이 때문에 교통사고의 가능성이 크게 증가한다고 결론지었다.

(알코올과 같은 진정제와 코카인 혹은 암페타민과 같은 흥분제와 같이) 약물들 사이의 상호작용적인 효과는 좀 더 복잡하다. 예를 들어 알코올과 결합된 코카인의 효과를 개관한 후 Pennings, Leccese 및 Wolff(2002)는 이 두 약물의 정확한 효과는 어떤 약물을 먼저 복용하는지에 따라 달라진다고 지적하였다. 예를 들어 코카인을 복용할 때 알코올이 혈관 안에 이미 존재하고 있었다면 코카인을 먼저 복용한 경우에 비해 코카인의 흡수를 더 촉진함으로써 코카인의 흥분 작용을 더 강화한다. 그러나 코카인 자체는 알코올의 흡수나 알코올에 의한 취기에 거의 혹은 전혀 영향을 미치지 않는다.

약물 복용 사실 확인의 어려움

알코올과 마리화나를 제외하면 언제 약물을 복용했는지는 말할 것도 없고, 약물을 복용했는지의 여부도 확실하게 알기 어렵다(Macdonald et al., 2003). 이 때문에 특정 약물과 교통사고가 어떠한 관계를 갖는지 파악하기 어려워진다.

한편으로 운전자들 사이에서의 약물 사용의 정도가 과소추정될 수 있다. 많은 약물은 소변검사만으로는 탐지하기 어렵고, 혈액검사가 효과적이기는 하지만 심각한 부상이나 사망이 발생하지 않은 교통사고에 대해서는 이 검사가 이루어지지 않는다. 코카인이나 엑스터시와 같은 흥분제들은 복용 후 12시간이 지나면 탐지하기 어렵다. 연구자들은 약물 사용 빈도를 파악하기 위해 자기-보고 방법을 이용하여 자료를 얻지만, 그 약물이 불법 약물일 경우는 잘 보고되지 않을 것이다.

운전자들 사이의 약물 복용 정도가 과소추정될수록 약물 복용 상태에서의 운전이 갖는 사고 가능성은 과다추정될 수 있다. 왜냐하면 약물을 복용하고 운전하면서도 사고를 내지 않는 운전자들이 우리가 생각하는 것보다 실제로는 더 많기 때문이다. 다른 한편으로 마리화나의 경우 약물 효과가 사라진 한참 이후라도 이것의 비활성 대사체(inactive metabolites)는 약물 검사를 통해 탐지가 가능하다. 약물이 운전에 미치는 효과를 연구한 많은 이전 연구는 마리화나의 활성 성분(active ingredient, Δ^9-tetrahydrocannabinol: THC)과 비활성 대사체(THC-acid)를 구분하지 않았다(Longo et al., 2000a). 이것은 어떤 연구에서는 "마리화나 사용집단"에 할당된 많은 운전자가 실제로 운전할 때는 손상을 보이지 않았던 상태에서 연구가 수행되었다는 것을 의미한다. 이 때문에 마리화나에 의한 사고 가능성이 과소추정될 수 있을 것이다. 왜냐하면 이것은 실제 THC의 영향하에서 운전하더라도 사고를 내지 않는 운전자들이 더 많다고 생각하도록 하기 때문이다.

표본 수의 문제

불법약물 사용이나 교통사고는 모두 드물게 발생하는 것이다. 이 때문에 많은 연구는 약물 사용 운전자 중 사고를 경험한 극히 일부의 사람들을 대상으로 수행되었고, 결과적으로 약물 사용과 교통사고 사이의 관계에 대한 결론을 도출하기 힘들다. 예를 들어 2,500명의 교통사고로 인한 부상 운전자 중 77%는 약물을 사용하지 않은 운전자였다. 사고의 책임 여부를 평가하기 위한 분석에서는 THC 검사에서 양성반응을 보인 44명의 운전자, 벤조다이아제핀 검사에서 양성반응을 보인 46명의 운전자, 그리고 흥분제 검사에서 양성반응을 보인 16명의 운전자들의 자료만이 사용될 수 있었다(Longo et al., 2000b). Movig 등(2004)은 2000년 5월부터 2001년 8월까지 네덜란드 병원에 입원한 110명의 교통사고 부상 운전자들과 816명의 일반인 지원자들을 서로 비교하였다. 그 결과 40%의 부상 운전자들이 하나 이상의 약물과 알코올에 모두 양성반응을 보이거나 이 두 가지 중 하나에 양성반응을 보인 반면, 일반인들은 14%가 그러하였다. 그리고 알코올 섭취와 교통사고 사이에 강한 관련성을 입증하는 데 충분한 자료가 있었다. 그러나 단지 7명의 운전자가 암페타민을, 11명의 운전자가 벤조다이아제핀을, 10명의 운전자가 코카인을, 그리고 8명의 운전자가 아편을 사용하였다. 통계학적 측면에서 보면 이렇게 작은 표본 수로는 약물 사용이 교통사고의 가능성을 증가시켰다고 결론짓기 어렵고, 또한 그 추정치도 신뢰도가 매우 낮다고 할 수 있다.

약물 복용 운전의 실태

몇 가지 이유로 약물 복용 상태에서의 운전이 얼마나 자주 발생하는지 알기 어렵다. 대부분의 자료는 교통사고로 인해 부상을 입거나 사망한 사람들의 혈액 샘플 검사로부터 얻어진 것이다. 비록 정확한 수치는 얼마나 많은 표본을 조사했는지에 따라 연구마다 다르지만, 알코올이 교통사고와 가장 많이 관련되는 약물이라는 것이 일반적인 결론이다. 불법 약물 중에서 마리화나가 가장 많이 사용되고, 그 다음으로 암페타민과 벤조다이아제핀 순으로 많이 사용되는 것으로 보인다. 코카인과 아편은 거의 탐지되지 못한다. 약물 사용 운전자의 대부분은 남성이다 (Christophersen & Mørland, 1997; Drummer et al., 2004; Gjerde, Beylich, & Mørland, 1993; Longo et al., 2000a, 2000b ; Movig et al., 2004).

운전에 대한 알코올의 효과

다른 약물과는 달리 알코올이 운전에 미치는 영향에 대한 연구는 매우 활발하게 이루어져 왔다. 통계자료에 대한 분석결과는 알코올 섭취가 교통사고의 가능성을 크게 증가시킨다는 것을 분명하게 보여주고 있고, 실험 연구 결과들은 왜 그러한지에 대한 몇 가지 통찰을 제공해 준다.

알코올의 생리적 효과

알코올(좀 더 정확히 말하면 알코올성 음료에 포함된 에탄올)은 중추신경계의 활동을 전반적으로 진정시킨다. 알코올이 진정제로 분류된다는 것이 조금은 이상하게 들릴지 모르겠다. 그러나 소량의 알코올 섭취로 만들어지는 일종의 "도취감"은 알코올이 뇌의 흥분 시냅스에 영향을 미치기 이전에 뇌의 억제 시냅스를 억압시키기 때문에 나타나는 현상이다. 억제의 억압은 흥분과 같은 말이다. 알코올 섭취량이 증가할수록 두 가지의 시냅스가 모두 억압되고, 도취 상태는 점차적으로 상실된다. 알코올 섭취량이 좀 더 많아지면, 명료하게 사고할 수 있는 능력이 저하되고, 판단력이 손상되며, 정서가 불안정적으로 변한다. 결국에는 잠에 빠지지만 다른 진정수면제(sedative-hypnotics)처럼 REM 수면은 억제된다.

알코올은 섭취 후 몇 분되지 않아 중추신경계에 영향을 미치기 시작한다. 더는 알코올을 섭취하지 않으면 1시간 이내에 혈중 알코올 농도가 최고조에 이르고, 신체 내에 알코올 성분은 선형적으로 감소하기 시작한다.[1] 알코올의 95%는 간의 대사작용에 의해 신체에서 제거되고, 나머지는 소변이나 호흡을 통해 배출된다. 많은 약물의 경우 간에서의 대사율은 혈관 속의 약물 농도에 따라 달라지는데, 농도가 높을수록 대사작용이 빨라진다. 그러나 알코올의 경우 혈관 속의 농도와 상관없이(따라서 섭취량과는 상관없이) 대사작용이 일정한 속도로 느리게 진행된다. 알코올의 제거율은 운동이나 카페인의 영향을 받지 않는 대신, 개인차가 매우 크다. 이러한 일정한 제거율은 알코올 검사 측면에서 보면 매우 유용한 특성이다. 예를 들어 어떤 사람의 현재 혈중 알코올 농도를 알 수 있다면, 이 사람이 이전에 얼마나 취했었는지 알 수 있다.

운전수행에 대한 알코올의 효과

4장에서는 운전이 몇 개 활동들의 위계로 구성되어 있다는 Rasmussen(1983,

---

1. 혈중 알코올 농도(blood alcohol concentration: BAC)는 몇 가지 방식으로 표현될 수 있다. 영국에서는 대개 혈액 100mL당 알코올의 무게(mg/100mL)로 측정된다. 예를 들어 영국에서 음주운전 단속 기준은 80mg/100mL이다. 무게로 측정된 혈액 속의 알코올 백분율의 용어로 보면, 80mg/100mL는 0.08% BAC이고, 100mg/100mL는 0.10% BAC이다.

1986)의 생각을 논의한 바 있다. 이러한 활동 위계에는 차량 제어와 같이 상대적으로 자동적인 낮은 수준의 처리 과정으로부터, 경로나 운전속도의 선택과 같은 고차 수준의 의사결정 과정이 포함된다.

알코올의 섭취량에 따라 다르지만 알코올은 이러한 수행의 모든 측면에 차별적으로 영향을 미친다. 알코올이 판단 능력에서의 손상을 가져오기 때문에 이것은 처리의 방략적 수준에 영향을 미쳐 음주를 한 사람들은 자신의 능력을 과대평가할 수 있다. 음주운전자들은 자신이 술에 취하기도 전에 도로가 위험한 시간대에 운전을 할 것이라고 결정한다.

알코올은 전술적 수준에도 영향을 미친다. 이 때문에 음주를 하지 않은 운전자가 너무 위험하여 시도하지 않을 위험한 조작(예를 들어 추월이나 급커브로 회전하는 것 등)도 음주운전자들은 이를 시도하고자 할 수 있다. 음주운전자들은 자신이 술에 취하지 않은 경우에 비해 더 빠르게 운전하는 경향을 보인다.

지각적 수준도 알코올의 영향을 받는다. 알코올을 많이 섭취하면 시력을 손상시키지만 이보다 훨씬 이전 단계에서는 주의에도 영향을 준다. 음주운전자들은 많은 과제를 수행하기에는 부족할 정도로 인지 역량에서의 감소를 보인다. 이들은 이것을 보상하기 위해 다른 과제는 무시하는 대신 자신이 일차과제라고 생각하는 과제에 더 집중한다. 이들은 주로 조향과 같은 차량 통제 과제들을 일차과제로 여기고 이에 더 많이 집중하는데, 그 이유는 이러한 과제들이 이들에게는 우선적으로 수행해야 하는 과제이고, 또한 경찰의 단속을 피하기 위해서는 자신이 정상적으로 운전하고 있다는 것을 보여주어야 하기 때문이다. 이 때문에 주변의 다른 정보(예를 들어, 잠재적인 사고 요소나 위험 요소 등)에 주어져야 하는 주의 자원이 고갈된다.

운동 수준에서는 조향과 같은 비교적 자동화된 행위도 손상을 받지만, 고차 수준의 처리보다는 손상의 정도가 덜하다(운전자가 완전히 취한 상태가 아니라면 그렇다는 말이다). 이러한 특징 때문에 술을 마신 운전자들은 자신이 충분히 운전할 수 있다고 잘못 판단하게 되는 것이다.

술을 마신 운전자들은 피로한 상태일 가능성이 높다. 그 이유는 첫째, 알코올이 일종의 진정제이기 때문이고 둘째, 어찌 되었건 이미 피곤한 상태에 있는 야간에 운전할 가능성이 높기 때문이다.

알코올의 효과에 대한 실험 연구

인지 수행에 영향을 미치는 알코올의 효과에 관한 연구는 이론 연구 장면과 응용 연구 장면 모두에서 몇십 년 동안 활발하게 수행되어 왔다. 이러한 연구의 일반적 추세는 알코올에 의한 행동의 손상을 점점 더 낮은 BAC 수준에서 탐구하는 것인데, 이것은 아마도 검사 기법이 향상되었기 때문일 것이다.

Moskowitz와 Robinson(1988)은 1950~1985년 사이에 알코올이 운전기술에 미치는 효과를 살펴본 177개의 실험 연구들을 개관하였다. 알코올 섭취량의 효과에 대한 대략적인 결과를 제시하기 위해, 이 연구자들은 특정 알코올 섭취 수준에 따라 통계적으로 유의하게 수행의 손상을 보고했던 연구들을 백분율로 보고하였다. 전체 연구들 중 21%의 연구들이 0.04% BAC에서, 34%의 연구들이 0.05% BAC에서, 66%의 연구들이 0.08% BAC에서, 그리고 거의 모든 연구들이 0.10% BAC에서 수행 손상을 발견하였다. 그러나 수행 손상은 어떤 과제가 요구되었는지에 따라 달랐다. 분산주의 과제, 시각기능 과제, 그리고 추적 과제 등은 0.01~0.02%의 낮은 BAC에서도 손상을 보였다. 단순 반응시간, 지각 및 정신운동 측정치들은 이보다 더 높은 BAC 수준에서 손상이 나타났는데, 대부분의 정신운동 과제는 BAC 수준이 0.07%에 이르기 전까지는 거의 손상을 보이지 않았다. BAC와 관련하여 단순 반응시간은 특히 신뢰롭지도 민감하지도 못한 측정치임이 밝혀졌다.

Krüger 등(1990, 1993)도 알코올 효과에 대한 유럽의 논문들을 개관한 후 이 연구들을 "자동" 행동(단순 추적과제, 단순 반응과제 혹은 선택 반응과제와 같이 의식적인 정신 노력을 거의 요구하지 않는 과잉 학습된 과제)에 관한 연구들과 "통제" 행동(난이도 높은 추적과제, 분산주의 과제 혹은 정보처리 과제 등과 같은 더 많은 정신적 노력이 요구되는 과제)에 관한 연구들로 분류하였다. 사회적/통제적 행동에 관한 연구들은 0.03%의 BAC 수준에서도 손상이 나타난다는 것을 보고하였고, 자동 행동에 대한 연구들은 이것이 0.07%의 BAC 수준에 이르기 전까지는 손상이 보이지 않는다는 것을 발견하였다.

Holloway(1994, 1995)는 1985~1995년에 발표된 논문들을 Krüger 등의 분류를 적용하여 개관하였다. Holloway도 정신물리적 혹은 자동적 행동들에 비해 더 낮은 BAC 수준에서도 주관적 효과나 통제적 행동이 영향을 받는다는 것을 발견하였다. 통제적 행동과 주관적 취기에 대한 연구들의 70~80%가 0.04%의 BAC 수준에서 손상이 발견된다는 것을 보고하였다.

Moskowitz와 Fiorentino(2000)는 1981~1998년 사이에, 운전-관련 행동에 영향을 미치는 알코올의 효과를 검토한 112개의 연구들을 개관하였다. 이 연구들은 주로 낮은 BAC 수준에서의 행동 손상을 검토한 것들이었다. 이 연구들 중 27%의 연구들이 0.04% BAC에서, 47%의 연구들이 0.05% BAC에서, 그리고 92%의 연구들이 0.08% BAC에서 수행의 손상이 있음을 보고하였다. 이전 연구들과 마찬가지로 Moskowitz와 Fiorentino도 어떤 행동들은 다른 행동들에 비해 알코올 효과에 더 민감하다는 것을 발견하였다. 분산주의 과제는 알코올의 효과에 일반적으로 매우 민감하였는데, 이것은 0.005~0.01%의 BAC 수준에서도 손상이 나타나기 시작했다. 알코올의 효과에 가장 민감한 과제는 일차과제로 추적과제를 그리고 이차과제로 시각 탐색 과제를 수행하는 경우였는데, Moskowitz와 Fiorentino는 이러한 조합이 차선을 유지하고 외부 환경에 있는 대상을 감시해야 하는 운전수행과 매우 유사하다고 주장하였다. 추적과제 수행만 요구된 경우도 알코올의 영향에 민감한 것으로 밝혀졌다. 손상이 처음 발견되는 정확한 BAC 수준이 어느 정도인지는 추적과제에서의 예측 가능성 정도에 따라 달라졌지만, 이 연구에서 개관된 대부분의 연구가 0.03%의 BAC 수준에서 손상이 일관적으로 나타나기 시작한다고 보고하고 있다.

정신운동 수행 과제들은 일반적으로 알코올의 영향에 대해 덜 민감하다. 특히 Moskowitz와 Fiorentino는 단순 반응시간 과제를 사용한 대부분의 실험연구가 알코올의 효과를 밝히지 못하였다는 것을 발견하였는데, 이러한 결과는 단순 반응시간이 알코올의 효과에 대해서는 민감하지 못하다는 것을 밝힌 Moskowitz와 Robinson(1988)의 결론과도 일치한다. 실제로 운전자들은 앞으로 제시될 자극에 대해 거의 알지 못하고, 또한 어떤 반응이 요구될 것인지도 잘 예상하지 못하기 때문에, (알코올에 의해 단순 반응과제 수행이 잘 손상을 입지 않는다 하더라도) 어찌 되었건 단순 반응시간이 실제 세계에서의 운전에 얼마나 잘 적용될 수 있을지 의심스럽다. 선택 반응과제에 대한 연구들도 이것이 알코올에 의해 손상을 받는다는 것을 보여주기는 하였어도, 그러한 손상은 대부분의 연구에서도 수행의 손상을 보고하였던 0.06% BAC 수준이 되어야 나타난다. 0.08%의 BAC 수준에서는 개관에 포함되었던 80%의 연구들이 손상을 보고하였다. 신체 균형을 유지하는 능력은 알코올에 의해 심각하게 영향을 받았다. 0.04% BAC 수준 이상에서는 검사들의 65%에서, 그리고 0.08% BAC 수준 이상에서는 모든 검사에서 손상이 관찰되었다.

낮은 수준의 시각 수행 과제들은 0.03%의 BAC 수준에서부터 손상이 나타난다. 시력은 0.07%의 BAC 수준 이하에서는 영향을 받지 않는 것으로 보이지만, 대비민감도와 안구운동은 이보다 더 낮은 0.03%의 BAC 수준에서도 손상되었다.

운전에 요구되는 각각의 하위과제들이 복잡하기는 하지만, 운전에 미치는 알코올의 영향을 살펴보기 위해서는 실제 세계에서건 시뮬레이션 상황에서건 실제의 운전행동을 분석해야 할 것이다. 이러한 25개의 연구들을 개관하면서 Moskowitz와 Fiorentino는 개관된 거의 모든 연구에서 알코올의 영향에 의해 운전수행이 저하되는 것이 발견되었다고 보고하였다. 운전과 많은 관련이 있는 또 다른 범주의 연구들은 알코올이 졸음에 미치는 영향에 대한 연구들이다. 알코올이 이것의 진정 효과를 향상시키는 항히스타민제나 항우울제와 같은 약물과 상호작용하는 것과는 별개로, 알코올 섭취는 피로와 빈번하게 상호작용한다(이것은 야간에 운전하는 사람뿐만 아니라, 점심시간에 술을 마시고 오후에 운전하는 사람들에게는 더욱 그러할 것이다. 6장 참조). Moskowitz와 Fiorentino는 각성 수준에 대한 검사가 알코올의 효과에 매우 민감하다고 보고하였다. 두 가지 과제만 제외하고 모든 과제에서 졸음에 빠지는 시간은 0.01%의 BAC 수준에서도 더 빨라졌다.

Moskowitz와 Fiorentino의 주요 결론은 약간의 음주만으로도 운전과 관련된 기술들에서 저하가 발생할 수 있다는 것이다. 대부분의 연구가 0.05%의 BAC 수준에서는 알코올에 의한 손상이 발생한다고 보고하였다. 0.08%의 BAC 수준에서는 연구들의 94%가 알코올의 영향에 민감하지 못하다고 알려진 과제들과 운전과 거의 관련이 없는 과제들에서도 손상이 온다는 것을 밝혔다.

실제의 운전수행(즉 실험참가자들에게 시뮬레이터를 이용하도록 하거나 실제 세계에서 운전하도록 한 것)을 평가한 연구들에서는 0.04%의 BAC 수준에서도 분산주의 과제와 경계 과제가 손상됨을 발견하였다. 또한 개관된 연구들에 참여한 거의 대부분의 실험참가자가 0.08%의 BAC 수준에 도달할 경우, 몇 개의 중요한 운전-관련 과제에서 손상을 보였다(0.08%의 BAC 수준은 영국을 포함한 많은 나라에서 음주운전 단속의 법적 기준치이다). 그러나 무엇보다 중요한 결과는 BAC가 증가함에 따라 수행이 점차적으로 감소한다는 것이다. 즉 알코올 효과에 대한 역치는 없는 것으로 보이며, 따라서 "역치 이하의 BAC는 수행에 영향을 주지 않고, 역치 이상의 BAC만 수행에 영향을 준다"고 할 수는 없다.

Moskowitz와 Fiorentino는 자신들의 논문개관 연구에 운전자의 정서, 동기 혹은 판단을 다룬 연구는 포함되지 않았다고 말하였으나, 이것들은 운전에서 중요한 측면들이다. Evans(1991)가 지적하였듯이 실험 상황에서 알코올을 섭취하는 것은 실제 세계에서 음주하는 것과 너무 다르기 때문에, 비록 사고 통계치들이 교통사고에 알코올이 많은 영향을 준다는 것을 보여주고 있다 하더라도, 그 사고들 중 어느 정도가 수행 저하 때문에 발생하는지, 그리고 어느 정도가 판단이나 기분에 대한 알코올의 영향 때문에 발생하는지 분명하지 않다.

Krüger(1990)의 연구와 Holloway(1994)의 연구 모두에서 개인의 주관적 반응이 낮은 수준의 BAC에서조차 가장 손상이 쉽게 된다는 것을 보여주었다. 이러한 특성은 Tipladv, Franklin 및 Scholey(2004)의 기발한 실험 연구에서 검증되었다. 이들은 에탄올이 실험참가자 자신의 수행에 대한 평가에 어떠한 영향을 미치는지 검토하였다. 3일을 연속해서 학부생 실험참가자들은 서로 다른 수준의 에탄올을 섭취한 상태에서 컴퓨터를 이용한 일반 상식 검사를 수행하였다. 일반 상식 검사는 개인의 수행이 3일에 걸쳐 유사한 점수가 되도록 조작되었다. 그러나 에탄올의 섭취량이 증가할수록 실험참가자들은 자신의 수행을 과대평가하는 경향이 증가하였다. Tiplady와 동료들은 알코올이 에러-지각에 특별한 효과가 있다는 것을 시사하였다. 이들은 자신들의 연구뿐만 아니라 다른 연구들을 인용하면서 비록 알코올이 반응의 정확성과 속도에 모두 영향을 미치지만, 반응의 속도보다는 정확성에 훨씬 더 많은 영향을 미친다는 점을 강조하였다. 이러한 차별성은 벤조다이아제핀과 같은 약물의 효과와 비교하면 매우 눈에 띄는 특징이다. 실험실 연구에서 에러-지각에 대한 이러한 알코올의 영향은 속도-정확성 교환관계(speed-accuracy trade-off)에서 속도를 중요시하는 쪽으로 반응을 변경하도록 한다는 것을 시사한다. 따라서 알코올의 영향하에 있는 실험참가자들은 더 빠르게 반응하는 대신 에러가 증가한다. 이와는 대조적으로 벤조다이아제핀을 복용한 실험참가자는 반응의 속도를 느리게 함으로써 반응의 정확성을 유지하고자 한다.

Tiplady가 지적하였듯이 자신의 수행에 대한 이러한 과대확신은 운전맥락이라면 특히 더 위험한 것이다. 이러한 과대확신 때문에 운전자는 일차적으로 음주 상태에서도 운전을 하고자 할 것이고, 운전을 하더라도 더 빠르게 운전하고자 할 것이다. 또한 (Tiplady는 언급하지 않았지만) 알코올이 에러-지각에 영향을 미친다면 운전자들은 자신이 운전하면서 범한 에러를 잘 알아차리지 못할 것이다. 음주 상태라고 해도 사고를 잘 내지 않는다는 믿음과 이것이 결합되면, 음주운전자들은 음주 상태에서도 충분히 운전을 할 수 있다고 생각할 것이다.

사고 통계치에 기반한 알코올 효과의 분석

알코올과 사고 통계치 사이의 관련성을 분석하고자 하는 시도의 역사는 오래 되었다. 사고에 미치는 알코올의 영향을 분석하기 위해 흔히 사용된 방법은 앞에서 언급하였던 사례-통제 기법이다. 즉 사고에 휘말린 특정 집단의 BAC 수준이 (다른 조건은 거의 유사하면서) 사고와 관련되지 않은 다른 집단의 BAC와 비교된다.

이러한 유형의 연구 중 가장 규모가 컸던 연구는 Borkenstein, Crowther, Shumate, Ziel 및 Zylman(1964)에 의해 수행된 "Grand Rapids, Michigan" 연구이다. 5,985명의 사고-관련 운전자들의 BAC 수준이 7,590명의 사고-비관련 운전자들(통제집단)의 BAC 수준과 비교되었다. 통제집단의 운전자들은 미리 설정된 시간과 장소에서 경찰관에 의해 무선적으로 선택되어 음주 측정용 호흡 검사를 받았다.

Evans(1991)가 지적하였듯이 이러한 유형의 연구를 수행할 때는 사고를 낸 가해 운전자와 사고를 당한 피해 운전자를 구분해야 한다(왜냐하면 운전자들은 자신의 잘못이 전혀 없이도 사고에 휘말릴 수 있기 때문이다). 여기서 중요한 자료는 얼마나 많은 사고가 음주운전에 의한 것인지에 대한 것이다. Borkenstein과 동료들은 음주운전 사고와 관련된 경찰 보고서를 토대로 가해 운전자의 비율을 추정하였다. 그림 7.1a는 Borkenstein의 결과를 요약한 것인데, 이 그림에서는 사고를 낸 운전자와 사고를 당한 운전자의 교통사고에 대한 승산비(odds ratio)[2]를 각각 보여주고 있다. 그림 7.1b는 Krüger와 Vollrath(2004)의 사고당사자를 구분하지 않은 교통사고의 승산비 자료이다.

Borkenstein과 Krüger에 의해 얻어진 자료 모두는 BAC가 증가할수록 사고에 휘말릴 가능성이 급격하게 증가한다는 것을 보여주고 있다. BAC가 0.05~0.10% 수준(즉 미국 대부분의 주에서의 음주운전 법적기준치 수준)인 음주운전자들은 비음주운전자들에 비해 교통사고에 휘말릴 가능성이 두 배 정도 더 높고, BAC가 0.10~0.15% 수준에서는 10배 정도 더 높다. 이후의 연구 자료들(이 연구들에서는 Borkenstein의 연구만큼 큰 표본을 얻지 못했다)은 대체적으로 유사한 결과를

---

2. 어떤 사상(event)에 대한 승산(*odds*)은 그것이 발생한 수를 발생하지 않은 수로 나눈 값이다. 승산비(*odds ratio*)는 한 집단(예를 들어 음주운전자 집단)의 어느 한 사상에 대한 승산을 다른 집단(예를 들어 비음주운전자 집단)에서의 그 사상에 대한 승산으로 나눈 값이다. 대략적으로 말하면 승산비는 위험 수준의 상대적 측정치라고 할 수 있다. 따라서 예를 들어 한 연구에서 음주운전 집단의 사고율에 대한 승산비가 15라는 것을 밝혔다면, 이것은 음주운전자 집단이 비음주운전자 집단에 비해 사고에 휘말릴 가능성이 15배 더 높다는 것을 의미한다.

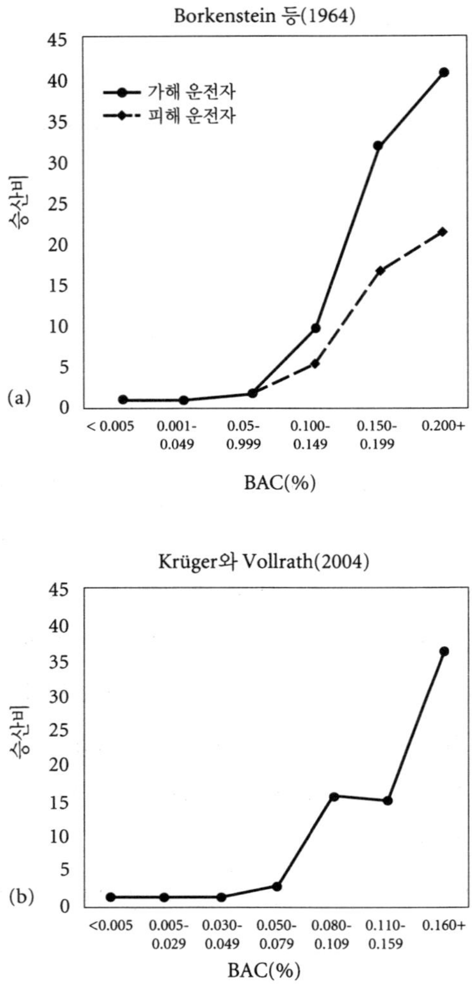

그림 7.1. 혈중 알코올 농도(% BAC)가 사고가능성에 미치는 효과.

보여주었다. Longo 등(2000a)은 호주에서 교통사고로 부상을 당한 2,500명의 운전자들의 혈액 샘플에 대해 약물 검사를 실시하였다(호주에서는 비사망 교통사고에 관련된 모든 운전자는 혈액 샘플을 제출하도록 하고 있다). 모든 사고에 대해 운전자와 사고에 대한 자료가 혈액검사 자료와 비교되었다. 그 결과 88%의 운전자들은 음주를 하지 않았고, 12%의 운전자들은 음주를 한 상태였으며, 그들 중 10%는 BAC가 0.05% 이상이어서 호주의 음주운전 법규를 어긴 것으로 밝혀졌다. 또 다른 논문에서 Longo 등(2000b)은 약물을 사용한 운전자들이 자신이 관련된 사고의 가해자였는지의 여부를 검증하였다. 이 연구의 가정은 만일 약물들이 사고의 주요 요인이라면 약물을 사용한 집단의 운전자들이 그렇지 않은 집단의 운전자들에 비해 사고의 가해 운전자일 가능성이 더 높을 것이다. 혈액검사 자료와 관련된 교통사고 보고서가 개별적으로 분석되어 사고의 책임 소재가 누구에게 있는지 검토되었다.

앞에서도 언급하였듯이 Longo 등과 같은 연구들이 갖는 한 가지 문제는 약물 사용이 흔한 것이 아니기 때문에 이러한 연구의 결론이 소수의 표본에 의존하여 내려질 수밖에 없다는 것이다. 그러나 이 정도의 소수 표본만으로도 알코올이 운전수행에 미치는 해로운 영향을 분명히 밝힐 수 있다는 점을 감안하면, 알코올이 교통사고율에 미치는 영향도 충분히 짐작할 수 있을 것이다. 실제로 BAC가 증가함에 따라 음주운전자들이 가해자인 사고의 수도 증가하였다. Longo와 동료들은 (알코올과 다른 약물을 같이 복용한 운전자들에 비해) 알코올만 섭취한 운전자들이 사고의 가해자가 될 가능성은 이들의 BAC가 0.05~0.079%인 경우는 6배, 0.08~0.149%인 경우는 10배, 그리고 0.15%인 경우는 23배 더 높다는 것을 발견하였다.

Krüger와 Vollrath(2004)는 사례-통제 기법을 이용하여 독일의 Unterfranken 지역에서 발생한 교통사고들을 분석하였다. 이 연구자들은 사고로 이어진 1,968건의 음주운전과, 사고로 이어지지 않은 9,087건의 음주운전을 비교하였다. 사고로 이어진 음주운전 자료는 경찰관에게 사고 현장에 갈 때마다 운전자에게 호흡 검사를 실시하도록 하여 수집하였고, 사고로 이어지지 않은 음주운전 자료는 1992~1994년 사이에 독일에서 대규모로 수행되었던 세 개의 현장 조사(이 조사에서는 도로를 지나가는 운전자들 중 무선적으로 선발된 운전자들에게 호흡 검사를 실시하였다) 결과를 토대로 수집되었다. 앞에서 기술되었던 그림 7.1b는 알코올과 관련된 사고 추정치에 대한 Krüger와 Vollrath의 결과를 보여주고 있다

(이들은 이러한 결과를 약간 보수적인 관점에서 추정하였기 때문에, 실제 사고율은 이보다 더 높을 수 있다). 음주운전자의 BAC가 0.05% 이하이면 이들의 사고 가능성은 음주를 하지 않은 운전자의 사고 가능성과 비슷하다. 그러나 이 수준 이상이 되면 사고 가능성은 급격하게 증가하는데, 음주운전자가 비음주운전자에 비해 사고에 관련될 가능성은 BAC가 0.05~0.08% 사이인 경우에는 3배, BAC가 0.109~0.159% 사이인 경우에는 15배, 그리고 BAC가 0.16% 이상인 경우에는 무려 36배나 더 높다.

전체적으로 정리하면 Krüger와 Vollrath의 결과는 Borkenstein 등의 결과보다 음주운전의 심각성을 더 잘 보여준다. Krüger와 Vollrath는 Borkenstein 등의 연구에 비해 그들의 연구에서 음주운전에 의한 교통사고율이 더 높게 나온 것은, 40년 전의 미국에 비해 최근 독일의 도로 혼잡도가 더 심하여 운전 자체에 좀 더 많은 부담이 주어졌기 때문이라고 시사하였다.

음주운전에 대한 법적 기준의 문제

법적으로 혈중 알코올 농도 수준을 처음 도입한 국가는 노르웨이로, 1936년 당시의 법적 규제에 해당되는 혈중 알코올 농도 수준은 0.05% 이상이었다. 그때까지는 알코올에 의해 운전자의 행동이 손상되었다는 것은 검찰이 증명해야 하는 것이었다. 그러나 음주운전의 법적 기준이 알코올에 의한 행동의 손상이라는 관점에서부터 혈중 알코올 농도의 관점으로 다시 정의됨에 따라 음주운전자를 처벌할 수 있는 가능성은 더 높아졌다(Denney, 1997). 그야말로 “법대로” 하면 되는 시대가 된 것이다.

영국에서는 1967년 제정된 도로 안전법을 통해 음주운전의 법적 기준을 80mg/100mL(즉, BAC로 보면 0.08%)로 정하였는데, 그 이후로도 이 기준이 적용되고 있다. 대부분의 유럽 국가는 영국이나 노르웨이와 유사한 수준의 법적 기준을 갖고 있다. 미국 대부분의 주에서는 100mg/100mL를 법적 기준으로 하고 있고(소수의 주에서는 80mg/100mL), 일부 주에서는 운전자가 21세 미만인 경우 이보다 더 낮은 기준을 적용하고 있다.

Denney(1997)가 지적하였듯이 낮은 수준의 BAC라도 운전수행을 저하시킬 수 있다는 것을 정책 입안자들이 이해하는 데는 많은 시간이 필요하였다. 초기 연구들은 운전수행 저하를 가져오는 알코올 섭취량의 역치를 찾으려 하였다(즉 이 역치 이하의 섭취량은 운전수행을 저하시키지 않을 것으로 생각하였다). 그러나 살펴보았듯이 (최소한 실험실 연구에서는) 0.02%의 BAC 수준에서도 수행상의 저하가 올 수 있다는 것은 이미 잘 알려진 사실이다. 오늘날 많은 사람들은 음주의 안전 수준이 있을 것이라는 잘못된 생각을 갖고 있다. 음주운전에 대한 법적 기준을 설정하는 것이 갖는 한 가지 문제는(음주운전을 아예 금지하는 아니라) 음주운전에 대한 법적 기준이 있다는 것 자체가 마치 그 기준 이하의 음주량에서는 운전수행에 손상이 없는 반면, 그 기준 이상의 음주량에서만 운전수행에 손상이 있다는 것을 의미하는 것으로 오해할 수 있는 소지가 많다는 것이다. 수행에 대한 알코올의 효과는 실제로는 점진적인 것이고(즉, 알코올의 섭취량이 증가할수록 수행은 점점 더 저하된다), 법적 기준은 단지 임의적으로 설정한 것일 뿐이다. Krüger, Holloway, 그리고 Moskowitz와 그의 동료들이 각각 수행한 개관 연구들에서는 비록 소량의 알코올만으로도 매우 다양한 과제들(이러한 과제들 중 일부는 운전수행과 관련성이 높을 것이다)에 대한 수행을 저하시킬 수 있다는 것을 시사하고 있다. 그러나 실험참가자 집단 사이에서의 통계적으로 유의한 차이(즉, 차이가 우연에 의해 발생할 가능성이 매우 낮은 것)와, 실제 세계에서의 (실용적으로) 유의한 차이는 구별되어야 한다(Evans, 1991). 예를 들어 Tzambazis와 Stough(2000)는 비음주 집단과 0.05%의 BAC 집단에 대한 몇 가지 검사를 실시하였다. 그 결과 음주 집단은 비음주 집단에 비해 단순 반응과제에서는 25ms, 그리고 선택 반응과제에서는 120msec 더 느리게 반응하는 것이 관찰되었다. 이러한 차이가 우연하게 관찰될 가능성이 매우 낮다는 점에서 이것은 통계적으로는 유의한 차이이다. 그러나 실제 운전장면에서 이러한 차이는 큰 의미를 갖지 못할 것이다.

연구자들은 현재의 법적 기준인 80mg/100mL 혹은 100mg/100mL은 너무 관대한 기준이기 때문에(Denney, 1997; Evans, 1991; Guppy, 1994; Mann, 2002; Tippetts, Voas, Fell, & Nichols, 2005), 이를 50mg/100mL 수준까지 낮추자는 데 일반적으로 동의하고 있다. 이 수준에서도 운전수행은 저하되지만, 대부분의 운전자에게 이 수준은 음주를 전혀 하지 않은 수준에 비해 사고 가능성이 약간 더 증가할 뿐이다.

사실, 음주와 관련한 사망 교통사고의 대부분은 BAC 수준이 매우 높은 소수의 운전자들에 의해 발생한다. 예를 들어 Voas, Wells, Lestina, Williams 및 Greene(1998)은 1973년, 1986년, 그리고 1996년에 미국에서 주말 밤에 실시된 세 조사 자료(National Roadside Survey)를 분석하였다. 세 조사 모두에서 BAC가 10% 이상인 운전자는 전체 운전자의 5% 이하였지만, 각각의 조사연도에서 이들은 전체 사망 교통사고의 50%에 관련되었다. 이러한 과도한 음주운전자 집단을 운전하지 못하게 한다면, 도로 안전의 측면에서 음주운전의 현재 법적 기준을 낮추는 것에 못지않은 큰 효과를 얻을 수 있다. 예를 들어 Evans(1990, 1991)는 술을 한 방울이라도 마신 경우 운전을 하지 못하게 한다면, 매년 미국에서 발생하는 사망 교통사고의 수가 반으로 줄 것이지만, BAC 수준이 0.10% 이상인 운전자들만 없어도 사망 교통사고가 41%나 낮아질 것이라고 주장하였다. Kruger와 Vollrath(2004)도 유사한 결론을 내렸다. 독일에서 발생한 모든 음주-관련 교통사고의 96%는 운전자의 BAC가 0.05% 이상이었고, 현재 독일에서 음주운전에 대한 법적 기준인 0.08% BAC에 따라 이 이상의 BAC를 보인 모든 운전자를 완전하게 단속할 수 있다면 음주로 인한 모든 사고의 88%가 감소할 것이라고 주장하였다. 또한 0.16% BAC 이상의 운전자들을 운전하지 못하게만 하더라도 음주관련 교통사고의 반을 줄일 수 있다고 하였다. Guppy(2002)가 지적하였듯이 심각한 음주운전자 스스로가 음주운전에 대한 법적 기준이 낮춰지면 음주운전 단속에 걸릴 가능성이 더 높아질 것이라고 생각하지 않는 한, 음주운전의 법적 기준을 낮추는 것만으로 심각한 음주운전 위반자들을 줄일 수는 없다. 심각한 음주운전자는 이미 알코올에 의존적이 되어 있을 것이고, 법적 기준을 바꾸는 것은 이들의 행동에 거의 영향을 미치지 못할 것이다. 따라서 음주운전에 대한 적절한 법적 기준을 마련할 뿐만 아니라, 이와 동시에 과도한 음주상태에서 운전하고자 하는 소수의 운전자들에 대한 효과적이면서도 엄격한 단속이 있어야 도로 안전이 향상될 수 있을 것이다.

운전에 대한 마리화나의 효과

미국, 호주 및 다른 유럽 국가들에서 마리화나는 사고와 관련된 운전자들의 혈액에서 알코올 다음으로 흔히 발견되는 약물이다(Vingilis & Macdonald, 2002). 마리화나 사용은 대부분의 국가에서 불법이다. 알코올과 마찬가지로 마리화나도 매우 흔하게 사용되기 때문에, 이것이 행동에 미치는 효과에 대한 많은 실험 연구가 수행되어 왔다. 또한 이 약물이 교통사고에 미치는 잠재적 위험을 평가하기 위해 사고 통계자료에 대한 분석도 시도되었다. 그러나 마리화나를 최근에 사용했는지 아니면 전혀 사용하지 않았는지를 구분할 수 있는 분명한 방법이 없기 때문에 마리화나에 대한 연구는 그렇게 쉬운 문제는 아니다. 다시 말해 알코올과는 달리, 마리화나에 대한 대사작용은 이것의 사용 이후에도 상당 기간 지속되는 탓에 가장 마지막으로 마리화나를 피운 때가 언제인지를 혈액검사나 소변검사를 통해 밝혀내는 것은 불가능하기 때문이다.

마리화나의 생리적 효과

마리화나의 활성 성분은 Δ^9-tetrahydrocannabinol(THC)이다. 미국이나 유럽에서 THC는 담배를 통해 흡입된다. 이것은 혈관 속에 흡수된 약물의 양이 사용자의 이전 흡연 경험에 따라 매우 달라진다는 것을 의미한다. THC는 흡입 후 몇 분 이내에 효과를 발휘하기 시작하여 10~30분 안에 혈액에서의 농도가 최고에 이른다. 더 흡입하지 않을 경우 이것의 효과가 2~3시간까지 지속되는 경우는 드물다. THC는 간의 작용에 의해 덜 활동적인 물질로 완전하게 대사되기 때문에 소변에 THC가 남아 있을 가능성은 거의 없다. 그러나 마리화나를 과다하게 사용한 사람의 마리화나 대사체(metabolites)는 흡입을 멈춘 이후 대략 1개월 이내에는 탐지가 가능하다. 따라서 소변검사 결과가 양성이라 할지라도 그 사람이 소변검사를 받을 당시 마리화나의 영향을 받고 있었다고 단정할 수 없다(마리화나를 몇 시간, 며칠 혹은 몇 주 전에 흡입했을 수도 있다).

낮거나 중간 수준의 복용량일 경우 THC는 알코올이나 벤조다이아제핀과 같이 미약한 진정-최면 효과를 갖는다. 이러한 약물과는 달리 높은 수준의 THC는 순한 LSD를 사용한 경우와 유사한 황홀감, 환각 혹은 고양된 감각 등과 같은 경험을 유발할 수 있다. 또한 다른 진정제들과는 달리, THC 수준이 높다고 하더라도 이것이 기억상실, 혼수상태 혹은 사망으로 이어지는 것은 아니다.

마리화나 효과에 대한 실험 연구와 통계자료 분석 연구

Berghaus와 Guo(1995)는 정신운동 기술과 운전수행에 미치는 마리화나의 효과를 살펴본 120건이 넘는 연구들에 대한 통합분석(meta-analysis)을 실시한 후, 마리화나가 운전의 거의 모든 측면(즉, 추적과제, 정신운동 기술, 반응시간, 시각기능, 주의, 암호화)뿐만 아니라, (실제 운전상황에서건 운전 시뮬레이션 상황에서건) 운전수행 자체의 수행을 저하시킨다고 결론지었다. 이러한 손상 정도는 마리화나를 흡입한 이후 2시간 동안 가장 심각하였고, 주의, 추적과제, 그리고 정신운동 기술에 대한 손상 효과가 가장 컸다.

좀 더 최근에 Ramaekers, Berghaus, van Laar 및 Drummer(2004)는 마리화나가 운전수행에 미치는 효과에 관한 실험 연구들과 통계분석 연구들을 개관하였다. 이 연구자들은 비록 만성적인 마리화나 사용자 혹은 마리화나를 많이 피우는 사람들에 대한 연구는 거의 없지만, 실험 연구들은 마리화나의 사용 방식에 따라 THC가 인지, 정신운동 수행, 그리고 실제 운전수행에 대한 손상효과를 일관적으로 보여주었다고 보고하였다. 다시 말해 THC가 많을수록 손상의 정도도 크다. 체중 kg당 300 μg 이상의 THC 복용은 0.05%의 BAC와 동일한 수준의 손상을 가져온다. 실험 연구들은 THC가 운전수행의 어떤 측면을 다른 측면에 비해 더 심각하게 손상시킨다는 것을 보여주었다. 예를 들어 의식적인 제어를 요구하는 복잡한 과제보다는 도로 따라가기와 같은 고도로 자동화된 행동들이 THC에 의해 훨씬 더 많은 영향을 받는 것으로 보인다.

흥미로운 것은 실험실 연구를 통해서는 마리화나가 인지나 운동수행에 손상을 미치는 것으로 밝혀진 것과는 달리, 실제 세계에서는 마리화나 흡입 후에 운전하는 것이 교통사고에 휘말릴 가능성을 증가시킨다고 확신할 수 있는 증거는 거의 없다는 점이다(Bates & Blakely, 1999; Moskowitz et aI., 1976; Robbe & O' Hanlon, 1993; Vingilis & Macdonald, 2002). 이에 대한 한 가지 설명은 마리화나가 수행에 영향을 미치는 방식이 알코올의 그것과는 다르기 때문이다. 앞에서 기술하였듯이 알코올은 인지나 정신운동 수행뿐만 아니라, 스스로 자기를 통제하는 능력에도 손상을 가져온다. Smiley(1999)는 마리화나의 효과를 검증한 실험 연구들에 대한 통합분석을 통해 마리화나가 운전능력을 손상시키지만, 마리화나를 복용한 운전자들도 그러한 손상을 매우 잘 자각할 수 있기 때문에 좀 더 천천히 혹은 주의 깊게 운전함으로써 이를 보상한다고 결론지었다. Robbe와 O' Hanlon(1993)의 연구와 Vingilis와 Macdonald(2002)의 연구도 유사한 결론을 도출하였다. 차선에 대한 차량위치와 운전속도를 측정한 실제 운전실험들에서는 마리화나 사용 운전자들이 선행 차량과 차간거리를 더 길게 유지하고, 방해물이 있는 도로에서는 좀 더 천천히 운전하였다(Robbe & O' Hanlon, 1993). 운전 시뮬레이션 실험에서 마리화나는 일차적인 운전수행과 동시에 수행해야 하는 이차과제들에 대한 반응시간을 증가시켰는데(Moskowitz et al., 1976; Smiley et al., 1981), 이러한 결과는 마리화나가 관련된 사고에 운전자의 주의분산이 중요한 요인이라는 것을 시사한다.

알코올 효과와 마리화나 효과가 다르다는 것은 왜 마리화나-관련 교통사고가 상대적으로 더 적은지에 대한 한 가지 이유가 될 것이다. 그러나 이에 대해 다른 설명도 가능하다. 즉 Longo 등(2000a)도 지적하였듯이 마리화나 효과에 대해 실험연구 결과와 통계분석 결과가 서로 다른 것은 이전 연구들이 갖는 연구 방법상의 오류 때문일 수 있다. 예를 들어 많은 연구는 운전자의 혈액이나 소변에 남아 있는 소량의 마리화나 성분에 기초하여 마리화나 사용 여부를 판정하였다. 그러나 마리화나 대사체들이 몸속에 오래 남아 있다는 사실은 사고 당시에는 마리화나의 영향을 받지 않은 상태였던 운전자들도 마리화나 사용 운전자로 분류되도록 했을 가능성이 높다는 것을 시사한다. 이 때문에 운전수행에 대한 마리화나의 정확한 효과를 알아내지 못했을 수도 있다.

Drummer와 동료들(2004)은 10년 동안의 연구를 통해 약물 사용 운전자들이 사망 교통사고에서 가해운전자가 될 수 있는 가능성의 정도를 검토하였다. 이들은 1990년대에 호주의 Victoria주, New South Wales 및 서부 호주의 세 지역에서 교통사고로 사망한 3,398명의 운전자들에 대한 부검 자료를 분석하였다. 이들은 각 운전자들이 사고에 얼마나 책임이 있는지 평정하고, 또한 이와는 독립적으로 약물 사용 여부에 따라 이들을 분류하였는데, 만일 약물을 사용한 경우에는 어떤 약물인지도 기록하였다. Drummer와 동료들은 각각의 약물 유형에 속한 운전자들이 그 사고의 가해 운전자일 수 있는 가능성을 신중하게 계산하였다. 그 결과 알코올과 마리화나를 사용한 운전자는 사고의 가해 운전자일 가능성이 높았을 뿐만 아니라, 섭취량(혹은 흡입량)이 높을수록 그 가능성이 더 높았다. Drummer 등은 마리화나 사용자가 0.5ng/mL 이상의 혈중 농도 THC에서 가해 운전자가 될 승산비는, 음주운전자가 최소한 0.15%의 BAC에서 가해 운전자가 될 승산비와 유사하다고 주장하였다. Drummer 등은 마리화나가 운전수행에 영향을 미치기는 하지만, 그 효과는 오래가지 않는다(그러나 마리화나 대사체는 이것이 주는 손상 효과가 사라진 이후에도 오랜 시간 체내에 남아 있다고 밝혔다). Ramaekers와 동료들(2004)은 통계분석 연구에 대한 개관을 통해 이와 유사한 결론을 도출하였다. 이들은 최근에 마리화나를 사용한 운전자들은 마리화나를 사용하지 않은 운전자에 비해 교통사고가 발생했을 때 가해 운전자가 될 가능성이 3~7배 정도 더 높다는 것에 주목하였다.

이와 유사한 결과가 운전뿐만 아니라 다른 장면에서 발생한 마리화나-관련 상해 사고 연구들에 대한 Macdonald 등(2003)의 광범위한 개관 연구에서 제시되었다. 이 개관 연구에서 Macdonald 등(2003)도 실험실 연구에서의 결과와 통계자료 분석연구 사이의 괴리에 주목하였다. 이 연구자들도 마리화나 사용 집단과 비사용 집단을 비교할 경우 마리화나 사용과 상해 가능성 사이에 연관성이 발견되기는 하지만, 이 두 집단이 마리화나 사용 여부 이외에도 다른 많은 요인, 예를 들어 공격성, 위험감수 성향, 충동성, 스트레스, 그리고 범죄성 등에서 다를 수 있기 때문에 마리화나 사용과 사고 가능성 사이의 관계에 대한 대안적인 설명도 가능하다고 주장하였다. 즉 이러한 특징들은 마리화나 사용 집단에서 더 많이 발견되기 때문에, 이러한 특징이 마리화나 사용 자체보다는 오히려 마리화나 사용과 사고 가능성 사이의 관계를 더 잘 설명할 수도 있다.

마리화나 사용과 사고책임 사이의 관계는 대부분의 통계적 자료가 시사하는 것보다 훨씬 더 강할 수 있다. 마리화나 사용자들에게서 발견되는 이러한 높은 위험성이, 최소한 마리화나 사용과 관련이 깊은 다른 위험감수 행동들에 기인한 것일 수 있다는 주장이 제기되어 왔다. 물론 마리화나 사용자들의 성격 특성이 분명히 사고에 영향을 미쳤을 것이라고 생각할 수도 있지만, 성격 특성만으로 마리화나 사용에 따른 사고 가능성을 설명하기에는 부족하다. 여기에는 몇 가지 이유가 있다. 첫째, Ramaeker 등(2004)이 지적하였듯이 위험 행동과 마리화나 사용 사이의 관계에 대해 (위험하게 행동하는 사람들이 마리화나를 사용할 가능성이 더 높다고 해석할 수도 있지만 이와는 반대로) 마리화나 사용이 위험 행동을 부추겼다고도 해석할 수 있는 것이다. 둘째, 앞에서 언급했던 Drummer 등(2004)의 연구와 같이 사람들의 생활방식 요인들을 모두 통제하더라도 마리화나 사용과 사고에 관련될 가능성 사이의 관계가 여전히 발견된다는 것이다. 마지막으로 만일 충동성이나 무모함과 같은 성격 요인들이 마리화나 사용이나 위험한 행동을 모두 야기한다면, 마리화나 사용과 사고가능성 사이의 관련성은 우리가 관찰한 것보다 더 강해야 할 것이다. 성격 특징은 비교적 오랜 시간에 걸쳐 안정적으로 유지되는 경향이 있기 때문에 과거에 마리화나를 사용할 만큼 충동적이었던 사람은 현재도 충동적이어야 할 것이다. 그러나 최근의 마리화나 사용만이 사고 가능성과 관련이 있다는 증거를 고려하면, 사고 가능성은 (성격 요인보다는) 약물 자체의 향정신적 효과와 관련된다고 해석하는 것이 더 타당한 것으로 보인다.

운전수행에 대한 다른 약물의 효과

지금까지 기술된 것 이외의 몇 가지 다른 약물이 운전에 미치는 효과에 대해서는 간략하게 기술하고자 한다. 어떤 약물은 그것이 갖는 진정 효과에 의해 운전수행에 영향을 미치지만(예를 들어 항정신병제, 항간질제, 바르비튜레이트나 벤조다이아제핀과 같은 신경안정제, 아편제, 그리고 이전에 사용되었던 몇 가지 항히스타민제 등), 다른 약물은 운전자의 기분에 작용함으로써 운전수행에 영향을 미친다(예를 들어 코카인은 공격성을 증가시키고, 암페타민이나 엑스터시는 충동성을 증가시킨다).

신경안정제

신경안정제는 그 자체만으로 운전능력을 손상시킬 가능성이 높다. 바비튜레이트는 복용량에 따라 다르지만 도취감에서 졸림까지 그 효과는 알코올과 유사한데, 개인이 처한 상황에 따라 공격성이나 우울증을 유발하기도 한다. 또한 이 약물의 효과를 느끼기 이전부터 판단력에 손상을 가져온다. 많은 실험 연구에서 바비튜레이트가 단순 혹은 복잡 반응시간 과제의 반응시간을 증가시키고, 표적 탐지를 감소시키며, 운동 제어와 협응을 손상시키고, 실제 상황 혹은 시뮬레이션 상황에서의 운전수행을 저하시킨다(Friedel & Staak, 1993). 벤조다이아제핀계의 몇 가지 약물은 효과가 오래가기 때문에 운전을 해야 하는 다음 날 아침까지 그 효과가 지속될 수 있다. Vingilis과 Macdonald(2002)는 운전에 미치는 벤조다이아제핀의 효과에 대한 연구들을 개관하면서 이 약물이 사고 가능성을 증가시킬 수 있다고 결론지었다. 벤조다이아제핀계 약물 사용 운전자의 사고 가능성은 어떤 유형의 약물을 사용하는지에 따라 다르지만, 대체적으로 이 약물을 사용하지 않는 운전자에 비해 6배 정도 더 높다. 그러나 수행에 미치는 신경안정제의 효과에 대한 대부분의 연구가 젊고 건강한 지원자들을 대상으로 한 번의 복용에 대한 효과를 분석하였다는 점에서 신경안정제의 정확한 효과에 대한 해석이 어려워질 수 있다. 예를 들어 장기간의 약물 복용으로 인해 내성이 생길 수 있기 때문에, 이러한 유형의 연구들은 신경안정제의 수행에 대한 손상 정도를 과대평가할 수 있는 것이다. 그러나 바비튜레이트나 벤조다이아제핀이 알코올과 함께 복용될 경우 이것의 효과는 훨씬 더 증폭될 수 있다. 예를 들어 적은 양의 알코올 혹은 적은 양의 바비튜레이트라 할지라도 이들을 같이 복용할 경우 그 효과는 각각의 약물을 복용한 경우에 비해 훨씬 커지는 것이다.

아편제

아편계의 약물은 모르핀과 같은 도취감을 유발한다. 정제되지 않은 아편은 모르핀이나 코카인을 포함한 다양한 성분을 포함하고 있다. 헤로인은 모르핀의 반합성(semisynthetic) 변형물로 모르핀보다는 세 배 정도 더 강하지만, 그 효과는 유사하다. 메타돈(헤로인 중독자들이 이것을 끊기 위한 대용물로 사용한다)은 모르핀과 같은 진통효과가 있지만, 도취감을 유발하지 않는다. 아편계 약물은 진통제로서 합법적인 의약품이다. 아편계 약물의 효과는 단기적이고(대개 3~5시간), 내성이 빨리 생기기 때문에 금단현상(약물에 대한 갈망으로 인한 "안절부절" 증세, 발한, 불안, 발열, 구토, 경련, 설사 그리고 참기 힘든 통증 등)을 누그러뜨리는데 사용될 수 있다. Vingilis와 Macdonald(2002)에 따르면 소량 혹은 중간 수준의 아편제는 (특히 내성이 생겼을 때는) 수행을 크게 손상시키지는 않는다.

암페타민과 코카인

암페타민과 코카인 같은 흥분제는 이것이 운전자의 성격 특성에 영향을 주기 때문에 운전수행을 크게 손상시킬 수 있다. Vingilis와 Macdonald(2002)는 암페타민이 수행을 손상시킨다는 실험연구는 없다고 하였다(오히려 수행을 향상시킬 수도 있다. Fillmore , Kelly & Martin, 2005). 그러나 Vingilis와 MacDonald는 암페타민을 장기간 복용할 경우 이것이 성격특성에 영향을 미칠 수 있고, 다시 사고 위험성을 증가시킬 수 있다고 주장하였다. 또한 암페타민이 피로를 쫓기 위해 자주 사용되는 것도 문제이다. 코카인은 아주 강력한 중추신경계 흥분제이다. 코카인의 효과는 암페타민의 효과와 유사하지만, 오래 지속되지는 않는다(즉, 암페타민의 효과는 몇 시간 동안 지속될 수 있지만, 코카인은 한 시간 이내에 대사가 될 수 있다).

코카인은 도취감을 만들고, 정신적 각성과 지적 능력을 증가시키며, 안녕감을 준다. 코카인을 복용하면 피로감을 주는 대신 운동 활동은 증가하는 기분이 들게 하지만, 복용량이 많아짐에 따라 협응능력은 급격히 저하된다. 암페타민과 같이 높은 용량의 코카인은 과대망상증을 유발한다. Vingilis와 Macdonald(2002)에 따르면 코카인이 운전수행에 미치는 영향을 살펴본 실험연구나 통계분석 연구는 없다. Macdonald, Mann, Chipman 및 Anglin-Bodrug(2004)도 이와 유사한 주장을 하였다. 그러나 이들은 코카인이 사람의 성격에 영향을 줄 수 있다는 것을 감안하면, 코카인은 운전수행에 간접적으로 영향을 줄 수 있다고 시사하였다. 또한 금단 현상을 보이는 운전자는 제대로 운전할 수 없을 것이다. 코카인은 충동성 수준을 높일 수 있다는 증거도 있다(Moeller et al., 2002).

항우울제

항우울제가 가끔 미약하고 일시적인 진정 효과를 보이기는 하지만, 운전과 관련하여서는 비교적 안전한 것으로 보인다. 이들은 우울증이 없는 사람들에게는 효과가 없기 때문에 남용될 가능성은 없다.

환각제

LSD, 메스칼린(Mescaline), 실로시빈(Psilocybin), 그리고 펜시클라이드(Phencyclid)와 같은 환각제들이 운전에 미치는 효과에 대해서는 연구된 것이 거의 없다. Vingilis와 Macdonald(2002)는 실험실 연구들이 환각제가 수행에 큰 영향을 미친다는 것을 보여주었지만, 이 효과에 대한 통계자료는 거의 없다고 하였다. 심각한 문제 중 하나는 이러한 약물들은 소변검사로 탐지되지 않는다는 점이다. 그러나 이러한 약물을 복용하고 환각과 시간-지각에서의 왜곡을 경험하는 사람들이 운전을 잘 못할 것이라고 충분히 예상할 수 있을 것이다.

결론

알코올이 안전운전에 요구되는 인지적 운동적 수행에 손상을 준다는 것은 분명하다. 마리화나도 마찬가지이다. 벤조다이아제핀계의 신경안정제는 처방된 수준으로 복용한다 하더라도 교통사고의 가능성을 증가시키지만, 그러한 효과는 내성이 생기고 있는 처음의 몇 주 동안만 그렇다. 현재로서는 암페타민, 코카인, 그리고 아편제 등이 교통사고에 어떠한 영향을 미치는지 연구하기에는 그 표본 수가 너무 작다. 그러나 일반인들이 불법 약물을 사용하는 경우도 점점 많아지고 있고, 그 추세도 매우 급격하다는 점을 고려하면, 이것은 달라질 것이다.

알코올이 매우 흔한 약물이라는 것과 이것이 행동에 미치는 효과를 고려하면, 알코올은 약물 중에서 도로 안전에 가장 큰 위협이라고 할 수 있다. 알코올은 다른 말이 필요없는 교통사고의 주범이다. 실험 연구의 경우 도로 여건이나 교통 혼잡도와 같은 요인들, 그리고 연구방법에서의 차이 때문에 알코올이 교통사고에 얼마나 영향을 줄 것인지에 대한 추정은 연구들에 따라 매우 다르다. 그러나 통계분석 연구들은 중간 수준의 알코올 농도(영국이나 미국에서의 음주운전에 대한 법적 기준 수준이나 그 이하)에서도 사고 가능성을 증가시키고, 알코올 섭취량이 높아질 경우 사고 가능성이 훨씬 더 높아진다는 것을 예외없이 보여주고 있다.

마리화나와 같은 다른 약물들이 사고가능성에 어떤 영향을 미치는지 평가하는 것은 쉽지 않다. 그 이유 중 하나는 이러한 약물들이 알코올만큼 많이 사용되는 것이 아니기 때문이다. 또한 마리화나와 같은 다른 약물들은 알코올과 함께 복용되는 경우가 많기 때문에, 수행 손상이 전적으로 약물에 의한 것이라고 말하기도 어렵다. 그러나 이미 살펴보았듯이 알코올은 운전에 특히 좋지 않은 영향을 준다. 알코올은 운전자의 인지적/운동적 수행을 손상시킬 뿐만 아니라, 운전자의 판단능력을 저하시키고, 위험을 감수하고자 하는 성향을 증가시킨다. 운전에서 위험감수 성향이 높은 젊은 남성 운전자들의 알코올 남용 증가 추세를 고려하면, 알코올이 위험감수 성향을 증가시키는 특징은 특히 더 심각한 문제이다. 알코올에 비해 다른 약물들을 복용하고 운전하는 경우가 훨씬 더 드물다는 점을 고려하면, 알코올과 다른 약물이 교통사고에 미치는 영향을 동일한 기준으로 비교하기 어려울 것이다. 다만, 다른 약물들이 교통사고에 미치는 영향은 알코올의 그것과는 다른 것으로 보이는데, 그 이유 중 하나는 다른 약물들은 (알코올과 유사한 진정 효과가 있는 벤조다이아제핀과 같은 약물도) 알코올과는 달리 자신의 역량에 대한 운전자들의 지각을 왜곡하지는 않기 때문이다.

한 가지 문제는 어떻게 약물복용 운전을 막을 수 있을 것인가이다. 이에 대한 적발과 처벌이 효과적인 방법이긴 하겠지만, 알코올과 달리 어떤 약물들은 복용사실이 잘 탐지되지 않는다. 미국의 몇 개 주에서는 약물 복용 운전을 "약물에 의한 운전손상"의 관점에서 정의하지 않는다. 대신 운전자에 대한 혈액검사나 소변검사에서 "약물의 대사 흔적이 나타나는지의 여부"로 정의하는 법을 도입하였다. 이러한 법의 도입으로 운전자가 손상되었다는 것을 검찰이 더 이상 증명하지 않아도 되기 때문에(즉 혈액 속의 알코올 농도 수치만 수집하면 되었다), 알코올 남용과 관련된 도로 안전 문제를 해결하는데 하나의 획기적인 계기가 되었다. 그러나 마리화나의 경우 소량의 흡입에 대해서도 몇 개월 이후까지 탐지가 가능하기 때문에 알코올의 경우와는 달리 이 약물이 체내에 남아 있다는 것과 운전수행 손상 사이의 관계가 그렇게 명확한 것은 아니다. 많은 약물사용 찬성 단체는 마리화나가 운전을 심각하게 손상시킨다는 증거가 부족하고(우리가 알아보았듯이 이 주장은 틀린 것이다), 약물 검사를 받을 당시는 운전자의 수행이 손상되지 않았을 수도 있다는 이유 등을 들어, 운전자의 마리화나 사용에 대해 기계적으로 법률을 적용하여 처벌하는 것은 부당하다고 항변하고 있다. 영국 자동차 협회가 후원하여 1997년에 개최된 약물과 운전에 대한 한 세미나에서는 운전자의 손상 정도를 측정하기 위한 한 가지 방법으로 경찰관이 노변에서 운전자의 손상 상태를 직접 검사할 수 있는 방안을 제안하였다. 이것은 운전자가 운전에 적합한지의 여부를 컴퓨터-기반 장비를 이용하여 간단하게 측정할 수 있는 형태가 될 것이다. 이러한 방법을 통해 약물 사용, 연령 혹은 좋지 못한 건강과 같이 운전자의 운전수행을 손상시킬 수 있는 모든 요인이 고려될 수 있다는 것도 한 가지 장점이라고 언급되었다. 그러나 아쉽게도 그러한 검사가 가까운 장래에 시행될 것 같지는 않다.

CHAPTER 8

연령과 운전

고령 운전자는 얼마나 위험한가?

운전수행이 연령에 의해 얼마나 영향을 받는가? 흔히 고령 운전자는 느리고, 능숙하지 못하며, 위험하게 운전한다고 생각한다. 이것은 시속 60마일로 제한된 텅 빈 도로에서 시속 20마일로 고령 운전자의 뒤를 따라가는 젊은 운전자의 "치밀어오르는 분노"와 고령 운전자가 고속도로를 역주행하였다거나 혹은 좋지 못한 시력 때문에 버스와 충돌하였다는 것과 같은 뉴스를 종종 접하게 되면서 굳어진 생각일 것이다. 고령 운전자들이 "무능력하게" 보이는 이유를 물어보면, 대부분의 사람들은 아마 좋지 못한 시력 때문이라고 말할 것이다. 그러나 65세 이상의 고령 운전자에 대한 이러한 생각은 완전히 잘못된 것이다.

위험성에 미치는 연령의 효과에 대한 연구

고령 운전자들이 유의하게 사고가능성이 높은지의 여부를 평가하는 것은 매우 어려운 일이다. 5장에서도 기술하였듯이, 연령과 교통사고 사망자 수의 관계는 U자 형태를 보인다. 즉 교통사고 사망자 수는 25세 이하의 운전자에서 가장 높다가 중년의 나이까지 점차 감소한 후, 65세 이상의 운전자에서 다시 증가한다(Evans, 1991; Sjögren, Bjömstig, Eriksson, & Öström, 1996). Preusser, Williams, Ferguson, Ulmer 및 Weinstein(1998)은 고령 운전자가 사망 교통사고에 관련될 가능성을 계산한 후, 이것을 40~49세 사이의 운전자 집단과 비교하였다. 이 연구자들은 미국 고속도로 안전국(National Highway Traffic Safety Administration: NHTSA)의 사망분석 보고시스템(Fatality Analysis Reporting System: FARS)을 이용하여 자료를 수집하였다(이 시스템은 미국에서 발생한 사망 교통사고에 대한 매우 상세한 자료를 제공해 주고 있다).

그러나 고령 운전자들의 사고 위험성에 대한 정확한 추정치는 측정방법 뿐만 아니라, 다른 많은 요인들에 의해 달라질 수 있다. 한 가지 문제는 자료에서의 편파 가능성이다. 허위 보고의 가능성, 즉 사고가 가져올 수 있는 결과는 고령 운전자들에게 더 심각할 수 있다. 고령 운전자들은 신체적으로 취약하기 때문에 사고를 당할 경우 젊은 운전자들에 비해 사망이나 상해의 가능성이 더 높기 때문이다(Barr, 1991; Evans, 1988; Mackay, 1988; Sjögren et al., 1996). 이 때문에 고령 운전자가 관련된 교통사고는 관계기관(혹은 보험사)의 주의를 더 많이 받을 것이고, 젊은 운전자가 관련된 교통사고에 비해 사고 데이터베이스에 그 자료가 입력될 가능성이 더 높을 것이다.

교통사고 자료를 해석할 때의 가장 큰 문제는 운전의 위험에 노출되는 정도가 연령에 따라 크게 다르다는 점이다. 고령 운전자 집단은 젊은 운전자 집단에 비해 사고수도 적고, 교통법규도 잘 위반하지 않는다(Evans, 1988). 그러나 사고 통계치는 각 연령 집단에 속한 운전자의 수나, 운전빈도 수 등은 고려하지 않는다. 젊은 운전자에 비해 고령 운전자의 수가 더 적거나 이들이 더 적게 운전한다면, 운전과 관련된 위험요소에 대한 고령 운전자의 노출 정도를 낮출 것이기 때문에, 이러한 요인들만으로도 고령 운전자의 위험 정도가 더 낮은 것처럼 보이게 할 수 있다. 즉 운전을 많이 하지 않는다면, 교통사고의 가능성도 그만큼 줄어드는 것이다. 대부분의 국가가 운전자들에 대한 상세한 자료를 갖고 있지 않지만, 이러한 자료들은 교통사고 통계 자료를 해석할 때 매우 중요한 정보이다. 정확한 자료가 부족하기는 하지만, 많은 연구에서 고령 운전자들이 덜 운전하고, 안전한 운전 조건에서 혼잡한 시간대를 피해 주간에, 그리고 익숙한 지역을 주로 운전하는 경향이 있다는 것을 보여 주고 있다. 따라서 운전능력과는 완전히 별개로 고령 운전자들이 위험한 교통 상황에 덜 노출된다는 이유만으로 이들은 젊은 운전자들에 비해 교통사고의 인구 더 적을 것이라고 충분히 기대할 수 있는 것이다. 또 정반대로, 고령 운전자들이 비교적 안전한 운전 상황에서만 운전하려는 경향에도 불구하고 이들의 사고수가 더 많다면, 이것은 교통사고 통계치가 제시하는 것보다 이들의 사고가능성이 실제로는 더 높다는 것을 시사한다.

노출 정도를 감안하면서 고령 운전자의 사고가능성을 평가하고자 하는 다양한 노력이 시도되어 왔다. 고령 운전자가 심각한 혹은 사망에 이른 교통사고와 관련되는 정도를 살펴보기 위해, Evans(1988)는 미국의 교통연구(Nationwide Transportation Study) 자료와 FARS의 자료를 모두 분석하였다. 그 결과 65세 이상의 고령 운전자들은 20세의 젊은 운전자에 비해 사고수가 더 적었으나, 40세의 운전자와 비교할 경우 운전 거리당 33%(65세 이상의 여성 운전자의 경우는 77%) 더 많이 사망 교통사고를 당한 것으로 밝혀졌다. 이것은 교통 노출정도를 고려할 경우, 교통사고의 가능성은 연령에 따라 (특히 여성의 경우에 더 많이) 증가하였다는 것을 시사한다.

Verhaegen(1995)은 운전자의 연령과 관련하여, 1990년에 벨기에에서 발생한 중상 혹은 사망 교통사고 자료를 보고하였다. 통계 자료들은 미국이나 영국과 유사한 양상을 보여주었는데, 자동차 사고로 인한 사망자 수는 20~24세 사이에 정점에 이르렀다가, 연령이 더 증가함에 따라 점차적으로 감소하였다. 각 연령 집단에 따른 교통사고 위험성을 좀 더 정확하게 비교하기 위해 Verhaegen은 차대

차 사고에 대한 보험회사의 자료를 분석하였다. 대부분의 차대차 사고는 한 운전자의 과오에 의한 것이었다. 각 연령 집단에서 보이는 대표적인 차대차 사례를 모아, 각 연령 집단에서 사고 책임이 있는 운전자들의 수를 피해운전자의 수로 나눔으로써 각 집단의 **관여율**(*over-involvement ratio*)[1]을 계산하였다. Verhaegen, Toebat 및 Delbeke(1988)는 660건의 중상 교통사고를 분석하였다. 그 결과, 대부분의 연령 집단에서 운전자들이 가해 운전자 혹은 피해 운전자가 될 가능성이 유사하였으나, 60세 이상의 운전자는 젊은 운전자에 비해 차대차 사고에서 가해 운전자가 될 가능성이 두 배 이상 높았다.

1989~1991년까지, Verhaegen은 2,400건의 교통사고 자료를 통해 좀 더 큰 표본 수를 가지고 이 연구를 반복해 보았다. 첫 번째 연구에서와 같이, 관여율에서 연령 효과가 관찰되었다. 다시 말해 60세 이상의 운전자들 23~49세의 운전자들에 비해 가해 운전자가 될 가능성이 더 높았다. 그러나 Verhaegen이 지적하였듯이 고령 운전자들은 사고율이 그렇게 높지 않았다. 즉, 50세 이상의 운전자들은 전체 교통사고의 20%와 관련되지만, 이 중 10%의 사고에서만 가해 운전자였다.

최근에 연구자들은 연령과 사고 관련성 사이의 그 유명한 U자형 관계에 대해 의문을 제기하였다. Li, Braver 및 Chen(2003)은 각 연령 집단의 위험 노출 정도(운전거리당 사고 수)와 사고가 발생했을 때 사망할 취약성의 상대적 영향을 살펴본 후, 사망 취약성이 고령 운전자들의 외견상 증가한 교통사고 사망률에 가장 큰 영향을 미친다고 결론지었다(사망 취약성은 65세 이후부터 증가하였다). Hakamies-Blomqvist, Raitenan 및 O' Neill(2002)은 고령 운전자들의 외견상 증가한 사고율은 노출 정도가 어떻게 계산되는지에 따라 달라진다고 주장하였다. 이들은 연간 주행 거리를 동일하게 보정할 경우 고령 운전자의 사고율은 중년 운전자에 비해 결코 높지 않다고 주장하였다. Hakamies-Blomqvist와 동료들은 연령과 상관없이 연간 주행거리가 짧은 집단과 긴 집단 사이의 모든 비교에서 전자

---

1. 일종의 승산비라고 생각하면 된다.

의 집단이 후자의 집단보다 주행거리당 사고율이 더 높게 나타난다고 주장하였다. 그 이유는 주행거리가 긴 집단은 일반적으로 높은 속도로 운전함으로써 주행거리가 증가한 것인데, 주행거리당 사고율을 계산할 때는 이 사실이 간과되기 때문이다. 고속도로에서는 모든 운전자들이 한 방향으로 운전하고, 운전자끼리 갈등을 일으킬 수 있는 교차로가 거의 없기 때문에, 빠른 속도로 운전함에도 불구하고 고속도로는 더 안전한 도로이다. 따라서 주행거리가 긴 운전자들은 사고없이 운전한 주행거리가 상대적으로 더 길 것이고, 이에 따라 주행거리당 사고율이 낮아진 것이다. 이와는 대조적으로 주행거리가 짧은 운전자들은 사고가능성이 더 높은 복잡한 도로(예를 들어 교차로가 많은 도심의 도로)를 주로 주행하였을 것이다. 그러나 앞에서도 지적하였듯이, 고령 운전자들은 더 안전한 조건(즉 익숙한 지역에서 주간에)에서 운전하고자 하는 경향 때문에 이러한 높은 사고가능성이 어느 정도 상쇄되었을 것이다. 분명히 노출 정도를 고려하는 것은 사고율 분석을 더 복잡하게 한다. 그러나 어찌 되었건 고령 운전자들의 높은 사고율은 과대추정된 것으로 보인다.

고령 운전자의 사고 유형

앞에서 살펴 보았듯이, 고령 운전자들이 중년의 운전자들에 비해 사고율이 더 높다는 것에 대한 증거들이 놀라울 정도로 거의 없다는 것은 분명해 보인다. 그러나 고령 운전자들은 다른 연령 집단의 사고 유형과는 다른 사고 유형에 더 많이 관련되는 것으로 보인다. 일련의 논문들을 통해 Hakarnies-Blomqvist(1994, 1996)는 젊은 운전자들에 비해 고령 운전자들은 운전 속도가 원인이 된 사고와 덜 관련되고, 교통법규를 위반하는 행위(난폭운전이나 음주운전)는 거의 하지 않는다고 주장하였다. 고령 운전자들은 젊은 혹은 중년의 운전자들에 비해 단독 차량 사고의 빈도는 더 낮은 대신 두 대의 차량이 포함된 사고(충돌 사고)의 빈도는 더 높다. 사고가 발생할 경우, 고령 운전자에게 사고의 책임 가능성이 더 높고, 다른 차량에게 충돌당하는 경우가 더 많다. 고령 운전자들은 도로 표지에 주의를 제대를 기울이지 않거나, 다른 차량 운전자에게 우선권 주는 것을 실패하거나, 혹은 회전을 적절하게 하지 못해 발생한 사고나 법규위반에 더 많이 관련된다.

고령 운전자들의 사고는 주로 교차로에서 발생한다. Keltner과 Johnson(1987)에 따르면, 고령 운전자에게서 가장 빈번하게 나타나는 사고 유형은 우선권 부여 위반(우선권 부여 위반은 50세 이후부터 점차적으로 증가한다)과 회전에서의 부적절함(회전 위반은 65세 이후부터 증가한다) 때문에 발생한다. 일단 멈춤 위반은 연령에 따라 U자 형태를 보이는데, 20~35세까지는 감소하다가, 60세 이후로 다시 증가한다. 속도위반은 연령의 증가에 따라 선형적으로, 그러나 급격하게 감소한다.

후속 연구들도 이러한 발견을 다시 확인하였다. Hakarnies-Blornqvist는 핀란드에서는 교차로나 이와 유사한 도로 상황에서 여성 운전자의 경우는 55세 이후부터, 그리고 남성 운전자의 경우는 65세 이상부터 사고가 증가하지만, 정면충돌 사고 혹은 추돌 사고는 감소한다고 보고하였다. 핀란드 운전자들은 좌회전할 때 특히 더 많은 어려움을 겪는 것으로 보인다. 즉 운전자의 41%는 좌회전할 때, 6%는 우회전할 때 사고를 일으킨다. 핀란드에서는 차량들이 (우리나라와 같은) 우측통행이기 때문에 고령 운전자들은 좌회전할 때 양쪽 방향에서 접근하는 차량과의 적당한 간격을 찾아 회전에 필요한 조작을 하는 데에 어려움을 겪는 것으로 나타났다.

앞에서 기술한 Verhaegen의 두 연구에서는 연령 집단에 따라 사고의 유형에서 차이가 있는지 비교되었다. 1988년 연구에서 Verhaegen는 49명의 고령 운전자들(60세 이상)과 이보다 젊은 82명의 운전자들(30~39세 사이)이 교통사고 유형에 대해 비교되었는데, 30대 연령의 운전자들에 비해 고령 운전자들은 좌회전할 때 접근하는 차량과의 충돌이 더 많았다(이 사고 유형은 고령 운전자의 전체 사고 중 16%를 차지하는데 반해, 30대 운전자들의 전체 교통사고에 대해서는 단지 1%에 해당하는 것이었다). 이와는 대조적으로 30대 운전자들은 선행차량에 너무 접근하여 운전하는 것에 기인한 선행차량과의 추돌 사고(30대 운전자들에 대해서는 34%, 고령 운전자들에 대해서는 18%), 추월하는 도중 다른 차량과의 충돌 사고(30대 운전자들에 대해서는 11%, 고령 운전자들에 대해서는 0%), 그리고 중앙선 침범으로 인한 정면충돌 사고(30대 운전자들에 대해서는 15%, 고령 운전자들에 대해서는 4%) 등이 더 많았다. Verhaegen는 "고령 운전자에게서 발생하는 사고는 주로 지각이나 의사결정에서의 문제 때문에 주로 발생하는 반면, 젊은 운전자의 사고는 과도한 운전속도나 위험 감수 때문에 발생한다"고 결론지었다.

Verhaegen의 대규모 연구의 전반적인 결과는 한마디로 요약될 수 있을 만큼 그렇게 분명한 것은 아니다. 젊은 운전자와 고령 운전자가 책임이 있는 사고에서 차이가 있는 사고유형은 네 가지였다. 선행차량에 너무 접근하여 발생한 추돌사고의 경우 18~22세 운전자들은 피해 운전자라기보다는 가해 운전자가 될 가능성이 훨씬 높은데 반해, 다른 연령 집단의 운전자들에서는 가해 사고의 수와 피해 사고의 수에서 유의한 차이가 발견되지 않았다. 좌회전할 때 접근 차량과 충돌하는 사고에 대해서는, 23~29세 사이의 운전자들이 그 사고의 피해 운전자일 가능성이 더 높았던 반면, 60세 이상의 운전자들은 가해 운전자일 가능성이 더 높았다. 교차로로 진입할 때 우선권을 갖고 있는 다른 차량에 우선권을 주지 않아 발생한 사고의 경우, 23~29세의 운전자들과 30~49세의 운전자들은 피해 운전자가 될 가능성이 더 높았다. Verhaegen이 지적하였듯이, 이러한 몇 가지 차이만 가지고 교통사고 책임에 대한 관여율에서 연령 차이가 있다고 결론짓기는 어렵다. 그러나 23~49세 사이의 운전자 집단과 50세 이상의 운전자 집단의 관여율을 비교해 보면, 이 연구에서 비교된 10개의 사고 유형들 중 9개에서 50세 이상의 운전자 집단의 관여율이 더 높았다. 즉, 이 연령집단의 운전자들은 사고에서 피해 운전자라기보다는 가해 운전자가 될 가능성이 더 높았다. 사고가 발생하면, 거의 대부분의 경우 고령 운전자들에게 책임이 있을 가능성이 더 높다.

Preusser 등(1998)의 연구도 사고유형에 따라 사고가능성도 많이 달라진다는 것을 발견하였다. 65세 이상부터 운전자들은 주간에 교차로에서 발생하는 사고와 관련될 가능성이 증가하고, 또한 그러한 사고의 가해 운전자가 될 가능성도 증가한다. 65~69세 사이의 운전자들은 40대의 운전자들에 비해 교차로에서 발생하는 사고에 관련될 가능성이 2.26배 더 높고, 이를 제외한 다른 모든 사고에 대해서는 1.29배 더 높다. 연령이 증가함에 따라 상대적 사고가능성도 증가하여, 85세 이상의 운전자들은 40대 운전자들에 비해 교차로에서의 사고가능성이 10.62배, 이를 제외한 다른 모든 사고에 대해서는 3.74배 더 높았다. 고령 운전자들의 이러한 사고가능성은 도로표지가 없는 지역이나 "멈춤" 표지가 있는 지역에서, 직진 중이거나 교차로로 진입할 때, 그리고 다른 운전자에게 우선권을 주지 않은 경우에 더 높았다.

Preusser와 동료들은 고령 운전자들이 범한 모든 사고들에 대한 상세한 분석을 실시하였다. 대부분의 사고는 네 가지 유형으로 범주화할 수 있었다. 가장 흔한 유형은 도로표지를 무시하여 발생한 것이었다(교통신호나 교통표지 준수 위반 사고). 예를 들어 "멈춤" 표지가 있을 경우, 운전자는 자동차를 멈추고, 잠시 대기하면서 우선권을 갖는 다른 차량에게 통행을 양보해야 하는데, 이것을 무시하고 진행하다가 다른 차량과 충돌하는 경우이다. 이러한 사고유형에는 운전자가 다른 차량에 대한 우선권을 무시한 채 좌회전하다가 접근하던 다른 차량과 충돌하는 경우가 포함된다. 다음 사고유형의 범주는 운전자의 차량이 주행 도로에서 이탈하여 발생하는 사고이다(도로 이탈 사고). 이러한 유형의 사고는 운전자 차량이 도로를 벗어나 다른 차량(혹은 주차되어 있던 차량)과 충돌하는 경우에 포함된다. 세 번째 유형은 반대 방향에서 접근하는 차량과 정면으로 충돌하거나 혹은 충돌을 피하려다가 차량 측면이 부딪히는 경우이다(정면충돌 사고). 네 번째 유형의 사고는 선행 차량이 정지하고 있거나, 정지 중이거나 혹은 막 출발하는 순간 뒷차량에 의해 추돌되는 사고(추돌사고)이다.

65~69세 운전자, 그리고 70~74세 운전자의 충돌 유형 분포는 40대 운전자들의 그것과 유사하다. 그러나 74세 이상 운전자들의 교통신호 및 교통표지 준수 위반 사고에 의한 사망률은 이들의 전체 교통사고 사망률의 50%를 넘지만, 도로 이탈 사고와 정면충돌 사고는 이 연령대부터 감소한다.

65세 이상의 운전자들이 교통신호나 교통표지 준수 위반에 의한 사고로 사망하는 비율 중 80%는 교차로에서 발생하고, 나머지는 도로 입출구나 주택가에서 큰 도로로 진입하는 지점에서 발생한다. 만일 이 운전자들이 우선권 준수를 무시하여 발생한 교차로 사고만 고려하면 이 비율은 더 증가한다. 40대의 운전자들에 비해 65~69세의 운전자들이 이러한 유형의 사고에 관련될 가능성이 두 배 이상 높고, 85세 이상의 운전자들은 무려 33.71배 더 높다. 40대 운전자 194명 중 18%만이 교통신호나 교통표지 준수 위반에 의한 사고에 관련될 경우 가해 운전자로 판정되었다. 85세 이상의 522명의 운전자들 중 이러한 사고에서 가해 운전자가 될 가능성은 88%였다. 교통신호나 교통표지 준수 위반에 의한 사고에서 충돌의 영향을 받는 쪽은 고령 운전자일 가능성이 더 높다. 사고가 발생했을 때, 고령 운전자들의 차량은 좌측이 부딪힐 가능성이 더 높은데, 그것은 대부분의 교차로에서 이 부분이 가장 많이 위험에 노출되기 때문이다.

Preusser의 자료는 고령 운전자들이 교차로를 횡단하거나 교차로에서 회전할 때, 주택가 도로나 다른 도로에 진입하거나 진출할 때 특히 더 많은 어려움을 경험한다고 주장하였다. 교통신호나 교통표지 준수 위반에 의한 사고는 고령 운전자들에게서 가장 빈번하게 일어나는 사고 유형인데, 75세 이상의 고령 운전자의 경우 이 사고에 의한 사망률은 전체 사망 교통사고의 반 이상을 차지한다.

고령 운전자가 교차로에서 경험하는 가장 큰 문제는 좌회전(영국에서는 우회전)이다. 교차로에서 발생한 좌회전 사고는 40대 운전자들의 경우 7% 정도이지만, 75세 이상의 고령 운전자인 경우 거의 40%에 이른다. 그러나 Preusser와 동료들은 고령 운전자들이 겪는 가장 큰 문제는 교차로를 직진하여 횡단하는 것이라 말한다. 이 지점에서 고령 운전자들은 좌측으로부터 접근하던 차량에 부딪히는 경우가 많은데, 그것은 교차로로 나올 때 좌측이 긴급한 위협에 가장 먼저 노출되기 때문이다. 이와는 대조적으로 우측에서 접근하던 차량에 부딪히는 경우는 많지 않은데, 그 이유는 우측에서 접근하는 차량은 충돌 회피를 위한 행동을 취하는 데 약간 더 많은 시간을 가질 수 있기 때문일 것이다. 또한 차량의 우측이 부딪힌 사고는 좌측이 부딪힌 사고에 비해 신체 손상의 정도도 더 낮다.

Daigneault, Joly 및 Frigon(2002)은 퀘벡시에 거주하는 426,000명의 60세 이

상 운전자들의 사고기록을 검토하였다. 이들은 Reason 등의 개념(5장 참조)을 사용하여, 연령이 증가하면서 위반에 의한 충돌은 감소하지만, 오류에 의한 사고는 꾸준히 증가한다고 결론지었다. 고령 운전자들이 과속이나 추월, 혹은 차량통제 상실에 의한 교통사고의 수가 적다는 것을 감안하면, 젊은 운전자들에 비해 이들의 위험 감수 행동은 더 적은 것으로 보인다. 그러나 고령 운전자들은 교차로에서 다른 차량과의 상호작용이 요구되는 상황에서는 더 많은 어려움을 경험한다.

모든 고령 운전자들의 사고가능성이 높은가?

지금까지 기술한 연구들은 고령 운전자들의 운전능력에 대해 너무 부정적인 결과만을 보여주었으나 연령 증가와 관련된 긍정적인 측면도 있다. Hakamies-Blomqvist(1996)는 대부분의 사고(특히, 충돌사고)가 양측 운전자의 행동에 모두 영향을 받는다고 주장하였다. 고령 운전자의 느리고 조심스러운 운전 스타일은 상대방 운전자로 하여금 자신의 실수로부터 회복하는 데 더 많은 시간을 줄 수 있기 때문에, 상대방 운전자들이 법적으로 사고를 책임지는 것을 막을 수 있다.

앞서 언급하였듯이, 고령 운전자들은 자신이 가능하다고 생각되는 상황으로 운전을 제한하고, 야간이나 좋지 않은 날씨와 같은 어려운 운전 조건은 피하는 경향을 보인다(Hakamies-Blomqvist, 1994). 통계자료는 고령 운전자들이 젊은 운전자에 비해 위험을 감수하려 하지 않고, 다른 연령집단에 비해 음주나 약물을 복용한 상태에서의 운전은 자제한다는 것을 보여준다(Hakamies-Blomqvist, 1994). 이들은 또한 더 느리게 운전한다(Chipman, MacGregor, Smiley, & Lee-Gosselin, 1993).

Hakamies-Blomqvist(1996)가 지적하였듯이, 연령 그 자체만으로 운전수행을 예측하기 어렵다. 물론 연령 증가에 따른 건강 문제들(안질환이나 치매 등)이 고령 운전자들의 운전에 영향을 줄 수도 있겠지만, 정상적인 노화(단지 생활연령이 증가하는 것)가 운전수행을 심각하게 저하시키는지는 매우 불확실하다. 많은 고령 운전자들은 무사고 기록을 갖고 있다(Evans, 1991). 아마도 충돌 위험성이 높은 일부 운전자 집단이 전체 연령집단의 평균적인 사고가능성을 증가시키는 것으로 보인다(Ball, Owlsey, Stalvey, Roenker, Sloane, & Graves, 1998).

또한 연령 효과와 동시대출생 효과(cohort effect)도 구분해야 한다(Evans, 1993; Hakamies-Blornqvist, 1996). 동시대출생 효과는 횡단적 연구 설계(동일한 시점에서 서로 다른 연령 집단 사이의 차이를 살펴보는 것)를 사용하는 연구들은 모두 경험하는 문제이다. 따라서 두 연령 집단 사이에서 관찰되는 차이는 생활 연령에서의 차이 때문이기도 하고, 상이한 생활 경험(두 집단이 서로 다른 시점에 출생했기 때문에 이들이 각각 경험하는 것도 서로 달랐을 것이다) 때문이기도 할 것이다. 오늘날의 20세 운전자와 70세 운전자의 운전수행에서 어떤 차이가 발견되었다고 가정해 보자. 이 차이는 연령과 관련된 인지 기능 때문에 발생한 차이일 수 있다. 그러나 이와 마찬가지로, 70세 운전자가 운전면허 취득기준이나 운전 조건이 오늘날과는 매우 달랐던 오래 전에 운전을 배웠기 때문에 발생한 것일 수도 있는 것이다.

Rumar(1986)는 연령 증가에 따른 운전수행에서의 저하를 고려하면, 연령 증가에 따른 사고가능성은 실제보다 훨씬 더 높을 것이라고 생각하였다. 물론, 고령 운전자들이 운전수행에서의 문제를 자각하고 위험한 운전 상황을 피하는 경향이 있기 때문에 교통 사고율은 예상하는 것보다 더 낮을 수도 있다. 그러나 고령 운전자들이 위험한 운전 상황을 모두, 그리고 항상 피할 수 있는 것은 아니기 때문에 이러한 경향에도 불구하고 사고율은 더 높아질 수 있는 것이다.

고령 운전자들은 젊은 운전자들에 비해 몇 가지 장점이 있다. 젊은 운전자에 비해 이들은 경험이 많고, 원숙하며, 운전을 해야 하는 거리가 짧고, 더 안전하다고 생각되는 시간이나 장소에서 운전하고자 하는 것이다. 그러나 75세나 80세를 넘어가면, 교차로에서 다른 차량들과의 역동적이고 복잡한 상호작용의 증가에 의해 이러한 장점들은 상쇄되어 버린다(Preusser et al., 1998).

왜 고령 운전자들의 사고가능성이 높은가?

고령 운전자들이 다른 운전자들에 비해 특정 유형의 사고에 관련될 가능성이 더 많다고 하는 것과, 왜 그런지에 대한 것은 전혀 별개의 문제이다. Rasmussen(1983, 1986)의 운전기술에 대한 위계적 분류에 따라 Hakamies-Blomqvist(1996)는 모든 요소들(지각, 주의, 운동적 수행, 자신의 운전조작을 계획하고, 다른 도로 사용자들의 행동을 예측하는 것과 같은 전술적 기술 등)에서 심각한 문제를 갖고 있다고 지적하였다. 연령이 증가함에 따라 감각, 운동, 그리고 정보 처리 능력의 거의 모든 측면에서 변화가 발생한다. 이러한 모든 변화들은 그 자체만으로 혹은 다른 변화들과 결합되어 운전수행에 영향을 미칠 수 있고, 이에 따라 사고가능성도 달라질 수 있다.

운동통제

운전통제가 느리게 이루어질수록 고령 운전자들이 교차로에서 많이 경험하는 사고의 가능성은 더 증가한다. 주요 도로로 진입할 때 운전자들은 차량을 통제함과 동시에 교통 상황에 따라 빠르게 판단해야 한다. 차량을 통제하는 데 시간이 더 소요된다면, 차량들의 흐름 속에서 고령 운전자가 안전하게 교차로에 진입하기에는 시간이 부족할 것이다. 숙련된 운전자들은 차량 통제와 관련된 다양한 조작들을 동시에 수행할 수 있다(예를 들어 조향과 기어변속을 동시에 수행할 수 있다). Hakamies-Blomqvist(1994)는 고령 운전자들이 처리 부담을 줄이기 위해 차량 통제와 관련된 조작들을 계열적으로 수행할 것이고, 이 때문에 교차로에서 요구되는 복잡한 차량 통제 조작의 전체 시간은 더 증가할 것이라고 생각하였다.

지각(감각) 문제들

운전자의 연령이 증가함에 따라 시각적 능력이 저하되는 것은 매우 흔한 일이다(2장 참조). 이것은 그 이유를 두 가지로 들 수 있다. 하나는 연령 증가에 따른 시각 능력에서의 정상적인 저하 때문인데, 이것은 거의 모든 사람에게서 나타난다.

다른 하나는 시각 능력에서의 병리적인 문제로 이것은 일부의 사람들에게서만 나타난다. 자연적인 시각 능력 저하는 망막에서의 변화와 안구 수정체에서의 변화 때문에 발생한다(Scialfa, 2002). 망막상에서의 변화는 시각 체계가 주변 조도에 반응하는 능력을 저하시키는데, 이 때문에 고령 운전자들은 마주 오는 차량의 헤드라이트에 의해 눈부심을 자주 경험하게 된다. 수정체의 변화로는 수정체가 두꺼워지거나, 황색으로 변화되거나, 혹은 수정체의 탄력성이 저하되는 문제가 포함된다. 이 때문에 망막에 도달하는 빛의 양이 줄어들고, 45세 이상인 사람들이 많이 경험하는 **원시**(*presbyopia*, 즉 가까이에 있는 물체에 초점을 맞추는 것이 더 어려워지는 것)가 나타난다(2장 참조). 그러나 실제 운전의 경우 원시는 큰 문제가 되지 않는다. 왜냐하면 원시가 되었어도 멀리 있는 도로표지이나 도로명 등은 잘 볼 수 있기 때문이다. 연령의 증가에 따라 가용한 시각장(즉 볼 수 있는 시각 영역)도 어느 정도 줄어든다.

운전하는데 심각한 위협이 되거나 고령 운전자들에게서 많이 찾아볼 수 있는 병리적 변화는 녹내장(glaucoma), 당뇨망막병증(diabetic retinopathy), 백내장(cataracts), 그리고 뇌졸중으로 인한 시각장 손상 등이 포함된다. 녹내장과 당뇨망막병증에 의해 주변시가 상실될 수 있고, 백내장은 이미지에 대한 초점 맞추기를 어렵게 하기 때문에, 대비민감도가 저하되고, 대상에 대한 상세한 분석(특히 높은 공간빈도를 갖는 대상, 2장 참조)이 어려워진다. 뇌졸중에 의해 발생할 수 있는 시각장 축소는 전체 시각장의 반이 상실되는 반맹(hemianopia)이나 주변 영역을 부분적으로 볼 수 없는 증상으로 나타난다. 그러나 상실되는 시각장 영역이 크지 않을 경우 이 증상이 있는 사람도 그것을 전혀 자각하지 못할 수 있다.

시각 능력을 평가하는 방법들은 많이 있고, 이러한 시각 능력이 교통사고와 어떠한 관련이 있는지 알아보고자 시도한 연구들은 매우 많다. 가장 흔한 시력 측정치는 전통적인 Snellen 시력검사 차트를 이용해 측정한 정적 시력이다(2장 참조). Davison과 Irving(1980)은 1,400명의 운전자에 대해 Snellen 시력검사를 실시하였다. 영국의 운전면허 취득을 위한 시력검사 기준치에 Snellen 시력이 미치지 못하는 사람들의 비율은 40대 중반까지는 비교적 일정하다가, 그 이후의 연령이 증가하면서 급격하게 증가하였다. 20세 운전자의 평균 시력은 6/4.2인데, 이것은 연령 증가에 따라 점점 더 좋아지다가 40대 초반부터 급격히 떨어져, 70세에 이르러 6/7.3까지 떨어지게 된다. 이것은 젊은 운전자들이 갖고 있는 평균 시력의 거의 반절 수준이다. 그러나 (교정시력을 포함한) 시력이 6/12보다 나쁜 운전자들은 (고령 운전자들이라 할지라도) 전체 운전자의 5%도 되지 않는다.

영국 운전면허 시력검사 기준에 미치지 못하는 대부분의 이유는 근시나 원시 때문인데, 이는 안경이나 렌즈를 통해 교정이 가능하다. 흥미롭게도, Davison과 Irving(1980)은 안경이나 렌즈를 착용한 젊은 운전자(20세 이하)의 80%만이 운전할 때 안경이나 렌즈를 "항상" 착용한다고 응답한 반면, 50세 이상의 운전자들에서는 90% 이상이 그렇다고 응답하였다. 6,000명의 운전자들을 대상으로 수행한 McCaghrey(1987)의 연구에서는 여성의 23%, 반면 남성의 16%만이 운전 중 안경을 착용한다고 응답하였다(이러한 성차별는 모든 연령대에서 발견되었다).

운전에서 시각의 중요성을 감안한다면 연령 증가에 따른 시력감퇴가 운전수행에 많은 영향을 줄 것이라고 생각할 것이다. 그러나 저하된 시각 자체가 고령 운전자의 사고를 높이는 요인이라는 증거는 거의 없다(2장 참조). 대규모의 연구에서도 시각 수행과 교통사고율 사이에는 본질적으로 아무런 관계가 없다는 것을 보고하였다(Burg, 1967; Gresser & Meyer, 1994; Hills & Burg, 1978). 단, 예외가 있다면 54세 이상 운전자의 경우, 매우 약한 상관관계가 나타나기도 한다. 그러나 Hills와 Burg가 지적하였듯이, 시각 능력에서의 저하가 교통사고율을 증가시킨다는 증거는 되지 못한다. 고령 운전자들의 시각 저하는 단지 연령 증가에 따른 것이고, 사고 증가의 근본적인 원인은 비시각적 · 인지적 처리 능력에서의 저하와 같은 또 다른 연령-관련 요인에 의한 것일 수 있다. 연령, 시각, 그리고 교통사고율 사이의 관계를 약화시킬 수 있는 또 다른 방편으로는 백내장과 같은 시각 손상을 갖고 있는 고령 운전자들이 운전을 덜하거나 주간에만 운전하는 방식으로 그들의 운전을 제한하는 것이다(McGwin, Chapman, & Owlsey, 2000).

설명이 무엇이든지, 운전자의 시력은 그 운전자가 안전하게 운전할 수 있는지를 판단하는 데 별로 도움이 되지 않는 요인임에는 분명하다. 따라서 고령 운전자가 경험하는 어려움의 원인을 다른 측면에서 찾아보아야 할 것이다.

주의

한 가지 가능성은 고령 운전자들이 운전 환경의 여러 측면들에 효과적으로 주의를 할당함으로써 그들이 경험할 수 있는 시각 능력의 한계를 극복할 수 있다는 것이다. Hakamies-Blornqvist(1994)는 주의/지각 에러가 고령 운전자 교통사고의 가장 중요한 요인인 것으로 보인다고 제안하였다. 그녀는 고령 운전자들의 44%가 사고 직전에 위험 요소를 자각하지 못했다는 것을 발견하였다(이에 비해 중년의 운전자들은 26%만이 그러하였다).

Owsley와 Ball 그리고 동료들(Ball & Owsley, 1993; Owsley, Ball, Sloane, Roenker, & Bruni, 1991)은 가용 시각장 검사(useful field of view test, UFOV test)를 고안하였다. 이 검사는 운전이 시각장에서의 중심시와 주변시 모두에서 동시에 정보를 처리하는 과정이라는 가정에 기초하고 있다. 따라서 운전자들의 실제적인 가용 시각장을 측정함으로써 운전수행의 정도를 평가할 수 있다는 것이다. 본질적으로 UFOV 검사는 중심시 자극과 주변시 자극이 동시에 제시되는 분산주의 검사를 포함하고 있다. 가장 많이 사용된 가용 시각장 검사(the UFOV Visual Attention Analyser Model, 2000)는 실험참가자에게 컴퓨터 스크린을 통해 중심시 영역에 제시된 표적(예를 들어 자동차나 트럭 모양의 자극)이 무엇인지 확인하는 것과 동시에 주변시 영역에 제시된 자극(예를 들어 자동차 모양의 자극)의 위치(24개 위치 중 하나)를 말하도록 요구받았다. 만일 운전자들의 "주의창(attentional windows)"이 작고, 중심시 과제와 주변시 과제에 그들의 주의를 충분히 분산시키지 못한다면, 이들이 사고를 당할 가능성은 높아질 것이다.

Owsley, Ball, Sloane, Roenker 및 Bruni(1991)는 55~90세에 이르는 교통사고 가해 운전자의 가해사고 빈도(최근 3년 동안의 가해사고 빈도)를 UFOV 검사, 정적 시력, 대비민감도 그리고 정신 상태에서의 자료와 비교하였다. 그 결과 UFOV 검사 결과가 이 표집에서의 가해 운전자를 확인하는 데 가장 좋은 측정치이긴 하였으나, 사고 경험이 전혀 없는 운전자들과 가해 운전자를 구별하기에는 여전히 충분하지 못하였다. 그러나 이러한 유형의 연구들이 시각 수행과 교통사고율 사이에 강한 상관관계를 찾을 수 있게 한다는 점에서 이러한 연구들은 가능성이 높은 검사라고 할 수 있다. 연구 결과들은 고령 운전자들이 젊은 운전자들에 비해 동시에 여러 위치에서 제시되는 자극에 주의를 효과적으로 분산할 수 없다는 것을 보여주었다(그러나 자극들이 중심시 영역과 주변시 영역에 동시에 제시되지 않는다면 고령 운전자들의 시각 수행도 젊은 운전자와 별로 다르지 않았다).

정보처리에서의 어려움과 인지 수행 속도 저하

연령 증가에 따라 여러 정보처리 조작에서 속도가 저하되고, 이러한 속도 저하는 고령 운전자의 다양한 인지과제 수행 저하(얼마나 빠르게 과제를 수행하는지 뿐만 아니라, 얼마나 많은 에러를 범했는지의 관점에서도)의 근본적인 원인이 된다는 주장이 제기되었다(Cerella, 1985; Salthouse, 1980, 1991, 1996). 왜 연령의 증가에 따라 정보처리 속도에서의 저하가 나타나는지는 아직 잘 알려지지 않았으나, 하나의 가능성은 신경전도에서의 속도 저하이다(이러한 신경전도 속도 저하는 신경섬유에서 수초화가 더 이상 일어나지 않거나, 세포가 죽는 것으로 인해 신경정보가 여러 뉴런을 우회하여 전달되는 것에 의해 나타난다).

Salthouse는 고령 운전자들에서의 정보처리 속도 저하 때문에 두 가지의 결과가 발생할 수 있다고 제안하였다. 첫째는 그가 **제한 시간 기제**(*limited time mechanism*)라고 명명한 것인데, 이것은 특정 과제에 관여하는 인지처리가 주어진 시간 안에 성공적으로 완료되지 못함으로써 수행이 저하되는 경우이다. Salthouse는 이러한 제한 시간 기제를 생산조립라인에 비유하였다. 예를 들어 특정 처리 조작이 주어진 시간 안에 완료되지 못하면, 이후의 처리 조작은 효과적이지 못하거나 부분적으로 처리될 수밖에 없기 때문에, 최종 생산물의 질이 떨어진다는 것이다.

두 번째 결과는 그가 **동시성 기제**(*simultaneity mechanism*)라고 부른 것이다. 이전에 완료된 처리 결과가 다음 처리가 완료될 때까지 가용하지 않을 경우 때로 수행이 저하되기도 한다. Salthouse는 동시성 기제를 저글링(juggling)에 비유하였다. 저글링은 동시에 수행되고 있는 과제들을 서로 유기적으로 동기화(synchronization)시켜야 하는 복잡한 과제 중 하나라고 볼 수 있다. 이러한 동기화는 각각의 하위 과제들이 매우 빠르게 완료될 수 있다면 쉽게 달성할 수 있을 것이다. 때로 동기화 기제에 의한 한계는 경험이나 지식을 통해 어느 정도 극복할 수 있지만, 그럴 수 있는 과제는 많지 않다.

Salthouse(1996)는 자신의 이론에 대한 많은 증거들을 제시하였다. 한 가지 기법은 인지 과제 수행에 포함된 자료에서 처리 속도의 효과를 통계적으로 제거하는 것이다. 이 기법을 적용할 경우, 수행에 대한 연령의 효과는 상당히 많이 줄어드는데, 이것은 일차적으로 처리 속도가 연령 차이를 야기하는 가장 중요한 요인 중 하나라는 것을 시사한다. 이러한 측면에서 본다면 대치(substitution), 변형(transformation) 혹은 비교(comparison)와 같은 지각적/인지적 조작을 요구하는 처리 속도 측정치들이 단순한 베껴쓰기(copying)나 선그리기(line drawing)와 같은 측정치들에 비해 더 효과적일 것이다. Salthouse는 이러한 결과가 감각이나 운동에서의 처리 속도보다는 인지 조작에서의 처리 속도의 중요성을 보여주는 것이라고 해석하였다. Salthouse는 다양한 기억과 인지 변인들에서 연령-관련 변량의 75%는 처리 속도 측정치와 관련되고, 이것은 추론, 공간 능력, 기억 능력, 그리고 시간이 제한된 수행 측정치뿐만 아니라 자기 조절이 가능한 수행 측정치에도 해당한다고 주장하였다.

처리 속도에서의 단일한 손상이 연령과 관련된 인지적 손상을 가져 온다는 생각을 모두 인정하는 것은 아니다. 다른 연구들은 주어진 과제에 따라 인지적 처리 속도에서의 저하가 다양한 형태로 나타날 수 있다고 주장하였다. 예를 들어 Verhaegen, Cerelia, Semenec, Leo, Bopp 및 Steitz(2002)는 연령에 의해 가장 많이 손상을 받는 것이 복잡한 시공간적 탐색 과제라는 것은 어느 정도 분명해 보이지만, 연령에 의한 상대적 영향이 다른 세 가지의 처리 양상을 제안하였다. 또한 실험실에서 밝혀진 처리 속도에서의 연령 차이는 또 다른 문제이다. 이러한 차이가 운전능력에 영향을 줄 만큼 충분히 큰 것인지의 여부는 아직 밝혀지지 않고 있다.

McKnight와 McKnight(1999)는 큰 표본의 고령 운전자들에 대해 실제 도로에서의 운전수행뿐만 아니라, 다양한 유형의 심리적 검사에서의 수행을 측정하였다. 이 연구에서는 62세 이상의 407명의 운전자들이 참여하였다. 이들 중 253명의 운전자들은 안전하지 못한 운전 경력 때문에 면허 발급기관으로부터 의뢰를 받은 운전자들이었고(이러한 안전하지 못한 운전 행동 중 많은 부분은 실제 사고로 이어졌다), 나머지 154명은 사고가 없는 운전자들이었다. 평균연령은 불안전 운전자 집단이 81세, 안전 운전자 집단이 75세였다. 다섯 가지 유형의 심리적 검사들이 사용되었다. 감각 검사(정적 시력과 동적 시력), 주의 검사(주의폭 검사, 선택주의 검사, 분산주의 검사), 지각 검사(지각속도, 운동지각, 장의존성), 인지 검사(다양한 유형의 대응 검사와 단기기억 검사), 그리고 정신운동 검사(단순반응시간 과제와 선택 반응시간 과제). 도로 운전검사는 고령 운전자들이 어려움을 겪을 가능성이 가장 높은 과제들(예를 들어 골목에서 주요 도로로 진입할 때 요구되는 다른 차량과의 거리 추정, 운전과 도로명을 읽는 것 사이의 주의분산, 몇 개의 교통 표지에 대한 기억)뿐만 아니라 다양한 도로 유형을 포함한 고도로 구조화된 검사였다.

McKnight와 McKnight는 다양한 심리학적 검사와 불안전 운전수행 측정치가 통계적으로 유의한 상관관계를 보였지만, 그 상관의 크기는 절대적 의미에서는 매우 작았다. 이것은 이러한 검사를 통해 측정된 능력과 운전수행 사이에 극히 미약한 관계만 존재한다는 것을 시사한다. 대부분의 개별적 검사들은 불안전 운전 측정치와 0.2~0.3 정도의 상관크기를 보였는데, 이것은 각 운전자들에 대한 검사 점수들을 통해 이 운전자가 실제로 불안전 운전 행동 점수가 높은지(혹은 낮은지)의 여부를 판단하는 데 거의 실용적이지 못하다는 것을 의미한다. 도로 운전검사점수와 불안전 운전검사 사이의 상관은 더 낮았고, 경우에 따라 통계적으로 유의하지 않기도 하였다. 다양한 능력 검사들 사이의 강력한 상호 상관관계에 기초하여 McKnight와 McKnight는 "연령과 관련된 결함은 거의 모든 능력에 어느 정도 영향을 미치는 것 같다. 다양한 능력 검사들 사이의 이러한 강력한 상호 상관관계를 감안하면, 사고를 실제로 야기하는 요소가 무엇인지 밝히는 것은 불가능하다"고 주장하였다.

고령 운전자들의 정보처리에서의 어려움을 간접적으로 보여주는 재미있는 연구가 Wood와 Troutbeck(1995)에 의해 수행되었다. 이들은 실제 도로(실험을 위해 폐쇄된)에서 14명의 젊은 운전자와 10명의 고령 운전자들을 대상으로 모사된 시각 손상이 운전수행에 미치는 효과를 검증하였다. 이 연구자들은 백내장, 시각장 제한 및 단안시(monocular vision)를 모사하기 위해 보안경(goggle)을 사용하였다. 종속측정치로써 Wood과 Troutbeck는 주변시 자각, 차량 조작, 반응시간, 속도 추정, 차량 위치 및 운전 시간 등을 측정하였다. 그 결과, 시각 손상은 속도 추정을 제외한 모든 측정치에서의 저하된 수행을 가져왔다. (모든 실험참가자들이 보안용 안경을 착용하고 운전하더라도 운전에 요구되는 법적기준을 만족하였지만) 모사된 백내장은 운전수행에 가장 많은 손상을 가져왔고, 그 다음으로 가용한 시각장에서의 제한이 운전수행에 대한 손상 효과가 컸다. 단안시는 모든 과제에 대해 영향을 미치지 않았다.

Wood와 Troutbeck은 고령 운전자들이 젊은 운전자들에 비해 이러한 모사된 시각 능력 저하에 더 많은 영향을 받는다는 것을 발견하였다. 다시 말해 고령 운전자들과 젊은 운전자들의 시각 능력을 동일하게 하더라도(즉 연령 증가에 따라 흔히 나타나는 시각 손상을 젊은 운전자들도 경험하도록 조작하여도), 고령 운전자들의 운전수행은 젊은 운전자들의 그것에 비해 더 많은 손상을 입는다는 것이다. 이것은 고령 운전자들의 운전 손상이 시각적 손상에 의해서만 발생하는 것은 아니라는 것을 시사한다. Wood와 Troutbeck는 이러한 차이가 반응시간과 정보처리 시간에서의 증가 때문에 발생한 것이라고 생각하였다. 이러한 반응시간과 정보처리 시간에서의 증가는 젊은 운전자들에 비해 고령 운전자들에게서 수행의 저하 정도를 더 크게 증가시킨다는 것이다.

주의 문제와 함께 전반적인 인지 저하는 고령 운전자가 직면한 문제(특히 교차로에서)를 설명하는 데 가장 가능성 높은 요인인 것으로 보인다. 앞에서도 언급하였듯이, 다양한 활동을 포함하는 운전을 이것이 조작적, 전술적 혹은 전략적 활동인지의 여부에 따라 대강 범주화할 수 있을 것이다. 조작적 활동들(operational activities)은 조향, 감속 혹은 가속 등과 같은 차량 통제와 관련된 낮은 수준의 행위들을 포함한다. 이러한 활동들은 몇 년간의 연습을 통해 충분히 과잉학습된 것들이고, 또한 이것들은 대부분 자동적이고 무의식적인 것들이기 때문에 인지 수행 속도 저하(cognitive slowing)에 의해서는 미약하게 영향을 받을 것이다. 운전을 할지의 여부 혹은 어느 경로를 이용하여 운전할 것인지를 결정하는 것과 같은 방략적 활동들(strategic activities)은 대부분의 경우 미리 계획되는 것이기 때문에 상대적으로 좀 더 여유를 갖고 수행될 수 있다. 인지 수행 속도가 느려지는 것에 의해 가장 영향을 많이 받는 범주는, 다른 운전자의 행동에 대해 반응하거나, 주차된 차량들 속에서 운전하거나, 혹은 차선을 변경하는 것 등을 포함하는 전술적 활동들(tactical activities)이다.

인지 수행 속도가 느려지는 것 때문에 고령 운전자들에게는 일들이 너무 빠르게 발생하는 것처럼 느껴질 것이다(왜냐하면 이들이 인지적 조작을 하기 위해서는 젊은 운전자들에 비해 더 많은 시간이 필요하기 때문이다). 고령 운전자들에게는 젊은 사람들에 비해 거의 모든 것이 너무 빠르게 진행되는 것으로 보인다. 인지 수행 속도 저하는 전술적 수준에서(예를 들어 좀 더 느리고, 조심스러우며, 방어적으로 운전함으로써) 어느 정도 보정될 수 있다. 운전은 자기-조절적 활동(self-paced activity)이기 때문에 빠르게 변화되는 상황에서 좀 더 느리게 반응함으로써, 이러한 상황에서도 매우 정상적으로 운전할 수 있다.

Hakamies-Blomqvist가 지적하였듯이, 이러한 전술적 행위들이 잘 작동한다면 많은 경우에서 평균적인 고령 운전자들은 안전한 운전자들이 될 수 있다. 그러나 일들이 발생하는 속도를 운전자가 통제할 수 없는 교차로(intersection)나 합류점(junction) 같은 곳에서의 운전에 대해서는 말이 달라진다. 약간 분주한 합류점에 진입하는 데는 몇 초의 시간이 주어지는 "기회의 창(window of opportunity)"이 있다(그림 8.1 참조). 인지 수행 속도 저하 때문에 고령 운전자들에 대한 기회의 창은 더 짧을 것이다. 젊은 운전자들이 몇 개의 인지적 조작을 수행하는 데 필요한 시간보다 고령 운전자가 동일한 수의 인지적 조작을 수행하는데 훨씬 더 많은 시간이 필요할 것이다. 간단히 말해, 어떤 운전자가 교차로에서 가질 수

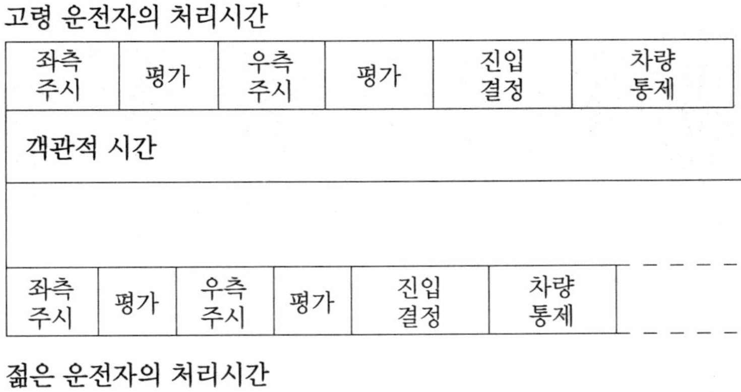

그림 8.1. 합류점으로부터 진출하고자 할 때의 "기회의 창".

있는 시간은 연령이 증가함에 따라 짧아진다는 것이다. 인지적 수행에서의 이러한 시간 부족 문제가 주의 문제와 결합된다면(그리고 불안이나 스트레스에 의해 유용한 시각장이 더 좁아진다는 사실이 이러한 주의 문제를 더 악화시킨다는 것을 감안하면), 왜 고령 운전자들이 교차로에서 사고에 많이 휘말리는지 알 수 있을 것이다. 이러한 설명이 확증된 것은 아니지만 그럴듯해 보이는 것도 사실이다. 뿐만 아니라 이것은 지금까지 얻어진 연구 자료와도 잘 맞는다. 어찌 되었건 이 영역에 대해서는 좀 더 많은 연구가 추가되어야 할 것으로 보인다.

사고가능성이 높은 고령 운전자를 어떻게 확인할 수 있는가?

지금까지의 논의를 보면, 연령 증가에 따른 사고가능성의 증가는 연령 그 자체보다는 소수의 고령 운전자들에서의 연령과 관련된 수행상의 손상 때문인 것으로 보인다. 이러한 운전자들을 찾아내는 것은 매우 중요한 문제이다. 고령 운전자의 사고가능성이 높지만, 우리에게 안전한 운전자와 위험한 운전자를 변별할 수 있는 신뢰할 만한 검사가 아직 없다면, 우리는 스스로 안전하게 운전하는 수밖에 없는가? 앞에서 기술하였듯이, 많은 고령 운전자들은 자신이 갖고 있는 문제들을 자각하고, 자신이 제대로 운전할 수 있는 운전 조건에서 운전하고자 하는 경향을 보인다. 그러나 최소한 특정 고령 운전자 집단(예를 들어 초기 치매 단계에 있는 고령 운전자)에게는 해당되지 못할 수 있다. 비록 몇 개의 연구에서 치매로 진단받은 대부분의 운전자들이 운전을 그만둔다고 보고하기도 하였으나(Foley, Masaki, Ross, & White, 2000), 많은 운전자들이 이러한 진단, 면허취소 혹은 가족의 만류에도 불구하고 계속 운전하고자 한다. 예를 들어 O' Neill, Neubauer, Boyle, Gerrard, Surmon 및 Wilcock(1992)의 연구에서는 기억 치료센터에 다니는 329명의 환자들 중 거의 20%가 대부분의 경우 운전수행에 손상이 있었음에도 불구하고, 치매가 시작된 이후에도 운전을 계속할 것이라고 응답하였다. 다른 연구들에서는 치매로 진단된 환자들의 30%에서 45%의 운전자들이 운전을 계속하고 있는 것으로 추정되었다(Carr, Jackson, & Alguire, 1990; Logsdon, Teri, & Larson, 1992; Lucas-Blaustein, Filipp, Dungan, & Tune, 1988). 사고가능성이 높은 고령 운전자를 확인할 수 있는 한 가지 접근 방법은 질병이나 투여 약물을 목록화하는 것이었다. 이러한 접근 방법이 갖는 한 가지 문제는, 개개의 운전자들이 매우 다양한 건강문제로 인해 수많은 유형의 약물 치료를 받기 때문에, 각각의 약물이 운전에 큰 문제를 일으키지는 않더라도 여러 약물을 복합적으로 복용할 경우 (이들의 상호작용에 의해) 운전이 심각하게 손상될 수 있다는 점이다. 또 다른 접근방법은 정신역량 검사를 실시하는 것인데, 이 중에서 가장 많이 사용되는 검사는 Folstein, Folstein 및 McHugh (1975)이 개발한 정신 간이검사(Mini Mental Status Examination, MMSE)이다. 그러나 비록 이 검사 점수가 운전수행과 상관관계가 있긴 하였으나, 사고가 없는 치매집단과 한 번이라도 사고를 경험한 치매집단 사이에서 검사 점수의 차이는 거의 발견되지 않았다(Lucas-Blaustein et al., 1988; O' Neill et al., 1992).

Dobbs, Heller 및 Schopflocher(1998)는 고령 운전자들이 특히 더 많은 어려움을 경험하는 운전과제(예를 들어 회전, 차선변경 혹은 끼어들기 등)를 중심으로 운전검사를 고안하였다. Dobbs와 동료들은 잘못된 운전습관에 의한 운전수행의 저하보다는 인지 능력의 저하에 따른 운전수행의 저하에 관심이 있었다. 이들은 운전자 집단을 "정상" 젊은 운전자 집단(30~40세), "정상" 고령 운전자 집단(65세 이상), 그리고 이와 비슷한 연령대의 초기 알츠하이머 집단으로 구분하였다. 운전검사 결과, 알츠하이머 집단의 68%, “정상” 고령 운전자 집단의 25%, 그리고 “정상” 젊은 운전자 집단의 3%가 검사에 실패하였다.

Dobbs는 각 집단이 보인 에러에 대해 좀 더 상세한 분석을 실시하였다. 분석결과 초기 알츠하이머 집단은 나머지 다른 두 집단에 비해 더 위험한 에러를 더 많이 보이는 것이 발견되었다(후자의 두 집단 사이에는 차이가 없었다). 위험한 에러의 50%는 차선변경 과제나 교차로에 접근할 때 다른 차량에 끼어들기 과제에서, 21%는 좌회전 과제에서, 그리고 15%는 교차로에서 제대로 정지하지 않아 발생하였다. 나머지 에러들은 우회전 과제(6%)나 정지 과제(8%)에서 발생하였다. 또한 초기 알츠하이머 집단은 나머지 다른 두 집단에 비해 차선 유지 과제에서 더 많은 에러를 보였고, 너무 조심스럽게 운전하는 경향을 보였다.

전반적으로 이러한 자료들은 연령 자체에 의한 운전손상의 정도는 비교적 작다는 것을 보여준다. 이와는 반대로 초기 치매 운전자의 운전손상은 매우 심각한 것으로 보인다. Dobbs의 운전수행에 대한 직접적인 측정 결과와 그 밖의 다른 후향적 조사연구 결과는 모두 치매 환자들이 높은 사고위험성을 갖고 있다는 것을 보여주었다(Cooper, Tallman, Tuokko, & Beattie, 1993; Friedland et al., 1988; Gilley et al., 1991; Lucas-Blaustein, Filipp, Dungan, & Tune, 1988; Stutts, Stewart, & Martell, 1998).

Ball, Owlsey, Stalvey, Roenker, Sloane 및 Graves(1998)는 고령 운전자들 사이의 자기-관리 운전(즉, 자신이 갖는 문제를 극복하기 위해 좀 더 안전한 방식으로 운전하고자 하는 것)에 대해 상세히 분석하였다. 운전을 활발히 하고 있는 55세 이상(평균 70세)의 운전자들을 대상으로 Ball 자신이 개발한 가용 시각장 검사와 노인의 인지 수행을 검사하기 위해 특별히 개발된 검사인 Mattis Organic Mental Sta-tus Syndrome Examination(MOMSSE)을 포함한 몇 가지 시각 및 인지 수행 검사를 실시하였다. 또한 이들은 고령 운전자들이 어려운 운전상황을 얼마나 자주 피해서 운전하는지에 초점을 두고, 운전습관에 대해 설문지로 조사하였다. 이전 연구결과들과 마찬가지로 Ball과 동료들도 고령 운전자들은 자신이 생각하기에 운전하기 어려운 조건(우천시, 야간, 혼잡한 도로, 출퇴근 시간 등)에서의 운전은 피하는 경향이 있다는 것을 발견하였다. 시각 혹은 주의 결함이 있는 고령 운전자들은 그렇지 않은 고령 운전자에 비해 이러한 경향이 더 컸는데, 결함 정도가 더 클수록 결함이 전혀 없거나 약간의 결함이 있는 고령 운전자에 비해 운전을 회피하는 운전상황 유형의 종류가 다양해졌다. 지난 5년 이내에 자신이 가해자가 된 사고를 경험한 고령 운전자들은 사고 경험이 없는 운전자들에 비해 이러한 경향이 더 컸다. 그러나 시각 측정치와 설문지 응답 결과 사이에는 거의 유의한 상관이 발견되지 않았다.

그러나 Marottoli와 Richardson(1998)은 이와는 반대의 결론을 내놓았다. 즉 최소한 몇몇 고령 운전자들은 자신의 능력을 정확하게 지각하거나 평가하지 못한다는 것이다. Marottoli와 Richardson은 125명의 77세 이상 고령 운전자들을 대상으로, 실제 도로에서의 운전수행, 자신의 운전능력에 대한 자기-평정 점수, 그리고 자신의 운전능력에 대한 확신 점수 사이의 관계를 조사하였다. 운전수행의 경우, 지난 5년 동안의 사고수와 위반수 및 실제 운전검사 자료가 사용되었다. 그 결과, 자신의 운전능력에 대한 자기-평정에서는 자신이 속한 연령 집단에 비해 자신의 운전능력이 떨어진다고 평정한 운전자는 한 명도 없었다. 대신 응답자의 44%는 다른 운전자에 비해 "약간 더 낫다"고, 32%는 "거의 같다"고, 그리고 24%는 "훨씬 더 낫다"고 응답하였다. 그러나 실제로는 자신의 운전능력에 대한 자기-평정 점수는 사고나 위반 수와는 관련성이 없었다. 사고나 위반 경험이 있는 50명의 운전자 중 68%(34명)는 다른 운전자에 비해 자신의 운전능력이 "약간 더 낫다"거나 "훨씬 더 낫다"고 응답하였으나, 이러한 응답 비율은 사고나 위반이 없는 운전자 집단에서도 동일한 수준이었다. 이와 유사하게 운전수행 검사에 참여한 사람들의 운전수행에 대한 자기-평정 점수와 운전수행 점수 사이에도 관련성이 없었다. 심지어 운전수행에 어느 정도 혹은 심각한 문제가 있다고 평가된 운전자들마저 자신의 운전능력이 자신이 속한 연령 집단과 최소한 "거의 같다"고 스스로 평정하였다(이들 중에서 3명은 다른 운전자에 비해 자신의 운전능력이 "약간 혹은 훨씬 더 낫다"고 응답하였다). 자신의 운전능력에 대한 확신 점수도 사고수나 위반 수 혹은 실제 도로에서의 운전수행 점수와 관련성이 없었다.

Marottoli와 Richardson은 자신의 운전능력에 대한 확신 정도와 자기-평정 점수는 서로 상관이 있고, 또 이들은 운전빈도와 각각 상관이 있기는 하였지만, (운전검사 점수와 개인의 사고 수나 위반 수에 기초한) 운전수행 점수와는 객관적인 관련성이 없다고 결론지었다.

"연구에 참여한 운전자들 중 40%가 사고나 위반의 경험이 있고, 27%가 운전수행 검사에서 판정관에 의해 어느 정도 혹은 심각한 문제가 있다고 평가된 운전자들이라 할지라도, 모든 운전자들은 다른 운전자들에 비해 자신의 운전능력을 평균 이상이라고 응답하였다. 이와 유사하게 자신의 운전능력에 대한 확신 정도도 운전수행 점수나, 사고 수 혹은 위반 수와는 관련이 없었다. 따라서 이 연구에 포함된 고령 운전자들에게는 운전능력에 대한 객관적인 증거(운전수행 혹은 운전기록)가 자신의 운전능력에 대한 확신 정도나 이에 대한 자기-평가에 거의 영향을 주는 것 같지는 않다."

Svenson(1981)의 연구를 시작으로 많은 연구들이 젊은 운전자들은 자신의 또래 집단에 대해 자신의 운전능력을 과대평가한다는 것을 보여주었다. 이러한 편향은 성년기 후기까지 변화되지 않은 채 지속되고, 운전 경험이 쌓이더라도 잘 바뀌지 않는 것으로 보인다(Groeger & Brown, 1989; Holland & Rabbitt, 1993; McCormick, Walkey, & Green, 1986).

결론

고령 운전자들이 젊은 운전자들에 비해 사고 위험성이 더 높다고 자주 언급되지만, 이러한 문제의 심각성은 어느 정도 과장된 것으로 보인다(Hakarmies-Blomqvist, Johansson, & Lundberg, 2002). 물론 연령의 증가에 따라 운전자들이 주로 경험하는 사고 유형이 달라진다(고령 운전자들은 주로 교차로에서 다른 차량과의 충돌사고에 휘말린다). 그러나 고령 운전자들이 갖고 있는 문제의 진정한 본질은 아직 알려지지 않았다. 비록 연령 증가에 따라 시각 능력의 저하가 수반되지만, 이 자체가 고령 운전자의 사고를 증가시키는 주요 요인은 아닌 것으로 보인다. 모든 연령대의 운전자 집단이건 고령 운전자 집단이건 시력과 운전사고와의 관계는 매우 약하다. 고령 운전자의 인지 능력에서의 저하를 보인 실험 연구들도 많이 있지만, 절대적 의미에서 그 영향은 크지 않고, 일상생활의 운전에서는 거의 의미가 없는 것일 수 있다. 이러한 연구에서 관찰된 고령 운전자들의 인지 능력 저하는 이들과 자주 비교되는 젊은 운전자들에 비해 실험에 임하는 것이 익숙하지 않은 것에 기인한 것일 수도 있다.

가장 중요한 점은 연령이 증가한다고 반드시 손상이 오는 것은 아니라는 점이다. 그보다 연령 증가에 따른 문제들은 연령 증가에 따라 빈번하게 나타나는 다른 건강상의 문제들과 더 관련지어 생각할 필요가 있다. 치매나 시각 능력에서의 손상이 사고 위험성과 어느 정도 관련이 있긴 하지만, 많은 고령 운전자가 여전히 안전하고 능숙하게 운전하고 있다는 것도 사실이다. 운전자의 연령만으로 운전능력을 평가할 수 없다. 다른 연구영역들과 마찬가지로 특정 집단에 대해 실시한 연구 결과를 모든 집단에 일반화하는 것은 매우 어려운 일이다. 비록 평균적으로 연령 증가에 따라 사고가능성이 증가한다 하더라도 여전히 아무 문제없이 운전할 수 있는 고령 운전자들도 많이 있다. 실제로 Hakamies-Blornqvist(1998)는 고령 운전자의 운전능력이 양봉분포(bimodal distribution)를 이루는 것으로 생각하는 것이 더 정확하다고 주장하였다. 다시 말해 고령 운전자라고 "명명되는" 운전자들은 건강하고 안전한 운전자 집단과 혹은 이와 대비되는 건강하지 못하고 불안전한 운전자 집단으로 묶을 수 있다는 것이다. 단지 연령에 기초하여 개인의 운전능력에 대해 가정하는 것은 특히 더 잘못된 것이다.

그러나 중요한 예외는 초기 치매 단계의 고령 운전자들이다. 이들은 자신의 운전능력을 제대로 평가하고, 이에 따라 이것을 보상하기 위해 어려운 운전조건을 피하고, 좀 더 조심스럽게 운전하며, 운전속도를 낮추고, 궁극적으로는 운전을 그만 둔다. 운전하는 동안 고령 운전자들은 이들의 이러한 보상적 운전방략으로 인해 오히려 훨씬 더 안전한 운전자가 될 수 있다. 대부분의 경우 운전은 자기-

조절적 활동이다(예를 들어 고령 운전자들은 자신의 인지 능력에서의 결함을 보상하기 위해 더 천천히 운전한다). 그러나 복잡한 교차로에서는 이러한 보상적 운전방략이 더 이상 여의치 않을 것이고, 고령 운전자들은 이러한 상황에 대처하는데 어려움을 경험할 것이다. 연결도로에서 큰 도로로 나올 때 운전자는 주변 환경을 주사하고, 자신에게 진입할 기회가 왔을 때 신속하게 반응해야 하며, 이와 동시에 차량을 통제해야 한다. 고령 운전자의 운전능력에 문제가 있다면 고령 운전자들은 이러한 상황에서 더 많은 어려움을 겪을 것이다. 이것은 왜 고령 운전자들이 교차로에서 많은 사고(특히, 양쪽 방향의 차량들과 상호작용하면서 회전하다가 발생한 사고)를 당하는지 설명해 준다.

고령 운전자들이 다른 차량과 충돌할 가능성이 높다는 점을 감안하면, 이것은 다른 모든 도로 사용자에게 문제를 안기는 것이고, 선진국에서의 고령 운전자 비율이 증가한다는 것에 비추어 이 문제는 점점 더 심각해질 것이다. 고령 운전자의 비율이 증가하는 것은 수명이 연장된 이유도 있겠지만, 여성 고령 운전자들의 운전면허 취득이 많아지거나 기존에 운전면허를 갖고 있는 운전자들이 더 오랜 시간 그 면허를 유지하기 때문이기도 하다. Sivak 등(1995)은 미국에서 65세 이상의 운전면허 소지자 수는 1995년에는 운전면허 소지자 7명 중 1명이었지만, 2030년에는 5명 중 1명이 될 것으로 추정하였다. 1990년에 미국에서 65세 이상의 운전면허 소지자는 2천2백만 명이었지만, 2020년에는 아마 3천3백만 명이 될 것으로 예상되고 있다(Retchin & Anapolle, 1993). 현재의 교통혼잡 추세가 지속된다면 고령 운전자들은 점점 더 많은 정보처리 부담을 경험하게 될 것이다(특히 교차로에서).

이 문제를 해결하는 한 가지 방법은 고령 운전자가 운전을 못하게 하거나 혹은 최소한 분명한 결함이 발견된 고령 운전자에 대해서 운전을 계속하지 못하게 하는 것이 될 것이다. 그러나 고령 운전자의 운전권리를 제한하고자 하는 논의에서는 최소한 두 가지 문제가 고려되어야 한다. 첫째, 현재로서는 운전에 부적합한 고령 운전자와 그렇지 않은 고령 운전자를 효과적이고 공정하게 변별할 수 있는 선별검사를 개발하기 어렵다는 점이다. 둘째, 경제적인 문제도 고려해야 한다. 비록 효과적인 선별검사가 개발된다 하더라도, 이것을 실행할 때 소요되는 비용은 고령 운전자에 의해 발생할 수 있는 극소수의 사고를 방지함으로써 얻게 되는 이득을 훨씬 더 초과할 것이다.

저자는 이 장의 초반부에서 고령 운전자들은 자기 자신뿐만 아니라 다른 도로 사용자들에게도 위협이 될 수 있고, 그 이유 중 가장 중요한 요인은 이들의 저하된 시각 능력이라는 일반적 생각에 대해 소개한 바 있다. 그러나 이 두 가지 믿음 모두 확실한 근거는 전혀 없다. 교통사고에 대한 연령의 효과를 논의할 때는, 젊은 운전자(25세 이하)의 교통사고율이 고령 운전자의 사고율보다 훨씬 더 높다는 것을 반드시 생각해 보아야 한다. 이러한 측면에서 젊은 운전자들은 시력도 가장 좋고, 반응시간도 가장 빠르다는 점은 아이러니가 아닐 수 없다.

CHAPTER 9

운전의 미래

서론

미래에 대해 말하는 것은 엄청 어려운 일이다. 그러나 이번 장에서는 최근의 추세에 비추어 머지않은 장래에 운전자의 과제 수행을 도울 수 있는 몇 가지 기술의 시사점에 대해 논의하고자 한다.

운전의 역사에서 두 가지 분명한 변화를 볼 수 있는데, 그 중 하나는 차량이 기술적으로 매우 복잡하게 되었다는 것과, 다른 하나는 교통량과 운전속도가 증가하였다는 것이다. 그 결과 오늘날의 운전자들은 100년 전의 운전자와는 매우 다른 과제를 수행해야 한다. 100년 전에는 운전자 작업부하의 대부분은 차량을 제어하는 것과 관련되었다. 자동차의 기계장치들(예를 들어 점화장치, 기화장치, 엔진 윤활 시스템 등)은 운전자가 운전할 때마다 여러 번에 걸쳐 직접 조절해야 했고, 도로 조건 또한 매우 열악하였다. 그리고 운전도 비교적 제한된 지역에 국한하여 이루어졌기 때문에 운전자들은 대부분 자신이 운전하는 지점의 길을 잘 알고 운전하였다. 또한 도로가 한산했기 때문에 도로 공간을 차지하려고 운전자끼리 경쟁하는 일도 거의 없었다.

오늘날의 자동차에 대해 1900년대의 운전자가 가장 많이 놀랐을 측면은 자동차의 속도이다. 최고 속도는 말할 것도 없고, 도심이나 학교 주변 혹은 쇼핑가에서 오늘날의 차가 주행하는 가장 낮은 속도라도 100년 전 자동차가 발휘할 수 있는 가장 빠른 속도에 해당한다. 또한 100년 전의 운전자라면 오늘날 자동차를 여성이나 "낮은 신분"의 사람들을 포함한 다양한 배경의 운전자들이 운전한다는 것에 대해 다시 한 번 놀랄 것이다. 오늘날 자동차 설계의 기술적 향상에 힘입어 젊고 경험이 없는 운전자라 할지라도, 불과 몇 년 전 같으면 첨단의 스포츠카만이 가질 수 있는 성능의 자동차를 얼마든지 운전할 수 있다.

오늘날 운전자들은 운전 중에 자동차의 기계장치를 조절하지 않아도 된다. 이것은 운전자들로 하여금 운전과 관련된 다양한 정보처리 측면에 좀 더 집중할 수 있도록 해 주었다. 그러나 다른 한편으로 자동차 안의 제어장치들은 손으로 직접 관리해야 하는 제어시스템으로부터 난방이나 환기 혹은 차량내 엔터테인먼트 시스템의 제어를 위한 훨씬 더 복잡한 제어장치들로 대체되었다. 운전이 시간 낭비이고 이러한 시간을 다른 활동에 사용하는 것이 더 좋을 것이라고 생각하는 경향 때문에, 자동차는 정보 교환을 위한 장치들로 가득 차게 되었다. 현재로서는 자동차 안에서 휴대전화를 사용하는 것이 가장 흔한 것이지만, 마이크로소프트나 그 외의 회사들은 자동차 안에서도 이메일을 체크하거나, 인터넷을 사용할 수 있도록 하는 등, 자동차를 "움직이는 사무실"로 만들려는 계획을 세우고 있다.

비록 지금도 대부분의 운전은 익숙한 지역에서 이루어지지만, 현대의 운전자들이 운전하는 거리는 과거에 비해 훨씬 더 길어졌다. 이 때문에 일관적인 경고 표지나 도로 안내 표지의 개발이 요구되었다. 원래 이러한 표지들은 한 국가 안에서만 일관적이었으나, 사람들의 운전거리가 증가함에 따라 지역적 언어를 초월한 국제적으로 이해 가능한 표지들도 더 많이 필요하게 되었다. 이전에는 극히 일부의 값비싼 자동차에서만 볼 수 있었던 자동차 네비게이션 시스템이 지금은 일반 차량에도 많이 장착되고 있다.

Walker, Straton 및 Young(2001)은 5개 자동차 회사의 연구자들과 기술자들을 대상으로 앞으로 5년, 10년 혹은 15년 후에 일반 차량이 가장 흔하게 보일 수 있는 특징은 무엇이 될 것인지 예측해 보도록 요구하였다. 질문에 응답한 전문가들이 예측한 주요 추세는, 단순한 차량 제어와 같은 낮은 수준에서부터 도로 안내나 인터넷과 같은 높은 수준에 이르기까지 모든 수준에서 컴퓨터가 점점 더 중요해질 것이라는 점이었다. 컴퓨터는 하나의 차량 안에서 많은 기능을 수행하게 될 뿐만 아니라 조향이나 감속 혹은 충돌 회피와 같은 영역에서 다른 차량들과 광범위하게 서로 상호작용하게 될 것이다.

Janssen, Wierda 및 Van der Horst(1995)는 장기적으로는 기술 혁신에 의해 도로 시스템이 자동화될 것이라고 예측하였다. 차량 제어는 운전자로부터 기계로 넘어가고, 자동차는 각각의 운전자가 자율적으로 운전하는 시스템으로부터, 여러 차량이 하나의 단위로서 서로 협응하는 시스템으로 변모할 것이다.

자동차 설계자들이 해야 할 일은 이러한 기술 혁신이 운전자들에게 쉽고, 안전하며, 즐겁게 사용될 수 있도록 하는 것이다(Walker, Straton, & Young, 2001). 이러한 문제는 새로운 기술에 적응하기 힘든 노인 운전자들이 점점 더 증가하고 있다는 점을 고려하면 더 중요한 문제가 될 것이다.

자동차 설계자의 당면 문제

운전자 개입의 유지

자동차의 스티어링, 브레이킹 혹은 서스펜션 시스템이 더 정교해질수록 이러한 것들로부터 운전자들이 피드백을 제대로 받지 못하는 문제가 생길 수 있다. 능동형 서스펜션 시스템(active suspension system)은 자동차가 회전하거나 감속할 때 자동차가 앞뒤 혹은 좌우로 기울어지는 것을 최소화한다. 자동 기어 고정 시스템(traction control system)은 자동차 타이어와 노면의 마찰력이 최대가 되도록 한다. 이러한 시스템들은 운전자가 차량이 갖고 있는 한계 이상으로 차량을 제어하고자 할 때 문제를 발생시킬 수 있다. 기술적으로 덜 정교화되었던 이전의 자동차들은 자동차 제어와 관련된 잘못된 문제를 운전자에게 미리 경고해 줄 수 있었지만, 최근의 자동차는 운전자가 대처하기에는 이미 늦은 후에 이러한 정보를 제공해 준다.

이것은 항공 산업에서는 이미 봉착했던 문제이다. Norman(1990, 1992)은 자동항법 시스템이 조종사에게 항공기에서 발생한 문제를 보정하고 있다는 것을 제대로 알려주지 않아 발생한 수많은 항공 사고 혹은 근접 사고의 사례들을 기술하였다. 각각의 사례에서 조종사들은 자동항법 시스템으로는 더 이상 항공기를 통제할 수 없었던 상황이 되어서야 문제에 대한 경고를 받을 수 있었다(그러나 대부분 이때는 사고를 피하기에 너무 늦은 시점이었다). 이러한 경우는 운전장면에서도 얼마든지 가능한 일이다. 예를 들어 능동형 서스펜션 시스템이나 자동 기어 고정 시스템은 자동차가 실제로 미끄러지기 전까지는 타이어와 노면의 마찰력이 상실되었다는 것을 운전자에게 알려주지 않는다.

자동차에 자동화 시스템을 도입할 때의 한 가지 문제는 자동차가 스스로 "결정"할 때 운전자가 어떻게 반응해야 할 것인지이다. 메르세데스 자동차들은 이미 각 바퀴에 어느 정도의 감속력을 주어야 할지를 결정할 뿐만 아니라, 응급상황에서 운전자의 발이 액셀러레이터로부터 브레이크로 얼마나 신속하게 이동하는지 감지하여 부드럽게 브레이크를 작동하도록 하는 기능을 갖추고 있다. 이와 유사하게 BMW도 운전자가 급하게 브레이크를 밟는 것을 감지하여 운전자가 어느 정도로 강하게 브레이크를 밟았는지와는 상관없이 최대의 힘으로 브레이크를 작동시킨다. 또한 이 회사의 자동차들에는 "코너링 브레이크 컨트롤(cornering brake control)"이라는 시스템이 장착되어 있다. 이 시스템은 운전자가 코너를 회전할 때 각 바퀴의 회전속도를 감지하여 이에 따라 각 바퀴에 서로 다른 브레이크 압력을 전달함으로써 코너를 부드럽게 회전할 수 있게 해준다. BMW의 4륜구동 자동차에는 내리막길 제어장치(hill descent control)가 장착되어 있는데, 이 시스템은 자동차가 일정 속도 이상으로 내리막길을 내려오면 자동적으로 사람의 보행 속도 수준으로 감속시키는 기능을 수행한다.

BMW와 메르세데스의 몇 개 차종에는 운전자가 전자적으로 조절할 수 있는 서스펜션 시스템이 있다. 이러한 시스템의 한 가지 문제는 운전자들이 그러한 시스템의 설정에 따라 자동차를 어떻게 조작해야 하는지 익숙해져야 한다는 것이다. (운전자의 개입 없이 자동차 스스로 자동차의 특성을 변화시키는 것은 말할 것도 없고) 운전자들이 자동차의 특성을 변화시킬 수 있는 기회가 많아질수록 운전자가 자신의 자동차에 대해 완전히 익숙해지기가 어려워진다. 운전자는 자신의 자동차가 현재 어떤 상태인지(즉 전자적으로 조절되는 서스펜션 시스템이 작동 중인지 혹은 그렇지 않은지), 그리고 서스펜션 시스템에 의해 자동차가 어떻게 반응하는지 모두 알고 있어야 한다.

Stanton과 Young(2000)은 이 영역에 **정신 모형**(*mental model*) 이론을 적용하였다. 정신 모형이란 시스템이 어떻게 작동하는지, 그리고 사용자의 행위에 따라 어떻게 반응하는지에 대해 사용자가 갖고 있는 일종의 개념이다. 정신 모형은 직접적 지식으로, 추론으로 혹은 이전 경험에 기초한 일반화와 유추로 형성된다. 정신 모형은 정확하고, 완전하거나 혹은 과학적인 것이 아닐 수도 있다. 사용자의 정신 모형과 시스템 설계자의 정신 모형이 다를 때 문제가 발생한다. 예를 들어 초기의 컴퓨터 사용에서의 많은 문제점은 컴퓨터 사용의 전문가인 설계자들이 컴퓨터의 초심 사용자들이 갖는 정신 모형에 대해 거의 주의를 기울이지 않았기 때문에 발생한 것이다. 초심 컴퓨터 사용자의 정신 모형은 주로 이전의 타자기를 사용한 경험에 기초하였으나, 타자기가 컴퓨터의 작동 방식에 대해 알려주는 것은 거의 없다(Mack, Lewis, & Carroll, 1983). 미래의 차량 설계자들은 운전자들이 자신이 운전하는 자동차가 어떻게 작동하는지, 그리고 그들의 행위에 따라 자동차가 어떻게 반응할 것인지에 대해 적절한 정신 모형을 갖도록 해야 한다. 또한 설계자들은 운전자들이 기존의 정신 모형을 새로운 기술에 어떻게 적용하고자 하는지도 고려해야 한다.

운전자 개입의 문제

6장에서 살펴보았듯이 피로는 교통사고의 중요한 원인 중 하나이다. 지금까지 자동차 개발의 역사에서는 자동차의 안락감이나 사용의 용이성을 향상시킴으로써 운전자의 피로를 줄여줄 수 있는 것도 중요한 문제였다. 최근의 자동차 설계는 운전자의 신체적 피로는 줄여주었으나, 운전자가 졸음에 빠지게 할 가능성도 증가시켰다고 할 수 있다. 예를 들어 자동차는 따뜻하고, 조용하며, 부드럽게 움직이고 또한 안락감을 주는 내부 자재를 사용한다. 미래의 기술 진보는 운전 중에 점점 더 할 일이 없게 함으로써 운전자의 무료함을 증가시키는 문제를 야기할 수도 있다. Desmond와 Matthews(1998)는 운전자의 정보처리 작업부하를 줄여주는 미래의 시스템들은 운전자를 졸음에 빠지게 하는 위험한 "과소부하" 상태를 이끌 수 있다고 지적하였다. 간단히 말해 운전이 부담 없는 과제가 된다 할지라도 이것은 운전자가 할 일을 거의 없게 함으로써 오히려 운전자의 경계와 각성을 감소시킬 수 있다는 것이다.

Young과 Stanton(2002)은 운전의 자동화에 따른 운전자의 정신적 과소부하가 운전에 미치는 문제를 고려하였다. 운전에서의 자동화는 운전자의 정신적 작업부하를 줄여줄 수 있기 때문에 좋은 것이다. 그러나 이들은 자동차 자동화가 운전자의 작업부하를 반드시 줄여주는 것은 아니라고 주장하였다. 자동화된 상황에서 운전자의 역할은 능동적으로 자동차를 제어하는 것에서부터 피동적으로 그것의 작동을 감시하다가 뭔가 문제가 있을 때에만 개입하는 것으로 바뀐다(Walker, Stanton, & Young, 2001). 자동화 시스템이 잘못되었을 때 운전자가 신속하게 시스템 제어를 넘겨받아 문제가 무엇인지 파악하고, 그것을 해결할 수 있다면 그런대로 괜찮은 것이다. 그러나 이 연구자들은 시스템 자동화에 따른 과소부하 상태에서 시스템을 조작하는 사람들은 너무 과부하되거나 너무 과소부하되지 않은 최적의 상태에서 직접 시스템을 조작하는 사람들에 비해 더 저조한 수행을 보일 수 있음을 시사하였다.

이러한 문제에 대한 Young과 Stanton의 설명은 **가변적 주의 자원 이론**(*malleable attentional resource theory*: MART)에 기반하고 있다. 몇 가지 전통적인 주의 이론에 대해서는 4장에서 기술한 바 있다. 어떤 주의 이론(Kahneman, 1973)에서는 서로 다른 과제에 할당될 수 있는 단일한 주의 자원이 있다고 주장한다. 이와 대비되는 주의 이론(예를 들어 Wickens의 **중다자원 이론**, 1984, 1992)에서는 감각 양상, 지각이나 중추적 처리, 그리고 반응 기제(구두 반응 혹은 수동 반응)에 따라 몇 개의 분리된 자원이 있다고 주장한다. 이 두 가지 주의 이론의 공통점은 주의 자원의 양이 개인에 따라 매우 안정적이라는 것이다. 그러나 MART는 가용한 주의 자원의 양이 과제 요구에 따라 달라진다고 제안한다. 특히 과소부하 상태에서는 주의 자원의 양이 감소한다는 것이다. 전통적 주의 이론에 따르면 특정 과제를 제대로 수행하기 위해서는 그 과제가 가용한 주의 자원의 양을 초과하는 자원을 요구하지 말아야 하고, 만일 그 과제가 초과된 주의 자원의 양을 요구하는 것이라면 그 과제에 대한 수행이 저하된다고 주장한다. Young과 Stanton의 이론도 이것에 동의한다. 그러나 여기에 추가하여 과소부하 조건에서는 가용한 자원의 양이 감소한다고 제안하였다. 이것은 과제 요구가 갑자기 증가했을 때(예를 들어 Young과 Stanton의 실험에서 자동차 자동화 시스템이 갑자기 고장났을 때 운전자들이 이것을 넘겨받아 차량을 직접 제어했던 경우처럼), 정신적 과소부하에 있던 사람들이 저하된 수행을 보이는지 설명해준다. 너무 단조롭거나 작업부하 요구가 적은 과제는 갑작스런 자원의 요구에 부응하기에는 불충분한 수준까지 가용 자원의 양을 감소시킨다. 이와는 대조적으로 비교적 높은 부하의 과제를 수행하고 있던 사람들은 갑작스러운 자원의 요구에 부응할 수 있는 충분한 자원을 가질 것이다.

각성 수준에 따른 수행 함수와 유사하게 MART는 가용한 자원과 수행이 전도된 U자 형태의 관계가 있음을 시사한다. 작업 부담이 낮다면 이것은 주의 용량에서의 감소와 관련되기 때문에 수행이 저하된다. 과제 부담이 증가함에 따라 최대로 가용한 수준까지 주의 용량도 증가하다가, 주의 용량의 상한계를 초과하면 이후부터는 과제의 추가적 요구가 증가함에 따라 수행도 점점 더 저하된다. MART에 대한 연구는 아직 초보 단계이다. 그러나 이것이 주의 할당에 대해 타당한 이론이라고 입증된다면, 이 이론은 운전에 대해 갖는 실용적 함의는 매우 분명하다. 예를 들어 (자동화 시스템이 고장나 운전자가 직접 차량을 제어해야 하거나, 운전자가 한산한 고속도로를 주행하다가 복잡한 도심에서 운전해야 하는 경우처럼) 낮은 작업부하에서 높은 작업부하로의 갑작스러운 변화는 문제를 야기할 것이다. 과소부하는 과제가 요구하는 새로운 부담에 대처하기에는 불충분한 수준까지 가용 자원의 양을 감소시킬 수 있다. 앞으로 설계자들은 어떻게 하면 운전자에게 요구되는 부담을 줄여줄 것인가보다는, 어떻게 하면 과제 수행 부담의 변화에 충분히 대처할 수 있는 최적의 작업부하 수준에서 운전할 수 있도록 할 것인지를 고려해야 할 것이다.

지금부터는 운전자의 개입과 관련된 네 가지의 기술적 혁신(이 중 두 가지는 이미 제한적으로 사용되고 있는 것이다)이 갖는 시사점들에 대해 논의할 것이다.

적응형 정속주행 시스템

많은 자동차 회사는 자동차에 이미 자동 속도조절 시스템을 장착하고 있다. 전통적인 정속주행 시스템은 운전자가 이 기능을 해제하기 전까지는 자동차가 일정한 운전속도로 주행하도록 한다. 그러나 적응형 정속주행 시스템(adaptive cruise control)은 선행 차량과의 거리를 감지하여 안전한 차간거리가 될 수 있도록 자동적으로 운전속도를 조절한다. 만일 선행차량이 없다면 운전자가 원래 설정한 운전속도로 주행하게 한다. Young과 Stanton(2004)은 운전 시뮬레이션을 이용하여 적응형 정속주행 시스템의 효과를 검증하였다. 그 결과 운전속도에서 변화가 많은 조건에서는 이 시스템이 운전자의 작업부하 수준을 감소시켜 주지만, 일정한 속도로 주행하는 경우(예를 들어 한산한 고속도로를 주행하는 경우처럼)에서는 전통적 방식의 정속주행 시스템에 비해 이점이 거의 없다는 것을 발견하였다. Young과 Stanton은 이러한 결과에 대해 운전자의 차량이 매우 안정적인 속도로 운전하는 경우 선행 차량을 따라가는 것은 상당히 자동화된 행동이지만, 운전속도가 자주 변화되는 경우에는 운전자의 통제적 처리가 더 많이 요구되기 때문이라고 해석하였다. 이에 따라 후자의 경우에 적응형 정속주행 시스템이 운전자의 정신적 작업부하를 더 많이 경감시켜줄 수 있다는 것이다.

Dravidman과 Tosunoglu(1999)는 적응형 정속주행 시스템의 사용과 관련한 좀 더 실제적인 문제들을 논의하였다. 이들은 추돌 가능성을 결정하는데 두 가지의 방법이 있다고 지적하였다. 하나는 **충돌까지의 시간**(*time-to-collision*, 두 대의 차량이 속도와 방향을 변경하지 않을 경우 두 차량이 충돌하기까지 남아 있는 시간)에 기초하는 방법이고, 다른 하나는 최악의 시나리오(어떤 시점에서 선행 차량이 최대로 감속할 경우, 운전자의 차량이 선행 차량과 충돌하기 전에 정지할 수 있는 최소한의 거리)에 기초하는 방법이다. 이 두 가지 방법은 상이한 결과를 도출할 것이고, 이에 대한 연구가 더 요구될 것이다. 또한 운전자에게 경고를 제공하는 기준도 가시도에 따라 다를 수 있다는 문제가 있다. 예를 들어 비나 눈이 오거나, 안개가 끼었거나 혹은 어두운 조건에서는 전방에 차량이 있다는 것을 운전자에게 경고해주는 것이 더 바람직한 반면, 좋은 가시도 조건에서는 이러한 경고가 필요하지 않을 것이기 때문이다.

Dravidman과 Tosunoglu는 적응형 정속주행 시스템의 설계에서 인간 요인에 대한 연구가 더 많이 수행되어야 한다고 제안하였다. 첫째, 운전자의 주의 분산이 너무 높지 않도록 하기 위해서는 추돌 회피 시스템과 "지능형 자동차"에서 요구되는 주의 부담 사이의 관계를 고려해 보아야 한다. 둘째, 이러한 모든 시스템이 운전자의 운전스타일에 어떠한 영향을 미칠지 알아보아야 한다. 예를 들어 이러한 시스템을 장착한 차량의 운전자들은 이 시스템이 선행 차량과의 위험한 거리를 경고해 줄 것이라고 기대하기 때문에 이러한 시스템이 장착되지 않은 경우에 비해 선행 차량에 항상 더 근접하여 운전하는 경향을 보일 것이다. 이러한 경우의 문제는 시스템이 제공할 수 있는 안전 여유(safety margin)가 운전자의 실제 반응시간에 기초한 것보다 훨씬 더 적을 수 있다는 점이다(특히 적응형 정속주행 시스템의 사용으로 인해 운전자가 주변 환경에 주의를 덜 주는 경우는 더 위험할 것이다).

지능형 속도제한 시스템

머지않은 장래에 지능형 속도제한 시스템(intelligent speed adaption: ISA)이 많은 차량에 장착될 것으로 기대된다. 현재 스웨덴, 덴마크, 네덜란드, 그리고 영국과 같은 많은 유럽 국가에서 다양한 유형의 지능형 속도제한 시스템의 설계가 이루어지고 있다. 가장 단순한 형태는 운전자에게 단지 현재 운전하고 있는 도로의 제한 속도를 알려주는 것이다. 좀 더 복잡한 형태는 차량의 속도를 제한 속도에 맞춰 자동적으로 조절하는 것이다. 이것은 운전자 스스로 설정할 수도 있고(운전자 스스로 차량 속도가 제한 속도를 넘어가지 않도록 설정하는 것), 강제적으로(운전자가 원하든 원하지 않든 차량의 최고 속도가 주행 중인 도로의 제한 속도로 맞춰지는 것) 설정될 수도 있다. 최대 속도는 특정 속도로 제한될 수도 있고, 조건에 따라 역동적으로 변경될 수도 있을 것이다. 예를 들어 보행자 횡단보도 지역에서 운전하거나 혹은 날씨가 좋지 않다면 제한 속도가 더 낮아질 수 있을 것이다.

ISA는 여러 가지 측면에서(특히 도심 지역의 보행자 안전이라는 측면)에서 바람직하다고 할 수 있다. 현재의 제한 속도가 갖는 한 가지 문제는 이것이 유연하지 못하다는 것이다. 이 때문에 운전자는 제한 속도를 최대 운전속도로 생각하기보다는 권장 운전속도 정도로 여기는 경향이 있다(비나 눈이 온 경우 제한 속도는 실제로 너무 높은 운전속도일 수 있다). Carsten과 Tate(2005)는 특정 제한 속도로 설정된 ISA는 부상 사고의 20%, 그리고 사망 사고의 37%를 줄여주고, 제한 속도가 역동적으로 변경되는 좀 더 복잡한 형태의 ISA는 부상 사고의 36%, 사망 사고의 59%를 줄여줄 수 있다고 추정하였다. 그러나 이 추정치는 몇 가지 이유로 그렇게 정확한 것은 아닐 수 있다. 첫째, 이들의 연구는 모든 사고가 운전속도와 관련된다는 생각을 포함한 부정확한 가정들에 기초하여 이루어진 것이다. 둘째, 이들은 현재의 운전빈도는 변하지 않지만, 운전속도는 더 줄여서 운전할 것이라고 가정하였다. 그러나 ISA의 장착과 관련하여 이러한 가정들보다 더 중요하게 고려되어야 하는 측면들도 있다. 예를 들어 이러한 시스템의 도입에 따른 운전자의 집중이나 각성에서의 변화도 고려되어야 한다. 그러한 시스템이 장착될 경우 운전속도는 줄어들 것이기 때문에 사고가 발생하여도 그 심각성의 수준은 분명히 감소할 것이지만, 운전자의 무주의에 의해 더 많은 교통사고가 발생한다면 이러한 이점은 상쇄될 수 있기 때문이다.

Comte(2000)는 ISA가 운전자 과제의 본질을 바꿀 것이라고 지적하였다. ISA와 같은 것에 의해 차량 속도가 제한되는 것에 대해 운전자들이 어떻게 반응할지에 대해서는 아직 알려진 바가 거의 없다. 아마도 운전자들은 시간압력이나 좌절을 더 많이 경험할 수도 있고, 경계 수준을 낮추는 것과 같이 자신의 운전행동을 변경할 수도 있을 것이다. Comte는 운전 시뮬레이션을 통해 운전자의 행동이 세 가지 유형의 ISA(즉, 제한 속도가 변화될 때마다 운전자가 스스로 시스템을 사용할 것인지의 여부를 결정하는 **운전자 선택 조건**, 자동차의 최고 속도가 주어진 도로의 제한 속도에 맞춰지는 **강제형 조건**, 그리고 자동차의 최고 속도가 제한 속도를 넘지 않을 뿐만 아니라 보행자 횡단보도와 같은 위험한 장소에서는 운전속도가 더 감소되는 **변화형 조건**)에 따라 어떻게 다른지 검토하였다.

그 결과 평균 운전속도는 세 가지 시스템에 따라 차이가 별로 없었으나, ISA는 마을의 진입 지역과 같이 운전자들이 제한 속도에 맞춰 자신의 운전속도를 조절하기 어려운 특정 지점에서는 운전속도를 감소시켰다. ISA를 사용하면 운전자들은 교차로에서 우회전할 때 큰 도로에서 접근해오는 차량과 더 짧은 거리를 두고 우회전하는 경향이 있었다. Comte는 이러한 경향이 운전자의 좌절이나 조바심, 그리고 "상실된 시간"을 보충하려는 욕구 때문에 발생한다고 제안하였다(실제로 강제형 혹은 변화형 ISA를 사용한 조건에서 시간압력이나 좌절감에 대한 실험참가자들의 주관적 평점 점수가 유의하게 높았다). 이 두 가지 유형의 ISA를 사용한 운전자들은 선행 차량과의 차간거리도 더 짧았을 뿐만 아니라, 그 간격도 1초 이하로 유지하는 경향을 보였다. 가장 중요한 점은 운전자들이 ISA를 사용할 때 경계 수준이 떨어진다는 증거를 찾지 못했다는 점이다. ISA를 사용한 조건과 ISA를 사용하지 않은 통제조건에서 무선적이지만 기대 가능한 표적이나 기대하지 않았던 표적에 대한 반응시간이 모두 유사하였다.

Hjälmdahl과 Várhelyi(2004)는 스웨덴의 Lund시에서 대규모의 ISA 시험 사용 프로그램에 참여한 28명의 운전자들을 대상으로 ISA 사용이 갖는 장기적 효과를 검토하였다. 실제 운전상황에서의 운전행동에 대한 측정치들이 이 시스템을 사용하기 이전과 최소 6개월 이상 사용한 이후에 각각 측정되었다. 이 연구에서의 ISA는 이 시스템이 작동하는 지역에서 운전자가 제한 속도를 초과하고자 할 경우 액셀러레이터 페달의 압력이 증가하여 이 페달을 발로 누르기가 어렵게 되는 것으로 일종의 강제형 ISA였다. Hjälmdahl과 Várhelyi은 이러한 시스템이 작동 중이거나 혹은 꺼져 있을 경우 이것이 운전자의 행동에 어떠한 영향을 미치는지 살펴보고자 하였다. Comte의 연구 결과와는 대조적으로 ISA를 사용한 운전자들은 선행 차량과의 차간거리를 좁히지 않았다. 오히려 간선 도로에서는 차간거리가 더 증가하였다. 또한 운전자들은 ISA가 작동하는 지역 밖에서는 자신의 운전속도를 제한 속도에 맞추는 것을 망각하기도 하였다. 이것은 운전자들이 제한 속도에 자신의 운전속도를 맞추기 위해 ISA에 어느 정도 의존해야 했다는 것을 시사한다. 운전자들은 시간압력이 증가하였다거나 혹은 자신이 다른 차량의 진행을 방해하면서 운전하는 것 같았다고 보고하기도 하였다. 그러나 이러한 문제들은 ISA가 많은 운전자에 의해 광범위하게 사용됨에 따라 대부분 사라질 것이다.

Hjälmdahl과 Várhelyi가 인정하였듯이 이들의 연구가 갖는 한 가지 문제는 실험의 대상이 된 모든 운전자가 자신의 차량에 ISA를 장착하도록 자발적으로 동의한 사람들이기 때문에, 이들은 일차적으로 ISA 시스템에 대해 긍정적인 태도를 가질 가능성이 높다는 점이다. ISA가 더 많은 운전자에 의해 사용될수록 이 시스템이 자신에게 부담을 준다고 느끼는 운전자들도 많아질 것이고, 시스템에 대한 이들의 반응과 태도는 Hjälmdahl과 Várhelyi의 연구에 주로 포함된 중년의 운전자들과는 많이 다를 것이다. 그러나 Comte, Hjälmdahl과 Várhelyi(2004)의 연구 결과는, ISA에 의한 운전속도에서의 감소가 가져다 주는 안전 측면에서의 이점이 다른 어떤 단점들보다 더 우월하다는 것을 시사한다.

이미지 재인 시스템

ISA는 운전자가 자동차의 속도를 통제하는 부담을 제거해 준다. 자동화된 운전의 또 다른 형태는 자동차가 어디를 가고 있는지 감시하거나 진행 경로상의 장애물을 탐지하는 과제를 자동차가 운전자로부터 넘겨받는 것이다. 충돌 회피 시스템(collision avoidance system)은 이미 많이 개발되었다. 이 시스템은 임박한 충돌을 탐지하는 데 레이더를 사용한다. 충돌이 발생할 가능성이 있으면, 이 시스템은 경보를 울려 운전자를 각성시키고, 좌석벨트를 조이며, 에어백이 작동하도록 준비하고, 감속 및 충돌회피 기능을 개시한다. 그러나 General Motors사나 Mercedes사는 이보다 훨씬 더 진보된 형태의 "지능형" 이미지-재인 시스템(image recognition system)을 자동차에 장착하고자 노력하고 있다. 이 시스템은 도로 표지들을 재인하고, 움직이는 대상(예를 들어 주차된 차량의 뒤에서 갑자기 도로로 뛰어나오는 어린이)에 대해 인간 운전자보다 훨씬 더 빠르게 반응한다. 그러나 이러한 기술이 갖는 안전 측면에서의 이점은 언뜻 보이는 것과 달리 그렇게 확실한 것은 아니다. 지금 자동차가 어떻게 작동되고 있는지에 대해 운전자들이 지속적으로 자각하고 있어야 한다는 측면에서 보면, 이러한 시스템이 문제를 야기할 수 있다는 것은 분명해 보인다. 운전자가 탐지하지 못했던 위험요소와 충돌하지 않기 위해 자동차가 스스로 급정거하는 경우 운전자는 어떻게 반응할 것인가? 이 시스템은 운전자 개입이라는 측면에서도 문제를 안고 있다. 이와 같은 시스템이 위험요소를 감시하는 운전자의 과제를 보조해 줄 것인가? 아니면 이 시스템 때문에 운전자가 더 부주의해지고, 위험요소를 탐지하는 것을 완전히 자동차에 의존하도록 만들 것인가?

어찌 되었건 어떤 도로 표지나 보행자를 놓치는 일이 없도록 충분히 믿을만한 시스템이 가능할지에 대해서는 아직 의문의 여지가 많다. 그것은 마치 컴퓨터 비전 시스템들이 전혀 결함이 없이 이러한 유형의 과제를 수행할 만큼 믿을만 하고 정교해지기까지 오랜 시간이 필요했던 것과 유사하다. 그와 같은 시스템이 에러를 전혀 범하지 않을 것이라고 장담할 수 없기 때문에 이러한 시스템이 완전하게 자동차를 통제할 수 있도록 내버려두는 것도 불가능할 것이다. 어떻게 보면 그러한 시스템은 도로 위에 교통표지나 위험요소가 있다는 것을 운전자에게 경고하는 정도의 기계로 전락할 수 있는 것이다. 운전자들이 이러한 것들을 이미 알아차렸는지 확인할 수 있는 방법이 없기 때문에, 이러한 시스템들은 안전을 향상시키기 위한 수단이라기보다는 뒷좌석에 앉아 운전자에게 이래라 저래라 명령만 하는 성가신 존재로 남을 가능성이 높은 것이다. Stanton과 Young(2000)과 다른 연구자들이 지적하였듯이 이와 같은 시스템에 대해 운전자가 갖는 신뢰는 그 시스템의 유용성을 결정짓는 중요한 요인이다. 운전자에게 신뢰받는 시스템이 되기 위해서는 예측 가능하고 일관적이며(잘못된 경보를 빈번하게 제공하지 않는 것과 같이) 믿을 수 있어야 한다.

완전 자동화된 차량통제

운전으로부터 운전자를 완전히 자유롭게 할 수 있는 시스템에 대해 어떻게 생각하는가? 도로에 설치된 센서들이 자동차의 속도와 위치를 자동적으로 제어하기 때문에(이러한 방식은 때에 따라 리모트 컨트롤되는 자동차라고도 표현된다), 운전자는 자신이 통제를 넘겨받기 전까지는 좌석에 앉아 쉬는 것 외에는 할 일이 없도록 하는 시스템 말이다. 제한된 범위의 고속도로 운전이라면(예를 들어 운전자의 과제가 주로 정해진 차선에서 선행 차량과 일정한 차간거리를 유지하며 주행하는 것), 이것은 기술적으로 얼마든지 가능한 일이다. 그러나 중요한 문제는 차량의 통제를 자동차에서 운전자로(혹은 운전자에서 자동차로) 전환하는 것에 결함이 없다고 확신할 수 있는지이다. 완전 자동화된 자동차 덕분에 깊은 잠에 빠져 있다가, 자신이 통제를 넘겨받아야 하는 시점이 되어서도 잠을 깨지 못하는 운전자를 상상해 보라. 이 때문에 많은 차량이 연쇄적으로 충돌할 수 있다는 것을 예상하면 이러한 시스템이 실제 구현될 것인지에 대해서는 의문의 여지가 많다(어찌되었건 이보다 더 간단한 방법이 이미 존재한다. 이것은 기차라고 불린다).

운전자 작업부하의 적정 수준 유지

졸리지 않는 한 운전자는 자동차 내부의 기기를 만지작거리거나 휴대전화로 통화하는 것과 같은 다른 일들에 남아 있는 인지적 여분을 사용하고자 할 것이다. 그러나 이것은 매우 위험한 일이 될 수 있다. Norman(2004)이 지적하였듯이 인간은 본래 산만한 존재이다. 우리는 주변에 있는 이 대상에서 저 대상으로 계속해서 주의를 돌린다. 이러한 특성은 진화의 결과로 얻은 일종의 자산이기도 하겠지만, 운전의 맥락에서 보면 결코 이롭지 못한 특성이기도 하다. Norman은 일상생활에서 이곳저곳으로 주의를 옮기는 것이 쉬운 일이기 때문에, 운전하면서도 이와 같이 할 수 있을 것이라고 잘못 생각하게 한다고 주장하였다. 그러나 때에 따라 운전에서는 긴박한 반응이 요구된다는 것이 문제이다. 그때 운전자가 운전에 완전한 주의를 기울이지 않는다면 사고가 발생할 가능성은 높아진다.

3장과 4장에서도 살펴보았듯이 주의 실패는 교통사고의 주요 요인이고, 운전 중 휴대전화 사용은 그러한 사고의 위험성을 증가시킨다. 결론적으로 운전자가 운전 중에 자동차 안에서 운전 이외의 다른 활동에 주의를 분산시키도록 하는 것은 매우 바람직하지 않다고 할 수 있다. 그러나 경우에 따라 상업적 목적이 도로 안전의 중요성을 능가하여, 자동차를 마치 움직이는 사무실로 만들려고 하는 추세가 계속되고 있다. Lamble, Kauranen, Laakso 및 Summala(1999)는 Microsoft사가 운전하는 도중 개인용 전자수첩, 주소록, 이메일 등을 사용할 수 있도록 해주는 Windows CE 운영 프로그램의 판매시장으로 자동차를 목표로 하겠다는 주장을 심각하게 고려하였다. Microsoft사는 음성입력 기술을 통해 운전자들이 "도로에서 눈을 떼지 않고, 두 손을 모두 이용하여 핸들을 조작할 수 있을 것"이라고 큰소리쳤다. 이에 대해 Lamble과 동료들은 "이러한 시스템을 개발할 때 운전자

그림 9.1. 미래에 이러한 일이 생길 수도 있지 않을까?

의 마음도 도로에 갈 수 있도록 해야 하는 것은 잊는 것 같다"고 꼬집었다. BMW의 몇 개 차종에는 실제로 이러한 시스템이 사용되고 있다. 이 시스템은 운전자가 전화, 전화번호부, 노트북 기능, 네비게이션 시스템 등을 사용할 수 있게 해주고, 음향기기도 조작할 수 있도록 해준다. 이 시스템도 운전자의 손이 자유롭다면 안전할 것이라고 가정하고 있다.

Biever(2002)는 실험장치가 설치된 차량을 이용하여 청각적으로 제시된 도로 안내 정보가 실제의 운전수행에 어떠한 영향을 미치는지 검토하였다. 그 결과 운전자들이 더 자주 도로 전방을 주시하는데 더 많은 시간을 투여한다 하더라도 이들의 차선 유지 능력이 저하된다는 것이 관찰되었다. 또한 이들의 운전속도 유지 수행과 선행 차량과의 차간거리 유지 수행도 더 저하되었고, 차량의 거울이나 장치들을 덜 확인하였으며, 주변의 대상이나 다른 차량의 움직임에 대해서 자각하는 정도도 더 낮았다. 운전자가 전방을 주시하고, 또한 두 손을 모두 핸들 위에 올려놓고 운전한다 하더라도 운전수행은 분명히 저하된 것이다. 특히 이 실험에서 요구된 과제들이 BMW 차량의 운전자가 그러한 시스템을 실제로 사용할 때 요구받는 과제에 비해 훨씬 더 단순한 것이라는 점을 감안하면, 이러한 결과는 중요한 시사점을 제공한다고 할 수 있다. Biever는 운전자들이 주어진 과제와 관련된 청각 정보에 더 집중하느라 시각 정보를 무시할 수 있다고 제안하였다. 이 연구 결과에서 더 심각한 문제는 운전자들이 자신의 운전수행이나 상황인식이 저하되었다는 것을 자각하지 못하였다는 점이다. 이 때문에 운전자들은 선행 차량과의 거리를 더 벌리는 것과 같이, 자신의 저하된 수행을 다른 방식으로 보상하려 하지 않았다.

많은 자동차 제조회사는 텔레매틱스 영역이 장래의 수지가 맞을 시장이라 생각하고, 이에 대한 연구에 투자하고 있다. 미국 교통부에서 발간한 한 보고서(*Human Factors Guidelines for Advanced Traveller Information System and Commercial Vehicle Operations*)에는 운전자에게 제공할 수 있는 다양한 유형의 정보를 열거하고 있다. 이러한 정보들은 크게 네 가지 유형으로 구분된다. 경로 계획과 항행에 필요한 정보, 운전자 서비스(주유소와 같이 운전자가 필요로 하는 서비스의 제공 장소 위치나 "가볼 만한 곳"과 같은 정보) 안전과 경고 정보(차량 상태나 도로 상태에 대한 정보 혹은 예상되는 위험요소에 대한 경고 등) 그리고 추가적이고 중복적인 도로 표지 정보(예를 들어 전방에 굴곡이 있는 도로가 나타난다는 것을 알려줄 뿐만 아니라, 이 지점에서 권고되는 최대 운전속도에 대한 정보를 제공하는 것) 등이다.

자동차 제조회사들이 운전자에게 제공하고자 하는 엄청난 양의 정보를 고려하면, 그러한 정보를 가장 안전하고 효율적으로 제공할 수 있는 방식이 무엇인지에 대한 연구가 활발하게 수행되어야 할 것이다. 현재로서는 운전자들은 자동차 밖에서 제시되는 많은 표지와 자동차 안에서 제시되는 제한된 수의 시각적 심벌들을 이해하면 될 것이다. 그러나 차량내 정보제공 시스템은 이러한 특성을 바꾸어, 차량 밖에서 제시되는 도로 표지들은 운전자에게 이것들이 존재한다는 것만 알려주고, 그 표지의 구체적 내용은 정보제공 시스템을 통해 시각적으로나 청각적으로 제공될 것이다. 운전자들이 간과할 수도 있는 이러한 정보들의 존재를 운전자에게 알려준다는 점은 바람직하지만, 그러한 정보 때문에 운전자의 정신적 작업부하 부담이 증가할 수 있는 가능성도 있다. 이미 살펴보았듯이(3장), 운전자들은 자신이 필요로 하는 정보가 무엇인지에 따라 스쳐 지나가는 모든 도로표지 중 극히 일부에만 선택적으로 주의를 기울인다. 그러나 차량내 정보제공 시스템은 이러한 운전자의 요구를 알지 못하기 때문에, 운전자가 주행하는 도로의 모든 표지에 대한 정보를 일일이 제공할 것이다. 왜냐하면 도로 표지가 설치된 것은 그것이 운전에 필요한 것이기 때문이다. 차량내 정보제공 시스템은 "제발 날 좀 보세요"라고 외치는 모든 표지 중에서 운전자의 필요에 따라 선택할 수 있는 능력은 (최소한 아직까지는) 없다.

(도로 표지에 대한 정보와 함께) 차량이 차선에서 벗어났거나 위험요소와 충돌 가능성이 있을 때 운전자에게 이것을 경고해주는 시스템이 개발됨에 따라, 자동차 안에서 제공되어야 하는 정보의 종류도 더 다양해질 것이다. 이것을 해결하기 위한 한 가지 방법은 경고를 서로 다른 감각 양상을 통해 제공하는 것이다. 어떤 경고는 시각적으로 제공되는 반면, 다른 경고는 청각 혹은 촉각적으로(예를

들면 핸들을 진동하게 하는 것) 제공될 수 있을 것이다. 그렇게 하더라도 어떤 메시지는 다른 것에 비해 더 중요할 수 있기 때문에, 이러한 경고들 중에서 어느 것에 더 많은 우선권을 주고 다른 것들은 여과시킬 것인지에 대한 방법을 찾아야 할 것이다. 또한 일반적으로 사용되는 심벌들과 같이, 운전자가 차량을 바꾸었을 때의 학습 부담을 줄이기 위해 경고 정보들도 차량에 따라 표준화되어야 할 것이다. 일반적으로 거의 모든 차량은 방향 지시 레버는 왼쪽에 있는 반면, 앞유리 와이퍼 레버는 오른쪽에 위치하고 있다. 이러한 배열이 뒤바뀐 차를 운전한다고 생각해보라. 특히 스트레스가 있는 상황이라면 이미 익숙한 것과 다르게 장치들이 배열된 차량을 운전하는 것은 매우 혼란스러운 일이 될 것이다.

차량이 운전을 보조할 수 있게 하는 "적응형" 시스템에 대한 많은 연구가 수행되어 왔다. 이러한 시스템은 흔히 "작업부하 관리자(workload manager)"라고 불리는데, 이것은 운전자에게 언제 정보를 제공하는 것이 안전한지를 판단하여 정보의 제공 시점을 조절한다. 도로 안내정보, 이메일 혹은 전화 등은 이러한 정보들 때문에 운전자의 정보처리에 과다한 부담이 주어지지 않도록 우선순위가 조절될 수 있을 것이다. 예를 들어 이 시스템이 지금 운전자가 다른 차를 추월하고 있다는 것을 감지한다면, 추월이 완료될 때까지는 시각적인 여행 정보의 제공을 청각적인 다른 정보(라디오 방송이나 걸려온 전화)의 제공 이후로 미룰 것이다.

이러한 적응적인 정보제공 방식은 매우 바람직한 생각이다. 그러나 시스템이 정보제공 시점에 우선순위를 두는 것은 실제로 매우 어려울 것이다. 다음과 같은 시나리오를 생각해 보자. 어떤 운전자가 차량내 정보제공 시스템의 기능 중 도로 안내 정보 기능을 사용하면서 목적지를 향해 운전하고 있다. 목적지에 도착하면 호텔에서 묵을 계획이다. 이 시스템의 도로표지 정보제공 기능은 현재의 제한 속도와 바로 다음에 곡선 도로가 나온다는 정보를 반복해서 상기시킨다. 또한 앞의 도로가 정체되어 있다는 정보도 제공된다. 이러한 모든 정보가 계속 제시되는 동안, 운전자는 자신이 묵을 호텔에 대한 정보를 탐색한다. 이 운전자는 이처럼 엄청나게 많은 양의 정보를 처리하면서 동시에 운전도 해야 한다. 더구나 이 모든 정보를 어떤 순서로 제공할지에 대한 결정도 예외없이 이루어져야 한다. 왜냐하면 정보제공의 타이밍이 중요하기 때문이다. 두말할 필요없이 이 운전자에게는 전방의 위험요소나 도로의 굴곡에 대한 정보가 너무 늦지 않게 제공되어야 한다. 그렇다고 그 정보를 잊어버릴 만큼 너무 일찍 제공되어서도 안 된다. 이것은 도로 안내 정보의 제공에도 해당되는 것이다.

경고 신호의 경우, 경고되는 사상에 대한 경고 시점은 경고 시스템에 대한 운전자의 신뢰에 영향을 줄 수 있다. Abe와 Richardson(2004)은 운전 시뮬레이션을 이용하여 전방 충돌 경고 시스템과 관련된 이러한 문제를 검토하였다. 실험참가자들은 일정한 속도로 운전하되 선행 차량이 속도를 늦출 때마다 브레이크를 밟도록 하였다. 운전자가 선행 차량에 너무 접근하여 운전하면 충돌 가능성을 알리는 경고음이 주어졌다. 선행 차량이 속도를 늦추기 시작한 후 경고가 제시되기까지의 시간 간격은 0.05초(이른 경고 시점), 0.64초(중간 수준의 경고 시점), 그리고 0.99초(늦은 경고 시점)의 세 가지 수준으로 조작되었다. 실험 결과 이른 경고 시점 조건에서만이 통제 조건(경고가 주어지지 않았던 조건)에 비해 선행 차량의 감속에 대한 실험참가자들의 반응시간을 유의하게 줄여주었다(통제 조건에 비해서는 거의 1초 정도, 그리고 중간 수준과 늦은 경고 시점 조건에서 비해서는 200msec 정도). 중간 수준과 늦은 경고 시점 조건에서의 반응시간은 통제조건에서의 반응시간과 차이가 없었다. 늦은 경고 시점 조건의 경우 실험참가자들은 경고음이 들리기 전에 이미 브레이크를 밟고 있었다. 경고 시스템에 대한 실험참가자의 신뢰 평정치도 경고의 시점과 관련이 있었는데, 이른 경고 시점 조건과 중간 수준의 경고 시점 조건에서의 신뢰 평정치가 늦은 경고 시점 조건에서의 신뢰 평정치보다 더 높았다. Abe와 Richardson은 이미 반응 결정(이 실험에서는 브레이크를 밟는 것)을 내린 후에 제시되는 경고는 일종의 헛경보(false alarm)로 지각되기 때문에 운전자들이 이러한 시스템을 정확하지 못한 것으로 판단했기 때문이라고 해석하였다. 비록 경고 시스템이 위험한 상황에 대해 완전하게 타당한 정보를 제공한다 하더라도, 그것이 얼마나 타당한지는 주어진 상황에 대한 운전자 스스로의 평가에 따라 달라진다. 실제 운전 상황에서는 너무 빨리 경고를 제공하는 시스템도 신뢰를 받지 못할 수 있는데, 그 이유는 이른 경고가 대부분의 경우 헛경보일 가능성이 높기 때문이다. 종합하면 이러한 연구 결과들은 전방 충돌 경고 시스템에 대한 운전자의 신뢰 수준을 결정하는데, 경고의 제시 시점이 매우 중요하다는 것을 시사한다.

전자 네비게이션 시스템은 나름대로의 문제를 갖고 있다. 앞에서 청각적으로 제공된 경로 정보라도 운전자의 주의를 분산시킬 수 있다는 것을 기술하였다. 그럼에도 불구하고 최근의 네비게이션 시스템은 대부분 시각적인 지도 정보를 제공하고 있다. Brooks, Lenneman, George-Maletta, Hunter 및 Green(1999)은 전자 지도의 가독성(legibility)과 이해 용이성에 영향을 미치는 요인들에 대한 자신들의 연구에 대한 논문에서, 논문을 집필할 당시에도 일본에서는 이미 이러한 시스템이 흔하게 사용되고 있다고 기술한 바 있다. 전자 지도는 몇 가지 중요한 문제들(예를 들어 전자 지도에 사용되어야 하는 텍스트의 크기와 방향, 특정 시점에서 제공되어야 하는 도로의 수, 디스플레이의 물리적 위치, 전자 지도 사용이 운전자의 수행에 미치는 효과, 그리고 연령이나 성별과 같은 운전자의 특성에 따른 전자 지도 시스템 사용에서의 차이 등)에 대한 인간 공학적 연구 결과가 부재한 상황에서도 이미 많이 사용되고 있었다. 그러나 Brooks의 연구 결과는 이러한 문제들 모두 운전자가 전자 지도를 실질적으로 사용하기 위해 요구되는 시간(즉, 도로 전방을 주시하는데 사용되는 시간이 아닌 전자 지도를 보는 데 순수하게 투여하는 시간)에 상당한 영향을 준다는 것을 보여주었다.

Brooks 등(1999)은 실험참가자들에게 운전 시뮬레이터를 운전하면서 세 가지 유형의 지도판독 과제를 수행하도록 지시하였다. 전자 지도는 실제 사용되는 전자 지도를 모사한 형태였고, 시스템은 대시보드의 상단 중앙에 위치하도록 하였다. 실험참가자들의 과제는 자신이 현재 주행하고 있는 도로의 이름(과제 1), 현재 주행하고 있는 도로와 교차하는 도로의 이름(과제 2), 그리고 디스플레이에 제시된 여러 도로 중에서 특정한 도로의 이름(과제 3)을 확인하고, 신속하고 정확하게 도로의 이름과 연합된 버튼을 누르는 것이었다(종속변인으로 반응시간과 에러율이 측정되었다).[1] 실험 결과 과제 1에서의 반응시간이 가장 빨랐으나, 그래도 평균 2초 정도 소요되었다. 과제 3에서의 반응시간은 평균 4.3초였고, 느리게 반응한 몇몇 실험참가자들의 반응시간은 10초를 넘기도 하였다. 이 과제를 수행하는데 노인 실험참가자들(65세 이상)의 반응시간은 젊은 실험참가자들(18~30세)의 반응시간보다 대략 35% 정도 더 느렸다.

Brooks, Nowakowski 및 Green(1999)은 실제 운전상황에서 음성정보와 함께 제시되는 회전방향 표시 디스플레이(turn-by-turn display)와 음성정보가 제공되지 않는 경로 지도 디스플레이(route map display)를 직접 비교하였다.[2] 이들은 이미 시중에서 시판되고 있던 "Pathfinder"라는 네비게이션 시스템을 실험에 사용하였다. 종속 측정치로는 각 디스플레이에 대한 실험참가자들의 주관적 선호도 평가 점수와 주시빈도가 사용되었다. 먼저 주관적인 선호도에 대한 분석 결과, 회전방향 표시 디스플레이가 경로 지도 디스플레이에 비해 더 많이 선호되는 것으로 밝혀졌는데, 그 이유는 아마도 전자의 경우 다음 회전 지점까지의 거리, 회전 방향을 가리키는 화살표, 그리고 다음 도로의 명칭과 같은 운전자가 사용할 수 있는 다양한 정보가 제공되었기 때문일 것이다. 회전방향 표시 디스플레이는 경로 지도 디스플레이에 비해 거의 4배 정도 더 많은 주시빈도를 보였다. 그러나 어떤 디스플레이를 더 많이 주시했는가가 중요한 것은 아니다. 그것보다는 어느 디스플레이건 상관없이 실험참가자들이 너무 자주 디스플레이들을 주시하였다는 점이다. 실험참가자들은 평균 291회의 주시빈도를 보였는데, 이것은 다양한 도로 유형에 따라 37회의 회전 정보가 제시된 30.5마일의 운전에서 1마일당 9.5회의 주시빈도를 보였다는 것을 의미한다. 회전방향 표시 디스플레이의 경우

---

1. 이 실험에서 도로 이름은 흔히 사용되는 남성 이름과 여성 이름으로 제시되었는데, 실험참가자의 과제는 자신이 확인해야 하는 도로 이름의 성별에 따라 정해진 버튼을 누르는 것이었다.

2.

Turn by Turn

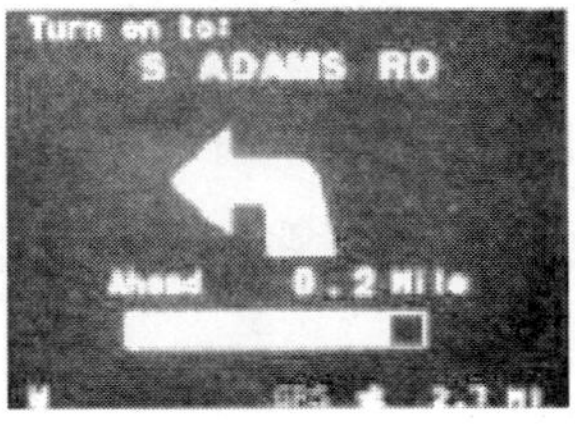

Route Map

실험참가자의 주시빈도는 회전을 마친 직후 혹은 음성정보가 제공될 때마다 갑작스럽게 많이 발생한 반면, 경로 지도 디스플레이의 경우에는 각 운전의 전 과정에서 매우 고른 빈도로 나타났다. Brooks는 실험참가자의 주시시간은 측정하지 않았으나, 음성정보가 제공되는 경우라도 이 시스템은 운전자의 주의를 상당히 많이 분산시키는 것으로 보인다.

경로-찾기(route-finding)와 관련하여 Cnossen, Meijman 및 Rothengatter (2004)는 한 가지 중요한 점을 지적하였다. 그것은 운전 중에 수행되는 "이차과제"에 의한 주의 분산의 정도는 이차과제 자체의 특성(인지 혹은 운동 부담의 관점에서)뿐만 아니라 운전자들이 그 과제를 얼마나 중요하게 생각하는지에 따라 달라질 수 있다는 것이다. Cnossen과 동료들은 운전과 덜 관련되는 과제(예를 들어 라디오 청취나 휴대전화 사용)에 비해 직접적으로 더 많이 관련되는 과제(예를 들어 경로 찾기)에 우선권을 준다고 제안하였다. 이 때문에 운전과 이차과제의 상대적 수행을 비교한 연구들이 서로 일치하지 않는 결과를 도출한 한 가지 이유가 될 수 있다고 주장하였다. 어떤 연구들은 운전자들은 이차과제를 수행하면서 운전수행도 제대로 유지하려는 노력을 기울인다는 것(예를 들어 자신의 운전속도를 줄이거나, 선행 차량과의 차간거리를 크게 하거나 혹은 후사경 체크를 생략하는 것 등, Brookhui, de Vries & de Waard, 1991)을 관찰하였다. 다른 연구들은 운전수행이 이차과제 수행에 의해 손상된다는 것을 보여주었다. Cnossen과 동료들은 이러한 명백한 불일치는 운전자들이 네비게이션을 이용하여 목적지로 운전해 가는 과제를 일차과제(운전)의 중요한 측면이라고 생각하기 때문에 발생했을 것이라고 제안하였다. Cnossen 등은 이러한 생각을 검증하기 위해 운전 시뮬레이션을 이용하여 실험참가자들에게 운전과 동시에 세 가지 유형의 이차과제(작업기억 과제 수행, 종이지도 보기, 경로안내 정보 청취)를 수행하도록 요구하였다. 또한 작업부하를 달리하기 위해 도로 환경도 복잡한 도로와 한산한 도로로 조작하였다.

이들의 주요 결과는 실험참가자들이 지도를 보면서 복잡한 도로를 운전할 경우는 (눈이 도로에서 벗어나는 것을 보상하기 위해) 운전속도를 줄였지만, 작업기억 과제를 수행하도록 요구받은 경우에는 그렇지 않았다는 것이다. 그리고 지도를 보면서 운전할 경우는 그렇지 않은 경우에 비해 운전속도는 더 줄였지만 차선내 차량의 위치 변산성은 (절대적 의미에서는 불과 몇 센티미터 정도였지만) 더 컸다. Cnossen과 동료들은 운전자들이 일차과제 수행(차선 유지)과 이차과제 수행(지도 읽기) 사이에서 갈등에 직면한다고 주장하였다. 두 과제를 모두 충분히 수행할 수 없었기 때문에 지도를 제대로 읽기 위해서는 운전수행이 어느 정도 저하되었던 것이다. 이와는 대조적으로 도로가 복잡한 조건에서는 (즉 운전히 어려운 조건에서는) 작업기억 과제가 무시되었다. 즉, 작업기억 과제는 운전과 별로 관련되지 않는 것으로 여겨졌기 때문에 이에 대한 수행을 포기하고 운전수행을 유지하는 데 노력을 기울였던 것이다.

Cnossen와 동료들이 지적하였듯이 이러한 결과들은 경로 안내 시스템이 운전자가 쉽게 이해할 수 있는 방식으로 정보를 제공해야 한다는 것을 시사한다. 익숙하지 않은 지역을 운전하는 경우 경로 안내 시스템의 역할이 매우 중요해지기 때문에, 도로 여건이 좋지 않더라도(예를 들어 도로가 혼잡한 경우에도), 운전자들은 이러한 시스템에 의지하고자 하는 동기가 매우 높을 것이다. 결국 경로 안내 시스템을 사용하는 것은, 필요하다면 무시할 수 있는 이차과제가 아니라 운전(일차과제)의 한 부분으로 수행될 수 있다.

기술 혁신의 이득과 손해

앞에서는 자동차에 적용되는 기술이 갖는 잠재적 문제들을 몇 가지 이야기하였지만, 이것이 갖는 이점도 분명히 있다. 예를 들어 잘 설계된 경로 안내 시스템은 조수석 위에 올려놓고 힐끔힐끔 쳐다보는 종이지도나 손에 쥐고 하나씩 확인해야 하는 경유지 목록에 비해 훨씬 더 안전한 운전을 가능하게 할 수 있다. 디지털 방송은 특정 여행 정보가 필요한 운전자들에게만 선택적으로 제공될 수 있기 때문에, 이를 통해 공사 구간이나 운전에 불편을 줄 수 있는 지점을 피하여 운전할 수 있을 것이다. 사고가 발생했을 때 피해를 최소화하고자 하는 영역에서의 기술[즉 안전벨트나 에어백과 같은 피해최소화 안전장치(passive safety system)]은 의심할 바 없이 차량 안전을 향상시킬 것이다.[3] 예를 들어 Mercedes사의 차량에는 프리세이프(pre-safe)라고 불리는 일종의 안전장치가 있는데, 이것은 운전자가 차량을 갑작스럽게 감속시키거나 차량이 옆으로 미끄러질 때 안전벨트를 미리 자동적으로 팽팽하게 당겨주는 기능을 한다. 머지않은 장래에 Mercedes사는 충돌을 미리 예상하는 센서를 범퍼에 장착하여, 충돌 위험이 있을 때 범퍼가 앞쪽으로 확장됨으로써 차체의 충격 흡수 영역이 증가될 수 있도록 하는 자동차를 내놓을 계획이라고 한다. 충돌이 발생했을 때 운전자의 신체크기에 맞는 에어백도 개발되고 있다. 또한 사고 발생과 동시에 전 지구 위치 시스템(GPS)을 이용하여 자동적으로 응급센터에 사고 지점을 알려줄 수 있는 기능도 갖게 될 것이다. 기술 혁신을 통해 도로 시스템의 효율성도 증가시킴으로써 모든 도로 사용자들의 안전도 향상시킬 수 있다. 경로 안내 시스템은 길을 잃었거나 우회 도로를 이용하고자 하는 운전자들이 시간을 낭비하지 않도록 해줄 것이고, 적응형 정속주행 시스템은 차량 속도와 차량 간 거리의 변산성을 줄여줌으로써 교통흐름을 원활하게 하고 연료 소모를 줄여줄 수 있다. 그러나 많은 기술 혁신의 산물(특히 차량내 정보제공 시스템)은 그것의 이점이 증가하는 것만큼 도로 안전을 위협하는 요소도 될 수 있다. 그 이유 중 한 가지는 그러한 시스템을 실제로 사용하는 사람들에 대한 충분한 고려없이 시스템이 너무 열악하게 설계되기 때문이다. 그러나 이보다 더 중요한 이유는 운전자들이 가장 우선적으로 수행해야 하는 일차과제(즉, 운전)로부터 관심을 돌려 이러한 시스템의 사용을 일차과제라고 여기기 때문이다. 따라서 그와 같은 시스템을 설계할 때는, 특정 과제 수행을 위한 운전자

---

3. 도로 안전을 향상시키기 위한 기술적 개입은 크게 (1) 사고가 발생했을 때 피해를 최소화하거나, (2) 사고를 미연에 방지하는 방법으로 구분될 수 있다. 전자를 피해최소화 안전장치(passive safety system)라고 부르고, 후자를 사고 방지 안전장치(active safety system)라고 부른다. 다음에 기술되는 이미지-향상 시스템에 대한 내용 중 영상 기술과 관련한 수동 방식(passive system)과 능동 방식(active system) 용어에서 혼동하지 않기 바란다. 이미지-향상 시스템에서 수동 방식은 물체로부터 자연적으로 반사된 빛(특히 적외선)을 받아들여 (수동적으로) 이용하는 반면, 능동 방식은 초음파나 적외선을 (능동적으로) 방출하여 이미지를 향상하거나 증강하는 것을 말한다.

와 시스템과의 상호작용 시간을 최소화해야 한다. 그러나 어떤 과제에 더 많은 시간을 투여할수록 그 과제의 수행이 쉬워질 수 있다는 점을 고려하면, 시스템과의 상호작용 시간을 줄이는 설계만으로 모든 것이 해결되는 것 같지는 않다. 따라서 정보의 유형이나 내용에 따라 운전자가 효율적으로 정보를 처리할 수 있는 최적 제시 시간을 찾는 연구가 필요할 것이다.

개인적으로 필자는 사고를 미리 방지할 수 있다고 너무 과장되어 이야기되고 있는, 이미지-향상 시스템이나 충돌-탐지 시스템 등과 같은 사고 방지 안전장치(active safety system)에 대해서도 약간은 회의적이다. 한 마디로 말해 이러한 기술 혁신을 통한 시스템의 개발과 적용이 일단 발생한 사고에서의 생존율은 높일 수 있다 하더라도, 이것이 사고 발생 자체를 일차적으로 유의하게 줄여줄 수 있을지에 대해서는 의심의 여지가 많다. 미국의 Sarnoff Corporation은 "*Vision 4 Vehicle*"이라고 불리는 충돌-탐지 시스템을 시장에 내놓았다. 이 시스템은 차량의 각 부위에 장착된 소형 비디오카메라를 통해 수집된 이미지를 특수하게 처리하여 운전자의 시각(특히 차량 측면과 후방에 대한 이미지)을 향상시켜 주고, 다른 도로 사용자들에 의한 충돌 가능성을 미리 경고해준다. Sarnoff사는 미국 교통부에서 발간하는 2001년판 *Intelligent Vehicle Initiative Annual Report*에 수록된 통계치를 수차례 인용하였다. 인용된 내용에는 "도로 이탈사고(run off the road crash, 즉, 차량이 도로를 벗어나 전복되거나 다른 물체와 충돌하는 사고)는 전체 사고의 15%를 차지한다", "차선변경이나 차선합류에 의한 사고는 전체 사고의 10%를 차지한다", "모든 사고의 53%는 야간 혹은 가시도가 좋지 않은 상황에서 발생한다" 등이 포함되었다. 왜 이러한 자료를 인용했겠는가? 한 마디로 많은 사고가 운전자의 가시도와 관련되기 때문에 가시도를 높여준다면 이러한 사고를 방지할 수 있고, Sarnoff사의 이미지-향상 시스템이 이 일을 해낼 수 있다는 것이다. 바라건데 독자들은 필자가 이 책에서 누누이 강조했던 것, 즉 많은 사고는 운전자가 주변 상황을 보지 못해서가 아니라, 운전자가 보고 있는 것을 제대로 해석하지 못했기 때문에 발생한다는 것을 상기해 보기 바란다. 교통사고의 더 중요한 원인은 (가시도보다는) 운전자 무주의(inattention), 피로, 음주, 그리고 경험미숙과 위험 감수 등이다. 이러한 요인들은 각각 독립적으로 혹은 서로 관련되어 Sarnoff사가 인용했던 사고 통계치들을 만들어 낸 것이다. 운전자의 가시도를 높이는 시스템은 운전자에게 충돌 위험이 있다는 것을 미리 경고해줌으로써 어느 정도의 사고는 줄여줄 수 있지만, 그렇다고 이것이 만병통치약은 아니다. 이 시스템이 운전자의 경험미숙, 피곤함 혹은 음주 등에 의한 영향까지 해결해 주는 것은 아니다.

미국 교통부의 Intelligent Vehicle Initiative(IVI)는 교통사고의 원인을 몇 개의 영역으로 구분할 수 있고, 그러한 영역들 각각에서 운전자의 수행을 향상시킬 수 있다면 안전도 향상될 것이라고 주장한다. IVI가 주장하는 것처럼 이러한 영역들이 교통사고의 주요 요인이라는 것에는 논쟁의 여지가 없다. 그러나 지금부터 각각의 영역에서 인간 운전자의 행동을 바꾸는 것과 기술적으로 보완하는 것이 상대적으로 얼마나 더 효과적인지 확인해 보자. 첫 번째로, 추돌 사고를 고려해 보자. 이미 살펴보았듯이 운전자들이 가끔 앞에 정차해 있는 자동차와 충돌하여 추돌사고가 발생하기도 하지만, 대부분의 추돌사고는 뒷차량 운전자가 선행 차량에 너무 접근하여 운전하였거나 혹은 도로가 정체된 상황에서 뒷차량 운전자가 선행 차량이 움직이기 시작한다고 잘못 판단하고 차를 출발시킨 결과로 발생한다. 운전자를 돕기 위해 추가적으로 장착한 충돌-탐지 시스템이 추돌사고의 발생 빈도를 줄여줄 수도 있겠지만, 이것이 가능하기 위해서는 차량에 장착된 다른 차량제어 장치들(예를 들어 적응형 정속주행 시스템)과 결합하여 작동되어야 한다. 왜냐하면 운전자가 경고를 무시하고 선행 차량에 너무 가깝게 접근하여 운전하고자 하여도 이를 자동차가 거절할 수 있어야 하기 때문이다. 이와 같은 시스템의 기능은 운전자가 선행 차량에 너무 접근했을 때 단지 경고만 울려대는 시스템으로는 결코 제공할 수 없는 기능일 것이다. 왜냐하면 선행 차량과 너무 접근하여 운전하고 있다는 것을 알려 주는 많은 단서가 있음에도, 이를 무시하고 선행 차량에 위험하게 접근하여 운전하면 그 사실을 단지 경고만 해 주는 충돌-경고 시스템의 경고에 따라 차간거리를 조절할 가능성은 거의 없기 때문이다. 결과적으로 그와 같은 시스템은 상황에 대한 운전자의 해석과 다른 내용의 정보를 제공하는 것이 될 것이고, 시스템의 경고는 아마 무시될 것이다.

흔히 발생하는 또 다른 사고 유형 중 하나는 차량이 도로를 이탈하여 발생하는 사고로, 이에 대해서도 IVI는 도로 이탈 경고 시스템(road departure warning system)이 도움이 될 수 있다고 주장하였다. 도로 이탈의 원인이 운전자의 피로, 음주 혹은 운전경험 미숙에 의한 과속 등이라면 이러한 시스템이 정말 도움이 될까? 6장에서 언급하였지만 운전자들이 피로하다는 것을 경고해주는 것이 중요한 문제는 아니다(운전자가 이미 그것을 더 잘 알고 있다). 그보다는 시스템이 그러한 운전자에게 운전을 중지하고 휴식을 취하도록 설득하는 것이 더 중요한 문제이다. 음주 상태에 있는 운전자나 무모한 운전자들이 도로를 벗어나지 않도록 도로 이탈 경고 시스템이 어떻게 도울 수 있는지 연구하는 것은 매우 어려울 것이다.

시각 향상 시스템도 연구자들에게는 또 다른 관심사겠지만 소비자들에게는 아직은 그렇지 않은 것 같다. Cadillac 생산업체는 자신들이 선구적으로 개발한 수동 방식(passive system)[4]의 야간-영상 시스템(night-vision system)의 판매 부진으로 인해 최근에 이에 대한 판매를 중단하였다. 이 시스템은 적외선 탐지 카메라를 장착하여, 운전자 차량의 약 500미터 전방에 있는 열을 방출하는 대상(보행자나 동물)의 이미지를 차량 앞 유리에 제시해 준다. 그러나 이 디스플레이는 운전자가 사용하기 어려웠는데, 그 이유는 아마 앞 유리에 투사된 이미지가 전방의 장면과 물리적으로 분리하여 제시되기 때문인 것 같다. 몇 년간에 걸쳐 Jaguar 제조업체는 적외선-방출 헤드라이트를 이용한 능동 방식(active system)[5]의 시각-향상 시스템을 연구하고 있다. 이 시스템은 운전자 전방에 있는 실제 장면 위에 향상된 이미지가 중첩된 영상을 접이식(flip-down) 헤드-업 디스플레이를 사용하여 제공함으로써 Cadillac의 이미지-향상 시스템에 비해 훨씬 더 사용자 중심적이도록 설계되었다. Honda도 최근에 Cadillac의 이미지-향상 시스템과 유사한 시스템을 선보였는데, 이 시스템은 전방에 보행자나 동물이 탐지될 경우 청각적으로 이를 경고한다. 제대로 사용되기만 한다면 이러한 시스템들은 안전 향

4. 각주 3을 보라.
5. 각주 3을 보라.

상에 도움을 줄 수 있을 것이다. 그러나 실제로 이러한 시스템은 운전자들로 하여금 좋지 못한 날씨(안개, 비 혹은 눈) 조건에서 예전보다 더 빠르게 운전하게 할 수도 있다. 그러나 이것보다는 운전자들이 운전조건에 따라 거기에 적합한 속도로 운전하게 하는 방법을 찾아보는 것이 더 바람직할 것이다. 특히 좋지 못한 가시도 때문에 상황 파악이 어렵고, 이에 따라 차량의 정지거리도 더 증가할 수 있다는 점을 감안하면 이러한 이미지-향상 시스템이 어떤 효과를 가져올 것인지에 대한 연구가 필요할 것이다. 또한 이러한 이미지-향상 시스템을 장착한 차량의 운전자는 그것을 장착하지 않은 차량의 운전자와 어떻게 상호작용할 것인지, 그리고 그 시스템을 사용하는 도중에 고장이 발생한 경우 운전자는 어떤 반응을 보이는지에 대한 연구도 이루어져야 할 것이다.

첨단 기술을 자동차에 어떻게 적용할 것인지의 결정은 이것이 도로 안전에 어떠한 결과를 가져올 것인지에 대한 과학적 지식에 바탕을 두고 이루어져야 한다. Walker, Stanton 및 Young(2001)이 지적하였듯이 이제 자동차 설계는 예전과는 달리 더 이상 점진적 진화과정이 될 수 없다. 최근의 기술 변화의 속도가 이를 허락하지 않을 것이다. Jassen, Wierda 및 Van der Horst(1995)와 Walker, Stanton 및 Young(2001)이 지적하였듯이 기술 혁신은 운전 자체와 운전에 의한 사고 모두의 본질에 근본적인 변화를 가져올 것이다. 미래의 운전은 현재의 운전과는 질적으로 다를 것이기 때문에 설계자들은 이를 감안하여 설계해야 한다. Janssen과 동료들은 운전에서의 자동화가 가져올 수 있는 몇 가지 문제를 논의하였다. 첫째, 어느 정도 운전자의 위험 보상 행동이 나타날 것이다. 운전자들은 자동화된 시스템이 자신을 안전하게 지켜줄 것이라 믿기 때문에, 운전할 때 조심성이 감소할 가능성이 있다. Janssen 등은 이러한 생각을 뒷받침하는 증거로 자신의 연구 결과를 예로 들었는데, 이 연구에서 운전자가 자동화된 차량추종 시스템(automatized car-following system)을 장착한 차량을 운전하는 경우는 그렇지 않은 경우에 비해 선행 차량을 더 빠른 속도로 따라가는 경향이 있었다. 앞에서도 기술하였듯이 차량내 정보제공 시스템이 장착되어 있을 경우, 이 시스템은 운전자들로 하여금 여유가 있다고 생각되는 시간이나 인지적 자원을 운전과는 관련없는 다른 과제를 수행하는 데 사용하도록 유도할 수 있다.

둘째, Janssen은 자동화된 시스템들이 실제로는 운전자의 사고 가능성을 증가시킬 수도 있는데, 그것은 자동화 시스템이 없었으면 운전하지 않으려는 조건(전혀 모르는 지역에서의 운전이나 좋지 않은 날씨)에서도 이 시스템 때문에 운전을 하도록 할 수 있기 때문이다. 8장에서도 언급되었듯이 인지적 능력 측면에서 생각한다면 노인 운전자의 사고율이 높을 것 같지만 실제로는 그렇지 않은 이유는, 위험할 것 같은 운전조건에서는 노인 운전자들이 운전을 잘하려 하지 않기 때문이다. 예를 들어 노인 운전자들은 낮에, 익숙한 지역에서, 그리고 옆에서 빠르게 주행하는 대형차들은 피하면서 운전하는 경향이 있다. 운전을 더 쉽게 해주는 기술혁신의 산물이 도입된다면 이러한 노인 운전자들의 운전 경향도 바뀔 것이다.

마지막으로 Janssen은 (운전자를 대신하여 "도로"가 차량을 운전하는) 교통자동화는 교통사고의 수를 줄여주기는 하겠지만 그 결과는 더 심각할 수 있다고 경고하였다. 예를 들어 차량의 차선 유지를 담당하는 자동화 시스템이 불완전할 경우 이에 따라 여러 차량이 관련되는 연쇄 충돌 사고가 자주 발생할 것이다. 이러한 사고의 심각성은 (마치 항공기 사고가 그러한 것처럼) 대중의 관심을 많이 받게 될 것이다. 자신이 직접 운전하지 않은 상태에서 발생한 사고는 이를 바라보는 운전자의 관점을 변화시킬 것이고, 특히 반자동화된 교통 시스템 상태에서 그러한 사고가 발생한다면, 시스템을 완전 자동화하는 것에 대한 요구가 더 증가할 것이다. 그러나 완전 자동화된 교통 시스템은 고속도로에서는 가능할지 모르지만, 작은 도로에서는 불가능하다(이 시스템을 구현하기에 작은 도로는 너무 복잡하고 변화가 심하다). 따라서 미래의 운전은 운전자의 주의가 전혀 필요없는 완전 자동화된 운전으로부터 운전자의 주의와 각성상태가 요구되는 운전으로 변화될 것이다. 물론 특정 단계에서 다른 단계로의 변화가 자연스럽게 이루어지도록 하는 것도 중요한 문제이다.

결론

Walker, Stanton 및 Young(2001)은 미래의 두 가지 유형의 운전에 대해 기술하였다. 한 가지 유형은 낙관적인 것이다. 차량의 광범위한 영역에서 컴퓨터의 역량을 사용하는 것은 운전자를 전혀 방해하지 않고, 안전하고 즐겁게 운전하게 할 것이다. 그뿐만이 아니다. 네비게이션 시스템은 운전자가 길을 찾는데 도움을 주고, 차량에 장착된 각종의 센서들은 느긋하게 운전하는 스타일인지 아니면 과격하게 운전하는 스타일인지의 여부를 결정하여, 그 운전자에 맞게 자동차의 성능이나 조향 특성을 조절할 것이다. 또한 위험한 긴급 상황에서 자동차는 운전자가 사고를 피할 수 있도록 도울 것이다. 다른 유형은 비관적인 것이다. 운전자는 차량의 자동화 시스템 때문에 끊임없이 주의가 분산되고 짜증이 날 것이다. 예를 들어 적응형 종속주행 시스템은 운전자가 원하지도 않았는데 강제로 속도를 줄일 것이고, 차량내 계기장치들은 지금 현재의 운전과는 관련이 전혀 없는 정보들을 남발하며, 음성 인식 시스템은 운전자의 명령을 제대로 알아듣지 못하고, 운전자가 훤히 알고 있는 경로에 대한 경로 안내 시스템은 (운전자의 짜증과는 상관없이) 쉬지 않고 길을 안내하는 수고를 아끼지 않는다. 어찌 되었건 운전자들은 차량내 통신 시스템 혹은 엔터테인먼트 시스템에 의해 주의가 분산될 것이다. 충돌-회피 시스템이 장착된 차량은 이 시스템이 장착되지 않은 구식 차량과 충돌할 경우, 그 원인은 대부분 자동화된 시스템의 브레이크나 조향장치 제어에서의 한계 때문일 것이다.

그럼에도 불구하고 미래 운전에 대한 생각은 낙관적이라고 할 수 있다. 기술적 혁신이 가져올 이점을 생각하면 때에 따라 다소 황홀하기도 하다. 그러나 설계자들이 인간 운전자의 여러 특성을 고려하지 않는다면, 미래 운전은 Walker의 비관적 유형으로 전락할 것이다. 설계자들이 운전은 인간과 기계의 상호작용 속에서 이루어지는 협동적 활동이라는 것을 명심하지 않는다면, 기술 혁신만으로 운전자에게 이점을 가져다 줄 가능성은 거의 없다. 인간은 상당한 시간 동안 운전에서(그리고 사고에서) 가장 중요한 요인으로 남아 있을 것이다. 현재와 마찬가지로 미래에도 사고가 왜 발생하는지를 이해하기 위해서는 지각적, 전술적, 그리고 방략적 수준에서 어떻게 운전하는지 이해하여야 한다. 또한 음주운전 혹은 과속과 같은 불안전한 운전에 대해 운전자들이 갖고 있는 태도를 어떻게 바꿀 것인지 찾아내는 것도 중요한 문제이다. 미래에 가장 중요한 문제 중 하나는, 주의를 분산시키는 다양한 차량내 시스템들 속에서 운전자가 상황인식을 유지할 수 있는 방법이 무엇인지 찾는 것이다. 차량내 시스템에 의한 운전자의 주의 분산 때문에 시스템이 주는 이점이 상실되기 때문이다.

이러한 모든 문제는 인간 행동에 대한 과학으로서 심리학이 다루어야 하는 연구 영역이다. 이 책에서는 운전행동의 이해를 위한 심리학의 유용성을 누누이 강조하였다. 미래의 운전이 신체적인 활동으로부터 좀 더 인지적 과제로 변화될수록 심리학의 중요성은 더 커질 것이다.

참고문헌

Abe, G., & Richardson, J. (2004). The effect of alarm timing on driver behaviour: an investigation of differences in driver trust and response to alarms according to alarm timing. *Transportation Research Part F*, 7, 307-322.

Åberg, L., & Rimmö, P.-A. (1998). Dimensions of aberrant driver behaviour. *Ergonomics, 41*(1), 39-56.

Adams-Guppy, J., & Guppy, A. (2003). Truck driver fatigue risk assessment and management: a multinational survey. *Ergonomics, 46*(8), 763-779.

Albery, I. P., Strang,J., Gossop, M., & Griffiths, P. (2000). Illicit drugs and driving: prevalence, beliefs and accident involvement among a cohort of current out-of-treatment drug users. *Drug and Alcohol Dependence, 58*, 197-204.

Alm, H., & Nilsson, L., (1994) Changes in driver behavior as a function of hands-free mobile phones–a simulator study. *Accident Analysis and Prevention, 26*, 441-451.

Alm, H., & Nilsson, L. (1995). The effects of a mobile telephone task on driver behaviour in a car following situation. *Accident Analysis and Prevention, 27*, 707-715.

Al-Madani, H. (2000). Influence of drivers' comprehension of posted signs on their safety related characteristics. *Accident Analysis and Prevention, 32*, 575-581.

Anderson, S. J., & Holliday, I. E. (1995). Night driving: effects of glare from vehicle headlights on motion perception. *Ophthalmic and Physiological Optics, 15*(6), 545-551.

Angelone, B. L., Levin, D. T., & Simons, D. J. (2003). The relationship between change detection and recognition of centrally attended objects in motion pictures. *Perception, 32*(8), 947-962.

Arnett, J. J. (1996). Sensation seeking, aggressiveness, and adolescent reckless behavior. *Persnality and Individual Differences, 20*(6), 693-702.

Arnold, P. K., Hartley, L. R., Corry, A., Hochstadt, D., Penna, F., & Feyer, A. M. (1997). Hours of work, and perceptions of fatigue among truck drivers. *Accident Analysis and Prevention, 29*(4), 471-477.

Arumi, P., Chauhan, K., & Charman, W. N. (1997). Accommodation and acuity under nighttime driving illumination levels. *Ophthalmic and Physiological Optics, 17*(4), 291-299.

Baas, P. H., Charlton, S. G., & Bastin, C. T. (2000). Survey of New Zealand truck driver fatigue and fitness for duty. *Transportation Research Part F*, 3, 185-193.

Babar, S. I., & Quan, S. F. (2002). Through the looking glass: the unrecognised tragedies of obstructive sleep apnea. *Sleep Medicine, 3,* 299-300.

Baddeley, A. D., Logie, R., Nimmo-Smith, I., & Brereton, N. (1985). Components of fluent reading. *Journal of Memory and Language, 24,* 119-131.

Baksteen, B. (1995). Flying is not safe. *Safety Science*, 19, 287-294.

Ball, K., & Owsley, C. (1993). The useful field of view test: a new technique for evaluating age-related declines in visual function. *Journal of the American Optometric Association*, 64(1), 7 1-79.

Ball, K., Owsley, C., Sloane, M. E., Roenker, D. L., & Bruni, J. R. (1993). Visual attention problems as a predictor of vehicle crashes in older drivers. *Investigative Ophthalmology and Visual Science, 34*(11), 3110-3123.

Ball, K., Owsley, C., Stalvey, B., Roenker, D. L., Sloane, M. E., & Graves, M. (1998). Driving avoidance and functional impairment in older drivers. *Accident Analysis and Prevention, 30*(3), 313-322.

Barr, R. A. (1991). Recent changes in driving among older adults. *Human Factors, 33*, 597-600.

Bates M. N., & Blakely, T. (1999). Role of cannabis in motor vehicle crashes. *Epidemiologic Reviews, 2*, 222-232.

Becklen, R., & Cervone, D. (1983). Selective looking and the noticing of unexpected events. *Memory and Cognition, 11*, 601-608.

Begg, D., & Langley, J. D. (2000). Seat-belt use and related behaviours among young adults. *Journal of Safety Research, 31*(4), 211-220.

Begg, D., & Langley, J. (2001). Changes in risky driving behavior from age 21 to 26 years. *Journal of Safety Research, 32*, 491-499.

Berghaus, C., & Guo, B. L. (1995). Medicines and driver fitness–findings from a meta-analysis of experimental studies as basic information to patients, physicians and experts. In C. N. Kloeden & A. J. McLean (Eds.), *Proceedings of the l5th International Conference on Alcohol, Drugs, and Traffic Safety* (pp. 295-300), Adelaide, Australia.

Bhattachary, S., & Powell, J. H. (2001): Recreational use of 3,4-methylenedioxymethamphetamine (MDMA) or 'ecstasy': evidence for cognitive impairment. Psychological Medicine, 31, 647-658.

Biever, W. J. (2002). *Auditory-based supplemental information processing demand effects on driving performance.* Unpublished master' s. thesis, Virginia Polytechnic Institute and State

University, Blacksburg, Virginia.

Blackmore, S. J., Brelstaff, G., Nelson, K., & Troscianko, T. (1995). Is the richness of our visual world an illusion? Transaccadic memory for complex scenes. *Perception, 24*(9), 1075-1081.

Borkenstein, R. F., Crowther, F. R., Shumate, R. P., Ziel, W. B., & Zylman, R. (1964). *The role of the drinking driver in traffic accidents.* Illinois: Indiana University, Department of Police Administration.

Broadbent, D. E. (1971). *Decision and Stress.* London: Academic Press.

Brookhuis, K. A., Vries, G. de, & Waard, D. de. (1991). The effects of mobile telephoning on driving performance. *Accident Analysis and Prevention,* 23, 309-316.

Brooks, A., Lenneman, J., George-Maletta, K., Hunter, D. R., & Creen, P. (1999, April). *Preliminary examinations of the time to read electronic maps: The effects of text and graphic characteristics* (Tech. Rpt. UMTRJ-98-36). Ann Arbor: University of Michigan Transportation Research Institute.

Brooks, A., Nowakowski, C., & Green, P. (1999, January). *Turn-by-turn displays versus electronic maps: an on-the-road comparison of driver glance behaviour* (Tech. Rpt. UMTRI-98-37). Ann Arbor: University of Michigan Transportation Research Institute.

Brorsson, B., Rydgren, H., & Ifver, J. (1993). Single-vehicle accidents in Sweden: a comparative study of risk and risk factors by age. *Journal of Safety Research, 24,* 55-65.

Brown, I. D. (1982). Exposure and experience are a confounded nuisance in research on driver behavior. *Accident Analysis and Prevention, 14,* 345-352.

Brown, I. D. (1994). Driver fatigue. *Human Factors, 36*(2), 298-314.

Brown, I. D., & Groeger, J. A. (1988). Risk perception and decision taking during the transition between novice and experienced drivers status. *Ergonomics, 31,* 585-597.

Brown, I. D. (1995). Methodological issues in driver fatigue research. In L. Hartley (Ed.), *Fatigue and driving: driver impairment, driver fatigue and driving simulation* (pp. 155-166). London: Taylor & Francis.

Brown, I. D., Tickner, A. H., & Simmonds, D. C. V. (1969). Interference between concurrent tasks of driving and telephoning. *Journal of Applied Psychology, 53,* 419-424.

Brown, S. L., & Cotton, A. (2003). Risk-mitigating beliefs, risk estimates, and self-reported speeding in a sample of Australian drivers. *Journal of Safety Research, 34,* 183-188.

Bullinger, H.-J., & Dangelmaier, M. (2003). Virtual prototyping and testing of in-vehicle interfaces. *Ergonomics, 46*(1), 41-51.

Burg, A. (1967). Some preliminary findings concerning the relation between vision and driving performance. *Journal of the American Optometric Association, 38*(5), 372-377.

Burg, A. (1968). Vision test scores and driving record: additional findings. (Rpt. No. 68-27). Los Angeles: University of California, Department of Engineering.

Burg, A. (1971). Vision and driving: a report on research. *Human Factors, 13*(1), 79-87.

Butler G. K. L., & Montgomery, A. M. J. (2004). Impulsivity, risk taking and recreational 'ecstasy' (MDMA) use. *Drug and Alcohol Dependence, 76*, 55-62.

Cairney, P., & Catchpole, J. (1995). Patterns of perceptual failure at intersections of arterial roads and local streets. In A. C. Gale (Ed.), *Vision in vehicles VI*. Amsterdam: Elsevier.

Campagne, A., Pébayle, T., & Muzet, A. (2004). Correlation between driving errors and vigilance level: influence of the driver' s age. *Physiology and Behavior, 80*, 515-524.

Campbell, F. W., & Robson, J. G. (1968). Application of Fourier analysis to the visibility of gratings. *Journal of Physiology (London), 197*, 551-566.

Carr, D. B., Jackson, T., & Alguire, P. (1990). Characteristics of an elderly driving population referred to a geriatric assessment center. *Journal of the American Geriatric Society, 38*, 1145-50.

Carsten, O. M. J., & Tate, F. N. (2005). Intelligent speed adaptation: accident savings and cost-benefit analysis. *Accident Analysis and Prevention, 37*(3), 407-416.

Cassel, A., & Janoff, M. S. (1971). Effect of daytime use of motorcycle headlights and tail-lights on motorcycle noticeability. *Highway Research Record*, 377, 40-52.

Cercarelli, L. R., Arnold, P. C., Rosman, D. L., Sleet, D., & Thornett, M. L. (1992).Travel exposure and choice of comparison for examining motorcycle conspicuity by analysis of crash data. *Accident Analysis and Prevention, 24*(4), 363-368.

Cerella, J. (1985). Information processing rates in the elderly. *Psychological Bulletin, 98*(1), 67-83.

Chapman, P., & Underwood, G. (1998). Visual search of driving situations: danger and experience. *Perception, 27*, 951-964.

Chapman, P., & Underwood, G. (2000). Forgetting near-accidents: the role of severity, culpability and experience in the poor recall of dangerous driving situations. *Applied Cognitive Psychology, 14*, 31-44.

Charman, W. N. (1997). Vision and driving-A literature review and commentary. *Ophthalmic and Physiological Optics, 17*(5), 371-91.

Chauhan, K., & Charman, W. N. (1993). Changes in the refractive state of the eye under nighttime driving conditions. In A. G. Gale, I. D. Brown, C. M. Haslegrave, H. W. Kruysse, & S. P. Taylor (Eds.), *Vision in vehicles IV* (pp. 35-44). Amsterdam: Elsevier.

Cher, D. L., Mrad, R. J., & Kelsh, M. (1998). Cellular telephone use and fatal traffic collisions: a commentary. *Accident Analysis and Prevention, 31*, 599.

Chipman, M. L., MacGregor, C. G., Smiley, A. M., & Lee-Cosselin, M. (1993). The role of exposure in comparisons of crash risk among different drivers and driving environments. *Accident Analysis and Prevention, 25*(2), 207-11.

Christophersen, A. S., & M ø rland, J. (1997). Drugged driving, a review based on the experience in Norway. *Drug and Alcohol Dependence, 47*, 125-135.

Cnossen, F., Meijman, T., & Rothengatter, T. (2004). Adaptive strategy changes as a function of task demands: a study of car drivers. *Ergonomics, 47*(2), 218-236.

Cole, B. L., & Hughes, P. K. (1984). A field trial of attention and search conspicuity. *Human Factors, 26*, 299-313.

Comte, S. L. (2000). New systems: new behaviour? *Transportation Research Part F, 3*, 95-111.

Connor, J., Whitlock, G., Norton, R., & Jackson, R. (2001). The role of driver sleepiness in car crashes: a systematic review of epidemiological studies. *Accident Analysis and Prevention, 33*, 31-41.

Contardi, S., Pizza, F., Sancisi, E., Mondini, S., & Cirignotta, F. (2004). Reliability of a driving simulation task for evaluation of sleepiness. *Brain Research Bulletin, 63*, 427-431.

Cooper, P. J., Tallman, K., Tuokko, H., & Beattie, B. L. (1993). Vehicle crash involvement and cognitive deficit in older drivers. *Journal of Safety Research, 24*, 9-17.

Corfitsen, M. T. (1999). "Fatigue" among young male night-time car drivers: is there a risk-taking group? *Safety Science, 33*, 47-57.

Crundall, D. E., & Underwood, G. (1998). Effects of experience and processing demands on visual information acquisition in drivers. *Ergonomics, 41*, 448-458.

Crundall, D., Underwood, G., & Chapman, P. (1998). How much do novice drivers see? The effects of demand on visual search strategies in novice and experienced drivers. In G. Underwood (Ed.), *Eye guidance in reading and scene perception* (pp. 395-418). Oxford: Elsevier.

Crundall, D., Underwood, G., & Chapman, P. (1999). Driving experience and the functional field of view. *Perception, 28*, 1075-1087.

Dahlen, E. R., Martin, R. C., Ragan, K., & Kuhlman, M. M. (2005). Driving anger, sensation seeking, impulsiveness, and boredom proneness in the prediction of unsafe driving. *Accident Analysis and Prevention, 37*, 341-348.

Daigneault, G., Joly, P., & Frigon, J.-Y. (2002). Previous convictions or accidents and the risk of subsequent accidents of older drivers. *Accident Analysis and Prevention, 34*, 257-26 1.

Dalziel, J. R., & Job, R. F. S. (1997). Motor vehicle accidents, fatigue and optimism bias in taxi drivers. *Accident Analysis and Prevention, 29*(4), 489-494.

Darke, S., Sims, J., McDonald, S., & Wickes, W. (2000). Cognitive impairment among methadone maintenance patients. *Addiction, 95*, 687-695.

Davison, P., & Irving, A. (1980). *Survey of visual acuity of drivers* (TRRL Rpt. 945). Crowthorne, Berkshire: Transport and Road Research Laboratory.

Deery, H. A. (1999). Hazard and risk perception among young novice drivers. *Journal of Safety Research, 30*(4), 225-236.

Deffenbacher, J. L., Huff, M. E., Lynch, R. S., Getting, E. R., & Salvatore, N. F. (2000). Characteristics and treatment of high anger drivers. *Journal of Counselling Psychology, 47*, 5-17.

Deffenbacher, J. L., Lynch, R. S., Oetting, E. R., & Yingling, D. A. (2001). Driving anger: correlates and a test of state-trait theory. *Personality and Individual Differences, 31*, 1321-1331.

Deffenbacher, J. L., Oetting, E. R., & Lynch, R. S. (1994). Development of a driving anger scale. *Psychological Reports, 74*, 83-91.

Denney, R. C. (1997). *None for the road: understanding drink-driving.* Crayford: Shaw and Sons.

Department for Transport. (2004). *Statistics for Great Britain.* London: Author.

DePasquale, J. P., Geller, E. S., Clarke, S. W., & Littleton, L. C. (2001). Measuring road rage: development of the propensity for angry driving scale. *Journal of Safety Research, 32,* 1-16.

Desmond, P. A., & Matthews, G. (1997). Implications of task-induced fatigue effects for in-vehicle countermeasures to driver fatigue. *Accident Analysis and Prevention, 29*(4), 515-523.

Desmond, P. A., & Matthews, G. (1998). Task-induced fatigue effects on simulated driving performance. In A. G. Gale, I. D. Brown, C. M. Haslegrave, & S. P. Taylor (Eds.), *Vision in vehicles VI.* Amsterdam: Elsevier.

Dinges, D. F., & Kribbs, N. B. (1991). Performing while sleepy: effects of experimentally induced sleepiness. In T. H. Monk (Ed.), *Sleep, Sleepiness and Performance* (pp. 97-128). New York: Wiley.

Di Scalfani, V., Tolou-Shams, M., Price, L. J., & Fein, G. (2002). Neuropsychological performance of individuals dependent on crack-cocaine, or crack-cocaine and alcohol, at 6 weeks and 6 months of abstinence. *Drug and Alcohol Dependence, 66,* 161-171.

Dobbie, K. (2002). Fatigue-related crashes: an analysis of fatigue-related crashes on Australian roads using an operational definition of fatigue. *Road Safety Research Report (OR 23).* Canberra: Australian Transport Safety Bureau.

Dobbs, A. R., Helter, R. B., & Schopflocher, D. (1998). A comparative approach to identify unsafe older drivers. *Accident Analysis and Prevention, 30*(3), 363-370.

Doran, S. M., Dongen, H. P. A. van, & Dinges, D. F. (2001).Sustained attention performance during sleep deprivation: evidence of state instability. *Archives Italiennes de Biologie, 139,* 253-267.

Draskoczy, M. (1989). Bus driver behaviour at rail-highway grade crossings. In T. Rothengatter & R. De Bruin (Eds.), *Road user theory and research. Maastricht Netherlands:* Van Corcum.

Dravidam, U., & Tosunoglu, S. (1999, April). A survey on collision avoidance systems for automobiles. *Florida Conference on Recent Advances in Robotics,* Gainesville, FL, University of Florida.

Driver, J., Davis, G., Russell, C., Turatto, M., & Freeman, E. (2001). Segmentation, attention and phenomenal visual objects. *Cognition, 80,* 61-95.

Drummer, O. H., Cerostamoulos, J., Batziris, H., Chua, M., Caplehorn, J., Robertson, M. D., & Swann, P. (2004). The involvement of drugs in drivers of motor vehicles killed in Australian road traffic crashes. *Accident Analysis and Prevention, 36,* 239-248.

Dula, C. S., & Ballard, M. E. (2003). Development and evaluation of a measure of dangerous, aggressive, negative emotional, and risky driving. *Journal of Applied Social Psychology, 33*(2), 263-282.

Duncan, J., Williams, P., & Brown, I. (1991). Components of driving skill: experience does not mean expertise. *Ergonomics, 34,* 919-937.

Easterbrook, J. A. (1959). The effect of emotion on cue utilisation and the organisation of behaviour. *Psychological Review, 66*, 183-201.

Eby, D. W., & Vivoda, J. M. (2003). Driver hand-held mobile phone use and safety belt use. *Accident Analysis and Prevention, 35*, 893-895.

Edkins, G. D., & Pollock, C. M. (1997). The influence of sustained attention on railway accidents. *Accident Analysis and Prevention, 29*(4), 533-539.

Egeth, H. E., & Yantis, S. (1997). Visual attention: control, representation, and time course. *Annual Review of Psychology, 48*, 269-297.

Engel, F. L. (1977). Visual conspicuity-visual search and fixation tendencies of the eye. *Vision Research, 17*, 95-108.

Engel, F. L. (1971). Visual conspicuity, directed attention and retinal locus. *Vision Research, 14*, 459-471.

Eriksen, C. W., & Yeh, Y. Y. (1985). Allocation of attention in the visual field. *Journal of Experimental Psychology: Human Perception and Performance, 5*, 583-595.

Evans, L. (1988). Risk of fatality from physical trauma versus sex and age. *Journal of Trauma, 28*, 368-378.

Evans, L. (1990). The fraction of traffic fatalities attributable to alcohol. *Accident Analysis and Prevention, 22*, 587-602.

Evans, L. (1991). Traffic safety and the driver. New York: Van Nostrand Reinhold.

Evans, L. (1993). How safe were today' s older drivers when they were younger? *American Journal of Epidemiology, 137*, 769-775.

Fairclough, S. H. (2001). Mental effort regulation and the functional impairment of the driver. In P. A. Hancock & P. A. Desmond (Eds.), *Stress, workload and fatigue* (pp. 479-502). Mahwah, N: Lawrence Erlbaum Associates.

Fein, G., Bachman, L., Fisher, S., & Davenport, L. (1990). Cognitive impairments in abstinent alcoholics. *Western Journal of Medicine, 152*, 531-537.

Fein, G., Di Scalfani, V., & Meyerhoff, D. J. (2002). Prefrontal cortical volume reduction associated with frontal cortex function deficit in 6-week abstinent crack-cocaine dependent men. *Drug and Alcohol Dependence, 68*, 87-93.

Fell, D. L., & Black, B. (1997). Driver fatigue in the city. *Accident Analysis and Prevention, 29(4)*, 463-469.

Ferrante, A. M., Rosman, D. L., & Marom, Y. (2001). Novice drink drivers, recidivism and crash involvement. *Accident Analysis and Prevention, 33(2)*, 221-227.

Fillmore, M. T., Kelly, T. H., & Martin, C. A. (2005). Effects of d-amphetamine in human models of information processing and inhibitory control. *Drug and Alcohol Dependence, 77*, 151-159.

Foley, D. J., Masaki, K. H., Ross, G. W., & White, L. R. (2000). Driving cessation in older men with incident dementia. *Journal of the American Geriatrics Society, 48(8)*, 928-930.

Folk, C. L., Leber, A. B., & Egeth, H. E. (2002). Made you blink! Contingent attentional capture produces a spatial blink. *Perception and Psychophysics, 64*(5), 741-753.

Folk, C. L., Remington, R. W., & Johnston, J. C. (1992). Involuntary covert orienting is contingent on attentional control settings. *Journal of Experimental Psychology: Human Perception and Performance, 18,* 1030-1044.

Folkard, S. (1997). Black times: temporal determinants of transport safety. *Accident Analysis and Prevention, 29,* 417-430.

Folstein, M. F., Folstein, S. E., & McHugh, P. R. (1975). Mini-mentalstate. *Journal of Psychiatric Research, 12,* 189-198.

Foss, R. D., Belmess, D. J., & Sprattler, K. (1994). Seat belt use among drinking drivers in Minnesota. *American Journal of Public Health, 84*(11), 1732-1737.

Friedel, B., & Staak, M. (1993). Benzodiazepines and driving performance. In H.-D. Utselmann, G. Berghaus, & G. Kroj (Eds.), Proceedings of the 12th International Conference on Alcohol, Drugs and Traffic Safety (pp. 539-545). Cologne: Verlag TUV Rheinland.

Friedland, R. P., Koss, E., Kumar, A., Caine, S., Metzler, D., Haxby, J. V., & Moore, A. (1988). Motor vehicle crashes in dementia of the Alzheimer type. *Annals of Neurology, 24,* 782-786.

Fulton, E. J., Kirkby, C., & Stroud, P. G. (1980). *Daytime motorcycle conspicuity* (Suppl. Rpt. No. 625). Crowthorne, Berkshire: Transport and Road Research Laboratory.

García-Larrea, L., Perchet, C., Perrin, F., & Amenedo, E. (2001). Interference of cellular phone conversations with visuomotor tasks: an ERP study. *Journal of Psychophysiology, 15,* 14-21.

Gilley, D. W., Wilson, R. S., Bennett, D. A., Stebbins, C. T., Bernard, B. A., Whalen, M. E., & Fox, J. H. (1991). Cessation of driving and unsafe motor vehicle operation by dementia patients. *Archives of Internal Medicine, 151*(5), 941-946.

Gjerde, H., Beylich, K. M., & M ø rland, J. (1993). Incidence of alcohol and drugs in fatally injured car drivers in Norway. *Accident Analysis and Prevention, 25*(4), 479-483.

Godley, S. T., Triggs, T. J., & Fildes, B. N. (2002). Driving simulator validation for speed research. *Accident Analysis and Prevention, 34*(5), 589-600.

Gonzalez, R., Rippeth, J. D., Carey, C. L., Heaton, R. K., Moore, D. J., Schweinsburg, B. C., Cherner, M., & Grant, I. (2004). Neurocognitive performance of methamphetamine users discordant for history of marijuana exposure. *Drug and Alcohol Dependence, 76,* 181-190.

Craw, P., Kr?uchi, K., Knoblauch, V., Wirz-Justice, A., & Cajochen, C. (2004). Circadian and wake-dependent modulation of fastest and slowest reaction times during the psychomotor vigilance task. *Physiology and Behavior, 80,* 695-701.

Gregory, R. L. (1966). *Eye and brain.* London: Weidenfeld and Nicholson.

Gregory, R. L. (1970). *The intelligent eye.* London: Weidenfeld and Nicholson.

Gresset, J. A., & Meyer, F. M. (1994). Risk of accidents among elderly car drivers with visual acuity equal to 6/12 or 6/15 and lack of binocular vision. *Ophthalmic and Physiological Optics, 14,* 33-37.

Grimes, J. (1996). On the failure to detect changes in scenes across saccades. In K. Atkins (Ed.), *Perception: Vancouver Studies in Cognitive Science* (pp. 89-110). Oxford: Oxford University Press.

Groeger, J. A., & Brown, I. D. (1989). Assessing one' s own and others' driving ability: influences of sex, age, and experience. *Accident Analysis and Prevention*, 21(2), 155-168.

Guppy, A. (1994). At what blood alcohol concentration should drink-driving be illegal? *British Medical Journal*, 308(6936), 1055-1056.

Hakamies-Blomqvist, L. (1994). Compensation in older drivers as reflected in their fatal accidents. *Accident Analysis and Prevention*, 26(1), 107-112.

Hakamies-Blomqvist, L. (1996). Research on older drivers: a review. *Journal of International Association of Traffic and Safety Sciences*, 20, 91-101.

Hakamies-Blomqvist, L. (1998). Older drivers' accident risk: conceptual and methodological issues. *Accident Analysis and Prevention*, 30(3), 293-297.

Hakamies-Blomqvist, L., Johansson, K., & Lundberg, C. (1995). Driver licenses as a measure of older drivers' exposure: a methodological note. *Accident Analysis and Prevention*, 27(6), 853-857.

Hakamies-Blomqvist, L., Johansson, K., & Lundberg, C. (1996). Medical screening of older drivers as a traffic safety measure-A comparative Finnish-Swedish evaluation study. *Journal of the American Geriatrics Society*, 44(6), 650-653.

Hakamies-Blomqvist, L., Raitenan, T., & O' Neill, D. (2002). Driver ageing does not cause higher accident rates per km. *Transportation Research Part F*, 5, 271-274.

Hall, J., & West, R. (1996). The role of formal instruction and informal practice in learning to drive. *Ergonomics*, 39, 693-706.

Hancock, P. A., & Ridder, S. N. De. (2003). Behavioural accident avoidance science: understanding response in collision incipient conditions. *Ergonomics*, 46(12), 1111-1135.

Hancock, P. A., & Verwey, W. B. (1997). Fatigue, workload and adaptive driver systems. *Accident Analysis and Prevention*, 29(4), 495-506.

Harms, L. (1996). Driving performance on a real road and in a driving simulator. In A. G. Gale, I. D. Brown, C. M. Haslegrave, I. Moorhead, & S. P. Taylor (Eds.), *Vision in vehicles V*. Amsterdam: Elsevier.

Harrison, Y., & Horne, J. A. (2000). The impact of sleep deprivation on decision making: a review. *Journal of Experimental Psychology: Applied*, 6(3), 236-249.

Helmholtz, H. von. (1925). Concerning the perceptions in general (J. PC. Southall, Trans.). *Optical Society of America* (Section 26). New York: Dover. (Original work published 1866)

Herslund., M.-B., & Jørgensen, N. O. (2003). Looked-but-failed-to-see-errors in traffic. *Accident Analysis and Prevention*, 906, 1-7.

Heuer, H., Kleinsorge, T., Klein, W., & Kohlisch, O. (2004). Total sleep deprivation increases the costs of shifting between simple cognitive tasks. *Acta Psychologica*, 117, 29-64.

Hills, B. L. (1980). Vision, visibility and perception in driving. *Perception*, 3, 434-467.

Hills, B. L., & Burg, A. (1977). *A reanalysis of Californian driver vision data: general findings.* (Rpt. No. 768). Crowthorne, Berkshire: Transport and Road Research Laboratory.

Hjämdahl, M., & Várhelyi, A. (2004). Speed regulation by in-car active accelerator pedal. Effects on driver behaviour. *Transportation Research Part F*, 7, 77-94.

Hockey, G. R. J. (1986). A state control theory of adaptation to stress and individual differences in stress management. In G. R. J. Hockey, M. G. H. Coles, & A. W. K. Caillard (Eds.), *Energetics and human information processing* (pp. 285-298). Dordrecht, Netherlands: Martinus Nijhoff.

Hockey, G. R. J. (1993). Cognitive-energetical mechanisms in the management of work demands and psychological health. In A. D. Baddeley & L. Weiskrantz (Eds.), *Attention, selection, awareness and control: A tribute to Donald Broadbent.* Oxford: Oxford University Press.

Hockey, G. R. (1997). Compensatory control in the regulation of human performance under stress and high workload: a cognitive-energetical framework. *Biological Psychology*, 45(1-3), 73-93.

Hole, G. J., & Tyrrell, L. (1995). The influence of perceptual "set" on the detection of motorusing daytime headlights. *Ergonomics*, 38(7), 1326-1341.

Hole, G. J., Tyrrell, L., & Langham, M. (1996). Some factors affecting motorcyclists' conspicuity. *Ergonomics*, 39(7), 946-965.

Holland, C. A., & Rabbitt, P. M. A. (1992). Peoples' awareness of their age related sensory and cognitive deficits and the implications for road safety. *Applied Cognitive Psychology*, 6, 217-231.

Holland, C. A., & Rabbitt, PM. A. (1994).The problems of being an older driver: comparing the perceptions of an expert group and older drivers. *Applied Ergonomics*, 25(1), 17-27.

Holloway, F. A. (1994). *Low-dose alcohol effects on human behavior and performance: a review of post-1984 research* (Rep. DOTT/FAA/AM-94/24). Washington, DC: Federal Aviation Administration, Department of Transportation.

Holloway, F. A. (1995). Low-dose alcohol effects on human behavior and performance. *Alcohol Drugs and Driving*, 11(1), 39-56.

Horberry, T., Bubnich, C., Hartley, L., & Lamble, D. (2001). Drivers' use of hand-held mobile phones in Western Australia. *Transportation Research Part F*, 4, 213-218.

Horne, J. A. (1985). Sleep function, with particular reference to sleep deprivation. *Annals of Clinical Research*, 17(5), 199-208.

Horne, J. A. (1988). *Why we sleep: the functions of sleep in humans and other mammals.* Oxford: Oxford University Press.

Horne, J. A. (1992). Human slow wave sleep: a review and appraisal of recent findings, with implications for sleep functions and psychiatric illness. *Experientia*, 48, 941-954.

Horne, J. A. (1993). Human sleep, sleep loss and behaviour: implications for the prefrontal cortex and psychiatric disorder. *British Journal of Psychiatry*, 162, 413-419.

Horne, J. A., & Baumbem, C. J. (1991). Time of day effects of alcohol intake on simulated driving performance in women. *Ergonomics*, 11, 1377-1383.

Horne, J. A., & Foster, S. C. (1995). Can exercise overcome sleepiness? *Sleep Research*, 24A, 437.

Horne, J. A., & Reyner, L. A. (1995a). Driver sleepiness. *Journal of Sleep Research*, 4 (Suppl. 2), 23-29.

Horne, J. A., & Reyner, L. A. (1995b). Sleep related vehicle accidents. *British Medical Journal*, 310(6979), 565-567.

Horne, J. A., & Reyner, L. A. (1996). Counteracting driver sleepiness: effects of napping, caffeine and placebo. *Psychophysiology*, 33, 306-309.

Horne, J. A., & Reyner, L. A. (1999). Vehicle accidents related to sleep: a review. *Occupational and Environmental Medicine*, 56, 289-294.

Home, J., & Reyner, L. (2001). Sleep-related vehicle accidents: some guides for road safety policies. *Transportation Research Part F*, 4, 63-74.

Horne, J. A., Reyner, L. A., & Barrett, P. R. (2003). Driving impairment due to sleepiness is exacerbated by low alcohol intake. *Occupational and Environmental Medicine*, 60, 689-692.

Horswill, M. S., Waylen, A. E., & Tofield, M. I. (2004). Drivers' ratings of different components of their own driving skill: a greater illusion of superiority for skills that relate to accident involvement. *Journal of Applied Social Psychology*, 34(1), 177-195.

Horwood, L. J., & Fergusson, D. M. (2000). Drink driving and traffic accidents in young people. *Accident Analysis and Prevention*, 32, 805-814.

Hoyt, M. F. (1973). Internal-external locus of control and beliefs about automobile travel. *Journal of Research in Personality*, 7, 288-293.

Hughes, P. K., & Cole, B. L. (1984). Search and attention conspicuity of road traffic control devices. *Australian Road Research*, 14, 1-9.

Hughes, P. K., & Cole, B. L. (1986). What attracts attention when driving? *Ergonomics*, 29, 377-391.

Hughes, P. K., & Cole, B. L. (1986). Can the conspicuity of objects be predicted from laboratory experiments? *Ergonomics*, 29, 1097-1111.

Huguenin, R. D. (1988). The concept of risk and behaviour models in traffic psychology. *Ergonomics*, 31(4), 557-584.

Human Factors Design Guidelines for Advanced Traveller Information Systems and Commercial Vehicle Operations. Retrieved Arpil 18, 2005, from http://www.fhwa.dot.gov/tthrc/safety/pubs/atjs

Hunter, W. W., Stewart, J. R., Stutts, J. C., & Rodgman, E. A. (1993). Observed and self-reported seat belt wearing as related to prior traffic accidents and convictions. *Accident Analysis and Prevention*, 25(5), 545-554.

Hurst, R., & Hurst, L. (1982). *Pilot Error: the Human Factor* (2nd ed.). London: Granada.

Hurt, H. H., Ouellet, J. V., & Thom, D. R. (1981). *Motorcycle accident cause factors and identification of countermeasures* (Tech. Rpt. No. 810190). Warrendale, PA: Society of Automotive Engineers.

Irwin, D. E. (1991). Information integration across saccadic eye movements. *Cognitive Psychology*, 23(3), 420-456.

Iversen, H. (2004). Risk-taking attitudes and risky driving behaviour. *Transportation Research Part F*, 7, 135-150.

Iversen, H., & Rundmo, T. (2002). Personality, risky driving and accident involvement among Norwegian drivers. *Personality and Individual Differences*, 33, 1251-1263.

Janoff, M. S., & Cassel, A. (1971). Effect of distance and motorcycle headlight condition on motorcycle noticeability. *Highway Research Record*, 377, 64-68.

Janssen, W., Wierda, M., & Van der Horst, R. (1995). Automation and the future of driver behaviour. *Safety Science*, 19, 237-244.

Johns, M. W. (2000). A sleep physiologist' s view of the drowsy driver. *Transportation Research Part F*, 3, 241-249.

Johnson, C. A., & Keltner, J. L. (1983). Incidence of visual field loss in 20,000 eyes and its relationship to driving performance. *Archives of Ophthalmology*, 101(3), 371-375.

Jonah, B. A. (1990). Psychosocial characteristics of impaired drivers: an integrated review in relation to problem behaviour theory. In J. R. Wilson & R. F. Mann (Eds.), Drinking and driving: *Advances in research and prevention.* New York: Guilford Press.

Jonah, B. (1997). Sensation seeking and risky driving: a review and synthesis of the literature. *Accident Analysis and Prevention*, 29(5), 651-665.

Jones, E. E., & Nisbett, R. E. (1971). *The Actor and the observer: divergent perceptions of the causes of behavior.* Morristown, NJ: General Learning Press.

Kahneman, D. (1973). *Attention and effort.* Englewood Cliffs, NJ: Prentice Hall.

Kallberg, V. P. (1993). Reflector posts—signs of danger? *Transportation Research Record*, 1403, 57-66.

Keltner, J. L., & Johnson, C. A. (1987). Visual function, driving safety, and the elderly. *Ophthalmology*, 94, 1180-1188.

Kerr, J. S. (1991). Driving without attention mode (DWAM): a fommalisation of inattentive states in driving. In A. G. Gale, I. D. Brown, C. M. Haslegrave, I. Moorhead, & S. P. Taylor (Eds.), *Vision in vehicles III.* Amsterdam: North-Holland.

Kline, D. W., Kline, T. J. B., Fozard, J. L., Kosnik, W., Schiebem, F., & Sekuler, R. (1992). Vision, aging, and driving: the problems of older drivers. *Journal of Gerontology, 47*(1), 27-34.

Knipling, R. R., & Wang, J.-S. (1994). *Crashes and fatalities related to driver drowsiness/fatigue.* Washington DC: U.S. Department of Transportation, National Highway Traffic Safety Administration.

Krüger, H. P., Kohnen, R., Diehl, M., & H?ppe, A. (1990). Auswimkungen geminger alkoholmengen auf fahmvemhalten und verkehrssichemheit (Problemstudie). *Forschungsberichte der Bundesanstalt für Strassenwesen (Band 213)*. Gladbach: Bergisch.

Krüger, H. P. (1993). Effects of low alcohol dosages: a review of the literature. In H.-D. Utselmann, G. Berghaus, & G. Kroj (Eds.), *Proceedings of the 12th International Conference on Alcohol, Drugs and Traffic Safety*. Cologne, Germany: Verlag TUV Rheinland.

Krüger, H.-P, & Vollmath, M. (2004). The alcohol-related accident risk in Germany: Procedure, methods and results. *Accident Analysis and Prevention*, 36, 125-133.

Laberge-Nadeau, C., Maag, U., Bellavance, F., Lapiemme, S. D., Desjardins, D., Messier, & Saidi, A. (2003). Wireless telephones and the risk of road crashes. *Accident Analysis and Prevention, 35*, 649-660.

Lajunen, T., Corry, A., Summala, H., & Hartley, L. (1998). Cross-cultural differences in drivers' self-assessments of their perceptual-motor and safety skills: Australians and Finns. *Personality and Individual Differences*, 24(4), 539-550.

Lajunen, T., & Parker, D. (2001). Are aggressive people aggressive drivers? A study of the rebetween self-reported general aggressiveness, driver anger and aggressive driving. *Accident Analysis and Prevention*, 33, 243-255.

Lajunen, T., Parker, D., & Stradling, S. (1998). Dimensions of driver anger, aggressive and highway code violations and their mediation by safety orientation in UK drivers. *Transportation Research Part F*, 1, 107-121.

Lamble, D., Kauranen, T., Laakso, M., & Summala, H. (1999). Cognitive load and detection thresholds in cam following situations: safety implications for using mobile (cellular) telephones while driving. *Accident Analysis and Prevention*, 31, 617-623.

Landauer, A. A., Armstrong, S., & Digwood, J. (1980). Sex differences in choice reaction time. *British Journal of Psychology*, 71, 551-555.

Langham, M. P. (1999). *An investigation of the role of vehicle conspicuity in the "looked but failed to see" error in driving*. Unpublished PhD thesis, University of Sussex.

Langham, M., Hole, G., Edwards, J., & O' Neill, C. (2002). An analysis of "looked but failed to see" accidents involving parked police cams. *Ergonomics*, 45, 167-185.

Lansdown, T. C. (2002). Individual differences during driver secondary task performance: verbal protocol and visual allocation findings. *Accident Analysis and Prevention, 34*, 655-662.

Leibowitz, H. W. (1985). Grade crossing accidents and human factors engineering. *American Scientist*, 73, 558-562.

Leibowitz, H. W., & Owens, D. A. (1977). Nighttime driving accidents and selective degradation. *Science, 197*, 422-423.

Leibowitz, H. W., Owens, D. A., & Tyrrell, R. A. (1998). The assumed clear distance ahead mule: implications for nighttime traffic safety and the law. *Accident Analysis and Prevention, 30*(1) 93-99.

Lenné, M. G., Tmiggs, T. J., & Redman, J. R. (1997). Time of day variations in driving performance. *Accident Analysis and Prevention, 29*(4), 431-437.

Lesch, M. F., & Hancock, P. A. (2004). Driving performance during concurrent cell-phone use: are drivers aware of their performance decrements? *Accident Analysis and Prevention, 36*(3), 471-480.

Levin, D. T., & Simons, D. J. (1997). Failure to detect changes to attended objects in motion pictures. *Psychonomic Bulletin and Review, 4*, 501-506.

Li, G., Braver, E. R., & Chen, L.-H. (2003). Fragility versus excessive crash involvement as determinants of high death rates per vehicle-mile of travel among older drivers. *Accident Analysis and Prevention, 35*, 227-235.

Li, L., Kim, K., & Nitz, L. (1999). Predictors of safety belt use among crash-involved drivers and front seat passengers: adjusting for over-reporting. *Accident Analysis and Prevention, 31*(6), 631-638.

Lisper, H. O., & Kjellbemg, A. (1972). Effects of 24-hour sleep deprivation on rate of decrement in a lO-minute auditory reaction time task. *Journal of Experimental Psychology*, 96, 287-290.

Lisper, H. O., Laurel, H., & Loon, J. van. (1986). Relation between time to falling asleep behind the wheel on a closed track and changes in subsidiary reaction time during prolonged driving on a motorway. *Ergonomics, 29*, 445-453.

Logsdon, R. G., Teri, L., & Larson, E. B. (1992). Driving and Alzheimem' s disease. *Journal of General Internal Medicine, 7*, 583-588.

Longo, M. C., Hunter, C. E., Lokan, R. J., White, J. M., & White, M. A. (2000a). The prevalence of alcohol, cannabinoids, benzodiazepines and stimulants amongst injured drivers and their mole in driver culpability. Part I: the prevalence of drug use in drivers, and characteristics of the drug-positive group. *Accident Analysis and Prevention, 32*, 613-622.

Longo, M. C., Hunter, C. F., Lokan, R. J., White, J. M., & White, M. A. (2000b). The prevalence of alcohol, cannabinoids, benzodiazepines and stimulants amongst injured drivers and their mole in driver culpability. Part II: the relationship between drug prevalence and drug concentration, and driver culpability. *Accident Analysis and Prevention, 32*, 623-632.

Lucas-Blaustein, M. J., Filipp, L., Dungan, C., & Tune, L. (1988). Driving in patients with dementia. *Journal of the American Geriatric Society, 36*, 1087-1092.

Lyznicki, J. M., Doege, T. C., Davis, R. M., & Williams, M. A. (1998). Sleepiness, driving, and motor vehicle crashes. *Journal of the American Medical Association, 279*(23), 1908-1913.

Mabbott, N., & Hartley L. R. (1999). Patterns of drug use among Western Australian Transport drivers. *Transportation Research Part F, 2*, 115-130.

Macdonald, S., Anglin-Bodmug, K., Mann, R. E., Erickson, P., Hathaway, A., Chipman, M., & Rylett, M. (2003). Injury risk associated with cannabis and cocaine use. *Drug and Alcohol Dependence, 72*, 99-115.

Macdonald, S., Mann, R. F., Chipman, M., & Anglin-Bodmug, K. (2004). Collisions and traffic violations of alcohol, cannabis and cocaine abuse clients before and after treatment. *Accident Analysis and Prevention, 36*, 795-800.

Mack, A., & Rock, I. (1998). *Inattentional Blindness.* Cambridge, MA: MIT Press.

Mack, R. L., Lewis, C. H., & Carroll, J. M. (1983). Learning to Use Word Processors: problems and Prospects. *ACM Transactions on Information Systems, 1*(3), 254-271.

Mackay, M. (1988). Crash protection for older persons. *In Transportation in an aging society* (Special Rep. No. 218, Vol. 2, pp. 158-193). Washington, DC: Transportation Research Board.

Mann, R. E. (2002). Choosing a rational threshold for the definition of drunk driving: what research recommends. *Addiction, 97*, 1237-1238.

Mamottoli, R. A., & Richardson, E. D. (1998). Confidence in, and self-rating of, driving ability among older drivers. *Accident Analysis and Prevention, 30*(3), 331-336.

Martens, M. H. (2000). Assessing road sign perception: a methodological review. *Transportation Human Factors, 2*(4), 347-357.

Matthews, G., & Desmond, P. A. (2002). Task-induced fatigue states and simulated driving performance. *Quarterly Journal of Experimental Psychology, 55*(2), 659-686.

Matthews, R., Legg, S., & Chanlton, S. (2002). The effect of cell phone type on drivers subjective workload during concurrent driving and conversing. *Accident Analysis and Prevention, 857*, 1-7.

Maxwell, J. P., Grant, S., & Lipkin, S. (2005). Further validation of the propensity for angry driving scale in British drivers. *Personality and Individual Differences, 38*, 213-224.

Maycock, G. (1997). Sleepiness and driving: the experience of U.K. car drivers. *Accident Analysis and Prevention, 29*(4), 453-462.

McCaghrey, C. E. (1987). AOP vision screening 1985/86. *Optometry Today, 27*, 178-181.

McCarley, J. S., Vais, M., Pningle, H., Kramer, A. F., Irwin, D. E., & Strayer, D. L. (2004). Conversation disrupts scanning and change detection in complex visual scenes. *Human Factors, 46*, 424-436.

McCartt, A. T., Ribner, S. A., Pack, A. I., & Hammer, M. C. (1996). The scope and nature of the drowsy driving problem in New York State. *Accident Analysis and Prevention, 28*, 511-517.

McCartt, A. T., Rohrbaugh, J. W., Hammer, M. C., & Fuller, S. Z. (2000). Factors associated with falling asleep at the wheel among long-distance truck drivers. *Accident Analysis and Prevention, 32*, 493-504.

McCormick, I. A., Walkey, F. H., & Green, D. F. (1986). Comparative perceptions of driver ability—a confirmation and expansion. *Accident Analysis and Prevention, 18*(3), 205-208.

McGwin, G., Chapman, V., & Owsley, C. (2000). Visual risk factors for driving difficulty among older drivers. *Accident Analysis and Prevention, 32*, 735-744.

McKenna, F. P. (1988). What role should the concept of risk play in theories of accident involvement? *Ergonomics, 31*, 469-484.

McKnight, A. J., & McKnight, A. S. (1999). Multivaniate analysis of age-related driver ability and performance deficits. *Accident Analysis and Prevention, 31*(5), 445-454.

Menikle, PM., Smilek, 0., & Eastwood, J. D. (2001). Perception without awareness: perspective from cognitive psychology. *Cognition, 79*, 115-134.

Michon, J. A. (1985). A critical view of driver behaviour models: what do we know, what should we do? In L. Evans & R. C. Schwing (Eds.), *Human Behaviour and Traffic Safety* (pp. 485-524). New York: Plenum.

Miller, D. T., & Ross, M. (1975). Self-serving biases in the attribution of causality: factor fiction? *Psychological Bulletin, 82*, 213-225.

Miller, R. L., & Mulligan, R. D. (2002). Terror management: the effects of mortality salience and locus of control on risk-taking behaviours. *Personality and Individual Differences, 33*, 1203-1214.

Mintzer, M. Z., Copemsino, M. L., & Stitzer, M. L. (2005). Opioid abuse and cognitive performances. *Drug and Alcohol Dependence, 78*(2), 225-230.

Moeller, F. G., Dougherty, D. M., Bammatt, E. S., Odeninde, V., Mathias, C. W., Harper, R. A., & Swann, A. C. (2002). Increased impulsivity in cocaine dependent subjects independent of antisocial personality disorder and aggression. *Drug and Alcohol Dependence, 68*, 105-111.

Montag, I., & Comrey, A. L. (1987). Internality and externality as correlates of involvement in fatal driving accidents. *Journal of Applied Psychology, 72*, 339-343.

Morgan, M. J. (2000). Ecstasy (MDMA): a review of its possible persistent psychological effects. *Psychopharmacology, 152*, 230-248.

Morrison, D. J., & Schyns, P. G. (2001). Usage of spatial scales for the categorization of faces, objects, and scenes. *Psychonomic Bulletin and Review, 8*(3), 454-469.

Mortimem, R. G., & Olson, P. L. (1974). *Development and use of driving tests to evaluate headlamp beams.* (Rep. No. UM-HSRI-HF-74-14). Ann Arbor, MI: the Highway Safety Research Institute.

Moskowitz, H., & Fiorentino, D. (2000). *A review of the literature on the effects of low doses of alcohol on driving-related skills.* (Rep. No. DOT HS 809 028). Washington, DC: National Highway Traffic Safety Administration.

Moskowitz, H., Hulbert, S., & McGlothlin, W. H. (1976). Marijuana: effects on simulated driving performance. *Accident Analysis and Prevention, 8*, 45-50.

Moskowitz, H., & Robinson, C. D. (1988). *Effects of low doses of alcohol on driving-related skills: a review of the evidence* (Rep. No. DOT HS 807 280). Washington, DC: National Highway Traffic Safety Administration.

Mourant, R. R., & Rockwell, T. H. (1970). Mapping eye-movement patterns to the visual scene in driving: an exploratory study. *Human Factors, 12*(1), 81-87.

Mourant, R. R., & Rockwell, T. H. (1972). Strategies of visual search by novice and experiences drivers. *Human Factors, 14*(4), 325-335.

Movig, K. L. L., Mathijssen, M. P. M., Nagel, P. H. A., Egmond, T. van, Gier, J. J., de, Leufkens, H. G. M., & Egberts, A. C. G. (2004). Psychoactive substance use and the risk of motor vehicle accidents. *Accident Analysis and Prevention, 36*, 631-636.

Naatanen, R., & Summala, H. (1974). A model for the role of motivational factors in drivers' decision-making. *Accident Analysis and Prevention, 6*, 243-261.

Naatanen, R., & Summala, H. (1976). *Road-user behavior and traffic accidents.* Amsterdam: North-Holland.

National Highway Traffic Safety Administration. (2003). *Traffic safety facts 2003: overview.* Retrieved October 2, 2005, from http://www-nrd.nhtsa.dot.gov/pdf/nrd-30/NCSA/TSF2003/809767.pdf

Neisser, U. (1979). The control of information pickup in selective looking. In: A. D. Pick (Ed.), *Perception and its development: a tribute to Eleanor J. Gibson* (pp. 201-219). Hillsdale, NJ: Lawrence Erlbaum Associates.

Neisser U., & Becklen, R. (1975). Selective looking: attending to visually specified events. *Cognitive Psychology, 7*, 480-494.

Nilsson, T., Nelson, TM., & Carlson, D. (1997). Development of fatigue symptoms during simulated driving. *Accident Analysis and Prevention, 29*(4), 479-488.

Norman, D. A. (1990). *The design of everyday things.* New York: Doubleday.

Norman, D. A. (1992). *Turn signals are the facial expressions of automobiles.* Cambridge, MA: Perseus.

Norman, D. A. (2004). *Emotional design: why we love or hate everyday things.* New York: Basic Books.

Norman, D. A. (n.d.). *Interaction design for automobile interiors.* Retrieved October 27, 2005, from http://www.jnd.org/dn.mss/interaction_design_f.html

Norman, D. A. (n.d.). *Interaction design for automobile interiors.* Retrieved April 14, 2005, from http://www.jnd.org/dn.mss/interaction_design_f.html

Norman, D. A., & Shallice, T. (1980). *Attention to action: willed and automatic control of behavior* (Chip Rep. 99). San Diego: University of California.

Norman, D. A., & Shallice, T. (1986). Attention to action: willed and automatic control of behavior. In R. Davidson, G. Schwartz, & D. Shapiro (Eds.), *Consciousness and self regulation: Advances in research and theory* (Vol. 4, pp. 1-18). New York: Plenum.

O' Hanlon, J. F., Vermeeren, A., Uiterwijk, M. M. C., Veggel, L. M. A. van, & Swijgman, H. F. (1995). Anxiolytics' effects on the actual performance of patients and healthy volunteers in a standardised test. An integration of three studies. *Neuropsychobiology, 31*, 81-88.

O' Hare, D., Roscoe, S., Vette, G., & Young, M. (1990). *Flightdeck performance: the human factor.* Ames: Iowa State University Press.

Olson, P. L. (1989). Motorcycle conspicuity revisited. *Human Factors, 31*(2), 141-146.

Olson, P. L. (1996). *Forensic aspects of driver perception and response.* Tucson, AZ: Lawyers and Judges.

O' Neill, D., Neubauer, K., Boyle, M., Gerrard, J., Surmon, D., & Wilcock, G. K. (1992). Dementia and driving. *Journal of the Royal Society of Medicine, 85*(4), 199-202.

O' Regan, J. K. (1992). Solving the "real" mysteries of visual perception: the world as an outside memory. *Canadian Journal of Psychology, 46*(3), 461-488.

O' Regan, J. K., Rensink, R. A., & Clark, J. J. (1999). Change-blindness as a result of "mudsplashes." *Nature, 398*(6722), 34.

Orne, M. T. (1962). On the social psychology of the psychology experiment: with particular referto demand characteristics and their implications. *American Psychologist, 17*, 776-783.

Oron-Gilad, T., & Shinar, D. (2000). Driver fatigue among military truck drivers. *Transportation Research Part F, 3*, 195-209.

Owens, D. A., & Tyrrell, R. A. (1999). Effects of luminance, blur and age on nighttime visual guidance: a test of the selective degradation hypothesis. *Journal of Experimental Psychology: Applied, 5*(2), 115-128.

Owsley, C., Ball, K., Sloane, M. E., Roenker, D. L., & Bruni, J. R. (1991). Visual/cognitive correlates of vehicle accidents in older drivers. *Psychology and Aging, 6*(3), 403-15.

Ozkan, T., & Lajunen, T. (2005). Multidimensional Traffic Locus of Control Scale (T-LOC): Factor structure and relationship to risky driving. *Personality and Individual Differences, 38*, 533-545.

Pack, A. I., Pack, A. M., Cushier, A., Rodman, E., Cushier, A., Dings, D. O., & Schwab, C. O. W. (1995). Characteristics of crashes attributed to the driver having fallen asleep. *Accident Analysis and Prevention, 27*, 769-775.

Parker, D., Reason, J. T., Manstead, A. R. S., & Stradling, S. G. (1995). Driving errors, driving violations and accident involvement. *Ergonomics, 38*(5), 1036-1048.

Parker, D., West, R. W., Stradling, S. G., & Manstead, A. S. R. (1995). Behavioural characteristics and involvement in different types of accidents. *Accident Analysis and Prevention, 27*(4), 571-581.

Pashler, H. E. (1998). *The psychology of attention.* Cambridge, MA: MIT Press.

Patten, C. J. D., Kircher, A., ?stlund, J., & Nilsson, L. (2004). Using mobile telephones: cognitive workload and attention resource allocation. *Accident Analysis and Prevention, 36*(3), 341-350.

Pennings, E. J. M., Leccese, A. P., & Wolff, F. A. de. (2002). Effects of concurrent use of alcohol and cocaine. *Addiction, 97*, 773-783.

Peterson, S. P., & Hoffer, G. E. (1994). The Impact of airbag adoption on relative personal inand absolute collision insurance claims. *Journal of Consumer Research, 20*, 661-67.

Philip, P., Vervialle, F., Le Breton, P., Taiilard, J., & Horne, J. A. (2001). Fatigue, alcohol, and serious road crashes in France: factorial study of national data. *British Medical Journal, 322*, 829-830.

Pious, S. (1993). *The psychology of judgment and decision making.* New York: McGraw-Hill.

Preusser, D. F., Williams, A. F., Ferguson, S. A., Ulmer, R. G., & Weinstein, H. B. (1998). Fatal crash risk for older drivers at intersections. *Accident Analysis and Prevention, 30*(2), 151-159.

Preusser, D. F., Williams, A. F., & Ulmer, R. G. (1995). Analysis of fatal motorcycle crashes: crash typing. *Accident Analysis and Prevention, 27*(6), 845-851.

Pringle, H. L., Irwin, D. E., Kramer, A. F., & Atchley, P. (2001). The role of attentional breadth in perceptual change detection. *Psychonomic Bulletin and Review, 8*(1), 89-95.

Ramaekers, J. G., Berghaus, G., Laar, M. van, & Drummer, OH. (2004). Dose related risk of motor vehicle crashes after cannabis use. *Drug and Alcohol Dependency, 73*, 109-119.

Räsänen, M., & Summala, H. (2000). Car drivers' adjustments to cyclists at roundabouts. *Transportation Human Factors, 2*(1), 1-17.

Rasmussen, J. (1983). Skills, rules, and knowledge: signals, signs, and symbols, and other distinction in human performance models. *IEEE Transactions on Systems, Man, and Cybernetics, SMC-13*, 257-266.

Rasmussen, J. (1986). *Information processing and human-machine interaction. An approach to cognitive engineering.* New York: North-Holland.

Reason, J., Manstead, A., Stradling, S., Baxter, J., & Campbell, K. (1990). Errors and violations on the roads: a real distinction? *Ergonomics, 33*, 1315-1332.

Recarte, M. A., & Nunes, L. M. (2000). Effects of verbal and spatial-imagery tasks on eye fixations while driving. *Journal of Experimental Psychology: Applied, 6*(1), 31-43.

Redelmeier, D. A., & Tibshirani, R. J. (1997). Association between cellular telephone calls and motor-vehicle collisions. *New England Journal of Medicine, 336*, 453-458.

Reed, M., & Green, P. (1999). Comparison of driving performance on-road and in a low-cost driving simulator using a concurrent telephone dialing task. *Ergonomics, 42*(8), 1015-103 7.

Remington, R. W., Johnston, J. C., & Yantis, S. (1992). Involuntary attentional capture by abrupt onsets. *Perception and Psychophysics, 51*(3), 279-290.

Rensink, R. A., O' Regan, J. K., & Clark, J. J. (1997). To see or not to see: the need for attento perceive changes in scenes. *Psychological Science, 8*, 368-373.

Retchin, S. M., & Anapolle, J. (1993). An overview of the older driver. *Clinics in Geriatric Medicine, 9*(2), 279-296.

Reyner, L. A., & Horne, J. A. (1997). Suppression of sleepiness in drivers: combination of caffeine with a short nap. *Psychophysiology, 34*, 721-725.

Reyner, L. A., & Horne, J. A. (l998a). Evaluation of "in car" countermeasures to driver sleepiness: Cold air and radio. *Sleep, 21*, 46-50.

Reyner, L. A., & Horne, J. A. (1998b). Falling asleep whilst driving: are drivers aware of prior sleepiness? *International Journal of Legal Medicine, 111*(3), 120-123.

Reyner, L. A., & Horne, J. A. (2000). Caffeine (200 mg) as a countermeasure to early morning driver sleepiness after nil or restricted sleep. *Psychophysiology, 37*, 1-6.

Reyner, L. A., & Horne, J. A. (2002). Efficacy of a functional energy drink in counteracting driver sleepiness. *Physiology and Behaviour, 75*, 331-335.

Rimmö, P-A., & Åberg, L. (1999). On the distinction between violations and errors: sensation seeking associations. *Transportation Research Part F, 2*, 151-166.

Robbe, H. W. J., & O' Hanlon, H. F. (1993). *Marijuana and actual driving performance.* (DOT HS 808 078). Washington, DC: U.S. Department of Transportation.

Robbins, T. W. (1997). Arousal systems and attentional processes. *Biological Psychology, 45*, 57-71.

Robertson, L. S., & Pless, I. B. (2002). Does risk homoeostasis theory have implications for road safety. Against. *British Medical Journal, 324*(7346), 1149-1152.

Rock, I. (1983). *The logic of perception.* Boston: MIT Press.

Rogé, J., Pébayle, T., El Hannachi, S., & Muzet, A. (2003). Effect of sleep deprivation and driving duration on the useful field of view in younger and older subjects during simulator driving. *Vision Research, 43*, 1465-1472.

Rogé, J., Péybaie, T., Kiehn, L., & Muzet, A. (2002). Alteration of the useful visual field as a function of state of vigilance in simulated car driving. *Transportation Research Part F, 5*, 189-200.

Rogé, J., Pébayie, T., & Muzet, A. (2001). Variations of the level of vigilance and of behavioural activities during simulated automobile driving. *Accident Analysis and Prevention, 33*, 181-186.

Rotter, J. B. (1966). Generalized expectancies for internal versus external control of reinforcement. *Psychological Monographs, 80*(1, Whole No. 609).

Rumar, K. (1986). *Elderly drivers in Europe.* Linköping, Sweden: Swedish Road and Traffic Research Institute.

Rumar, K. (1988). Collective risk but individual safety. *Ergonomics, 31*, 507-518.

Rumar, K. (1990). The basic driver error: late detection. *Ergonomics, 33*, 1281-1290.

Sagberg, F. (1999). Road accidents caused by drivers falling asleep. *Accident Analysis and Prevention, 31*(6), 639-649.

Sagberg, F., Fosser, S., & Sætermo, I. A., (1997). An investigation of behavioural adaptation to aimbag and antilock brakes among taxi drivers. *Accident Analysis and Prevention, 29*, 293-302.

Sagberg, F., Jackson, P., Kr?ger, H.-P, Muzet, A., & Williams, A. (2004). *Fatigue, sleepiness and reduced alertness as risk factors in driving* (Rep. 739/2004). Oslo: Institute of Transport Economics.

Salthouse, T. A. (1980). Age and memory: strategies for localizing the loss. In L. W. Poon (Ed.), *New directions in memory and aging* (pp. 47-66). Hillsdale, NJ: Lawrence Erlbaum Associates.

Salthouse, T. A. (1991). *Theoretical perspectives on cognitive aging.* Hillsdale, NJ: Lawrence Emlbaum Associates.

Salthouse, T. A. (1996). The processing-speed theory of adult age differences in cognition. *Psychological Review, 103*, 403-428.

Schank, R. G., & Abelson, R. P. (1977). *Scripts, plans, goals, and understanding: an inquiry into human knowledge structures.* Hillsdale, NJ: Lawrence Erlbaum Associates.

Schiebem, F. (1994). Age and glare recovery time for low-contrast stimuli. In Proceedings of the *Human Factors and Ergonomics Society* (pp. 496-499). Santa Monica, CA: Human Factors and Ergonomics Society.

Schneider, W., & Shiffrin, R. M. (1977). Controlled and automatic human information processing. I: detection, search and attention. *Psychological Review, 84*, 1-66.

Scholl, B. J. (2001). Objects and attention: the state of the art. *Cognition, 80*, 1-4.

Schyns, P. G., & Oliva, A. (1994). From blobs to boundary edges: evidence for time-and spacial-scale-dependent scene recognition. *Psychological Science, 5*, 195-200.

Scialfa, C. T. (2002). The role of sensory factors in cognitive aging research. *Canadian Journal of Experimental Psychology, 56*(3), 153-163.

Shallice, T. (1988). *From neuropsychology to mental structure.* Cambridge: Cambridge University Press.

Shallice, T., & Burgess, P. (1993). Supervisory control of action and thought selection. In A. Baddeley & L. Weiskrantz (Eds.), *Attention: selection, awareness, and control. A tribute to Donald Broadbent* (pp. 171-187). Oxford: Clarendon Press.

Shinoda, H., Hayhoe, M. M., & Shrivastava, A. (2001). What controls attention in natural environments? *Vision Research, 41*, 3535-3545.

Simons, D. J., & Chabris, C. F. (1999). Gorillas in our midst: sustained inattentional blindness for dynamic events. *Perception, 28*, 1059-1074.

Simons, D. J., & Levin, D. T. (1997). Change blindness. *Trends in Cognitive Sciences*, 1, 261-267.

Simons, D. J., & Levin, D. T. (1998). Failure to detect changes to people in a meal-world interaction. *Psychonomic Bulletin and Review, 5*, 644-649.

Simons, D. J., Franconeri, S. L., & Reimem, R. L. (2000). Change blindness in the absence of a visual disruption. *Perception, 29*, 1143-1154.

Sivak, M., Campbell, K. L., Schneider, L. W., Sprague, J. K., Streff, F. M., & Wallet, P. F. (1995). The safety and mobility of older drivers: what we know and promising research issues. *UMTRI Research Review, 26*(1), 1-21. Ann Arbor: Michigan University Transportation Research Institute.

Sjögren, H., Björnstig, U., Eriksson, A., & öström, M. (1996). Differences between older and younger drivers: characteristics of fatal car crashes and driver injuries. *Safety Science, 23*(1), 63-77.

Smiley, A. (1999). Marijuana: on-road and driving-simulator studies. In H. Kalant, W. Corrigall, W. Hall, & R. Smart (Eds.), *The health effects of cannabis addiction* (pp. 173-191). Toronto, Ontario: Research Foundation.

Smiley, A., Moskowitz, H., & Ziedman, K. (1981). Driving simulator studies of marijuana alone and in combination with alcohol. *Proceedings of the 25th Conference of the American Association for Automotive Medicine* (pp. 107-116).

Soderstrom, C. A., Ballesteros, M. F., Dischinger, PC., Kerns, T. J., Flint, R. D., & Smith, G. S. (2001). Alcohol/drug abuse, driving convictions, and risk-taking dispositions among trauma center patients. *Accident Analysis and Prevention, 33*(6), 771-782.

Stanton, N. A., & Young, M. S. (2000). A proposed psychological model of driving automation. *Theoretical Issues in Ergonomics Science, 1*(4), 315-331.

Stein, A. C., Parseghian, Z., & Allen, R. W. (1987). A simulator study of the safety implications of cellular mobile phone use. In *31st Annual Proceedings of the American Association for Automotive Medicine* (pp. 181-200). Des Plains, IL: American Association for Automotive Medicine.

Stevens, A., & Minton, R. (2001). In-vehicle distraction and fatal accidents in England and Wales. *Accident Analysis and Prevention, 33*, 539-545.

Storie, V. (1977). *Male and female car drivers: differences observed in accidents.* (Rep. No. 761). Crowthorne, Berkshire: Transport and Road Research Laboratory.

Storie, V. (1984). *Involvement of goods vehicles and passenger service vehicles in motorway accident.* (Rep. No. 1113). Crowthorne, England: Transport and Road Research Laboratory.

Strayer, D. L., Drews, F. A., & Johnston, W. A. (2003). Cell phone-induced failures of visual attention during simulated driving. *Journal of Experimental Psychology: Applied, 9*(1), 23-32.

Strayer, D. L., & Johnston, W. A. (2001). Driven to distraction: dual-task studies of simulated driving and conversing on a cellular phone. *Psychological Science, 12*(6), 462-466.

Stutts, J. C., Stewart, J. R., & Martell, J. C. (1998). Cognitive test performance and crash risk in an older driver population. *Accident Analysis and Prevention, 30*(3), 337-346.

Sullman, M. J. M., & Baas, P. H. (2004). Mobile phone use amongst New Zealand drivers. *Transportation Research Part F, 7*, 95-105.

Summala, H. (1988). Risk control is not risk adjustment: the zero-risk theory of driver behavand its implications. *Ergonomics, 31*, 491-506.

Summula, H. (1997). Hierarchical model of behavioural adaptation and traffic accidents. In J. A. Rothengatter & E. Carbonell Vaya (Eds.), *Traffic and transport psychology: Theory and application.* Oxford: Pergamon.

Summala, H., Häkkänen, H., Mikkola, T., & Sinkkonen, J. (1999). Task effects on fatigue symptoms in overnight driving. *Ergonomics, 42*(6), 798-806.

Summala, H., & Mikkola, T. (1994). Fatal accidents among car and tnuck drivers: effects of fatigue, age, and alcohol consumption. *Human Factors, 36*(2), 315-326.

Summala, H., Pasanen, E., Räsänen, M., & Sievänen, J. (1996). Bicycle accidents and drivers' visual search at left and right turns. Accident Analysis and Prevention, 28(2), 147-153.

Svenson, O. (1981). Are we all less risky and more skilful than our fellow drivers? Acta *Psychologica, 47*, 143-148.

Svenson, O., Fischhoff, B., & MacGregor, 0. (1985). Perceived driving safety and seatbelt usage. *Accident Analysis and Prevention, 17*, 119-133.

Szalma, J. L., & Hancock, P. A. (n.d.). *White paper: On mental resources and performance under stress.* Retrieved July 19, 2005, from http://www.mit.ucf.edu/downloads/Resouncewhitepaper8.doc

Szlyk, J. P., Alexander, K. R., Severing, K., & Fishman, G. A. (1992). Assessment of driving performance in patients with retinitis pigmentosa. *Archives of Ophthalmology, 110*(12), 1709-1713.

Szlyk, J. P., Fishman, G. A., Severing, K., Alexander, K. R., & Viana, M. (l993). Evaluation of driving performance in patients with juvenile macular dystrophies. *Archives of Ophthalmology, 111*(2), 207-212.

Tans, T. W. (1997). Reckless driving behaviour of youth: does locus of control influence perceptions of situational characteristics and driving behaviour? *Personality and Individual Differences, 23*(6), 981-995.

Tatler, B. W. (2001). Characterising the visual buffer: meal-world evidence for overwriting early in each fixation. *Perception, 30*, 993-1006.

Taubman-Ben-Ari, O., Mikulincer, M., & Inam, A. (2004). A multi-factorial framework for understanding reckless dmiving-appraisal indicators and perceived environmental determinants. *Transportation Research Part F, 7*, 333-349.

Taylor, S., McCracken, C. F., Wilson, K. C., & Copeland, J. R. (1998). Extent and appropriateness of benzodiazepine use. Results from an elderly urban community. *British Journal of Psychiatry, 173*, 433.

Tedstone, D., & Coyle, K. (2004). Cognitive impairments in sober alcoholics: performance on selective and divided attention tasks. *Drug and Alcohol Dependence, 75*, 277-286.

Theeuwes, J. (1991). Exogenous and endogenous control of attention: the effect of visual onsets and offsets. *Perception and Psychophysics, 49*, 83-90.

Theeuwes, J. (1992) Perceptual selectivity for color and form. *Perception and Psychophysics, 51*(6), 599-606.

Theeuwes, J. (1994). Endogenous and exogenous control of visual selection. *Perception, 23*(4), 429-40.

Thiffault, P., & Bergeron, J. (2003). Monotony of road environment and driven fatigue: a simulator study. *Accident Analysis and Prevention, 35*, 381-391.

Thomson, G. A. (1980). The mole frontal motorcycle conspicuity has in road accidents. *Accident Analysis and Prevention, 12*, 165-178.

Thomson, G. A. (1982). Do measurements of motorcycle conspicuity really measure conspicuity effects? *Ergonomics, 25*(9), 771-782.

Thornton, I. M., & Fernandez-Duque, D. (2000) An implicit measure of undetected change. *Spatial Vision, 14*(1), 21-44.

Tilley, A., & Brown, S. (1992). Sleep deprivation. In A. P. Smith & D. M. Jones (Eds.), *State and trait: Vol. 3. Hand book of human performance* (pp. 237-259). London: Academic Press.

Tiplady, B., Franklin, N., & Scholey, A. (2004). Effect of ethanol on judgments of performance. *British Journal of Psychology, 95*, 105-118.

Tippetts, A. S., Voas, R. B., Fell, J. C., & Nichols, J. L. (2005). A meta-analysis of.08 BAC laws in 19 jurisdictions in the United States. *Accident Analysis and Prevention, 37*, 149-161.

Tversky, A., & Kahneman, D. (1973). Availability: a heuristic for judging frequency and probability. *Cognitive Psychology, 5*, 207-232.

Tzambazis, K., & Stough, C. (2000). Alcohol impairs speed of information processing and simple and choice reaction time and differentially impairs higher-order cognitive abilities. *Alcohol and Alcoholism, 35*(2), 197-201.

Ulleberg, P. (2002). Personality subtypes of young drivers. Relationship to risk-taking preferences accident involvement, and response to a traffic safety campaign. *Transportation Research Part F, 4*, 279-297.

Underwood, G., Chapman, P., Bowden, K., & Crundall, D. (2002). Visual search while driving: skill and awareness during inspection of the scene. *Transportation Research Part F, 5*, 87-97.

Underwood, G., Chapman, P., Brocklehurst, N., Underwood, J., & Crundall, D. (2003). Visual attention while driving: sequences of eye fixations made by experienced and novice drivers. *Ergonomics, 46*(6), 629-646.

Underwood, G., Cmundall, D., & Chapman, P. (2002). Selective searching while driving: the role of experience in hazard detection and general surveillance. *Ergonomics, 45*(1), 1-12.

U.S. Department of Transportation, Bureau of Statistics. (2005, January). *National Transportation Statistics.* Washington, DC: Author.

U.S. Department of Transportation. (n.d.). *Intelligent Vehicle Initiative.* Retrieved March 30, 2005, from http://www.its.dot.gov/ivi/ivi.htm

Van den Hulst, M., Meijman, T., & Rothengatter, T. (2001). Maintaining task set under fatigue: a study of time-on-task effects in simulated driving. *Transportation Research Part F, 4*, 103-118.

Van Elslande, P., & Faucher-Alberton, L. (1997). When expectancies become certainties: a potential adverse effect of experience. In T. Rothengatter & F. Carbonell Vaya (Eds.), *Traffic and transport psychology: theory and application* (pp. 147-159). Oxford: Pengamon.

Velichkovsky, B. M., Donnhoefer, S. M., Kopf, M., Helmert, J., & Joos, M. (2002). Change detection and occlusion modes in road-traffic scenarios. *Transportation Research Part F. 5*, 99-109.

Verhaegen, P. (1995). Liability of older drivers in collisions. *Ergonomics, 38*(3), 499-507.

Venhaegen, P., Cerella, J., Semenec, S. C., Leo, M. A., Bopp, K. L., & Steitz, D. W. (2002). Cognitive efficiency modes in old age: performance on sequential and coordinative verbal and visuospatial tasks. *Psychology and Aging, 17*(4), 558-570.

Verhaegen, P., Toebat, K., & Delbeke, L. (1988). Safety of older drivers—A study of their over-involvement ratio. *Proceedings of the 32nd Annual Meeting of the Human Factors Society* (Vol. 1, pp. 185-188). Anaheim, CA: The Human Factors Society.

Vingilis, F. R. (1983). Drinking drivers and alcoholics: are they from the same population? In R. G. Smart, F. B. Glaser, Y. Israel, H. Kalant, R. E. Popham, & W. Schmidt (Eds.), *Research advances in alcohol and drug problems* (Vol. 7, pp. 299-342). New York: Plenum.

Vingilis, E., & Macdonald, S. (2002). Review: drugs and traffic collisions. *Traffic Injury Prevention, 3*, 1-11.

Violanti, J. (1998). Cellular phones and fatal traffic collisions. *Accident Analysis and Prevention, 30*(4), 519-524.

Voas, R. B., Wells, J., Lestina, D., Williams, A., & Greene, M. (1998). Drinking and driving in the United States: the 1996 National Roadside Survey. *Accident Analysis and Prevention, 30*(2), 267-275.

Walker, G. H., Stanton, N. A., & Young, M. S. (2001). Where is computing driving cars? *International Journal of Human Computer Interaction, 13*(2), 203-229.

Wallace, B. (2003). External-to-vehicle driver distraction. *Scottish Executive Social Research Online Publications.* Retrieved October 13, 2004, from http://www.scotland.gov.uk/library5/finance/evdd.pdf

Watt, R. J. (1988). *Visual processing: computational, psychophysical and cognitive research.* Hillsdale, NJ: Lawrence Erlbaum Associates.

Weddenbumn, A. A. I. (1987). Sleepingonthe job: the useofanecdotesforrecordingrarebut serious events. *Ergonomics, 30*(9), 1229-1233.

West, R., Elander, J., & French, D. (1993). Mild social deviance, Type A behaviour and decision making style as predictors of self reported driving style and traffic accident risk. *British Journal of Psychology, 84*, 207-2 19.

Westerman, S. J., & Haigney, D. (2000). Individual differences in driver stress, error and violation. *Personality and Individual Differences, 29*, 981-998.

Western Australia Department of Transport. (1998). *Fatigue management for commercial vehicle drivers: operating standards for work and rest in the Western Australia road transport industry.* Perth: Western Australia Department of Transport.

Wickens, C. D. (1984). Processing resources in attention. In R. Parasuraman & D. R. Davies (Eds.), *Varieties of attention* (pp. 63-102). New York: Academic Press.

Wickens, C. D. (1992). *Engineering psychology and human performance* (2nd ed.). New York: HarperCollins.

Wierwille, W. W., & Tijenina, L. (1996). An analysis of driving accident narratives as a means of determining problems caused by in-vehicle visual allocation and visual workload. In A. G. Gale, I. D. Brown, C. M. Haslegmave, I. Moomhead, & S. P. Taylor (Eds.), *Vision in vehicles II* (pp. 79-86). Amsterdam: North-Holland.

Wierwille, W. W., & Tijerina, L., (1998). Modelling the relationship between driver in-vehicle visual demands and accident occurrence. In A. G. Gale et al. (Eds.), *Vision in vehicles VI* (pp. 233-243). Amsterdam: Elsevier.

Wilde, G. J. S. (1982). The theory of risk homeostasis: implications for safety and health. *Risk Analysis, 2*, 209-225.

Wilde, G. J. S. (1988). Risk homeostasis and traffic accidents: propositions, deductions and discussion of recent commentaries. *Ergonomics, 31*, 441-468.

Wilde, G. J. S. (2002). Does risk homeostasis theory have implications for road safety? *British Medical Journal, 324*, 1149-1152.

Wilkinson, R. T. (1964). Effects of up to 60 hours sleep deprivation on different types of work. *Ergonomics, 70*, 1750-1860.

Williams, A. F., & O' Neill, B. (1974). On-the-road driving records of licensed race drivers. *Accident Analysis and Prevention, 6*, 263-270.

Williams, G. W. (1963). Highway hypnosis: an hypothesis. *International Journal of Clinical and Experimental Hypnosis, 11*(3), 143-151.

Williams, G. W., & Shor, R. E., (1970). An historical note on highway hypnosis. *Accident Analysis and Prevention, 2*, 223-225.

Williams, M. J., & Hoffman, F. R. (1977). *The influence of motorcycle visibility on traffic accidents.* Melbourne, Australia: University of Melbourne, Department of Engineering.

Wilson, H. R., & Bergen, J. R. (1979). A four-mechanism model for spatial vision. *Vision Research, 19*, 1177-1190.

Wilson, R. J. (1990). The relationship of seat belt non-use to personality, lifestyle and driving record. *Health Education Research Theory and Practice, 5*, 175-185.

Wood, J. M., & Troutbeck, R. (1995). Elderly drivers and simulated visual impairment. *Optometry and Vision Science, 72*, 115-124.

Wulf, G., Hancock, P. A., & Rahimi, M. (1989). Motorcycle conspicuity: an evaluation and synthesis of influential factors. *Journal of Safety Research, 20*, 153-176.

Yantis, S., & Jonides, J. (1984). Abrupt visual onsets and selective attention: evidence from visual search. *Journal of Experimental Psychology: Human Perception and Performance, 10*(5), 601-621.

Yantis, S., & Jonides, J. (1990). Abrupt visual onsets and selective attention: voluntary versus automatic allocation. *Journal of Experimental Psychology: Human Perception and Performance, 16*, 121-134.

Yerkes, R. M., & Dodson, J. D. (1908). The relation of strength of stimulus to the rapidity of habit formation. *Journal of Comparative Neurology and Psychology, 18*, 459-482.

Young, M. S., & Stanton, N. A. (2002). Attention and automation: new perspectives on mental workload and performance. *Theoretical Issues in Ergonomics Science, 1*(2), 178-194.

Young, M. S., & Stanton, N. A. (2004). Taking the load off: investigations of how adaptive cruise control affects mental workload. *Ergonomics, 47*(9), 1014-1055.

Zuckerman, M. (1979). *Sensation seeking: beyond the optimal level of arousal.* Hillsdale, NJ: Lawrence Erlbaum Associates.

Zuckerman, M. (1994). *Behavioural expressions and biological bases of sensation seeking.* Cambridge: Cambridge University Press.

Zuckerman, M., Kolin, I., Price, L., & Zoob, I. (1964). Development of a sensation seeking scale. *Journal of Consulting Psychology, 28*, 477-482.

Zwahlen, H. T., Adams, C. C. Jr., & Schwartz, P. J. (1988). Safety aspects of cellular telephones in automobiles. *In Proceedings of the 18th International Symposium on Automotive Technology and Automation* (Vol. 1). Croydon, England: Allied Automation.

찾아보기

ㅇ

ㅈ

ㅊ

▶ **역자 소개**

이재식

- 서울대학교 심리학과 문학사
- 서울대학교 심리학과 문학석사
- 미국 University of Iowa, Department of Psychology, Ph.D.
- 현, 부산대학교 심리학과 교수

운전심리학

The Psychology of Driving

인 쇄 일: 2009년 9월 25일 초판 인쇄
발 행 일: 2009년 9월 30일 초판 발행
지 은 이: Graham Hole
역 자: 이재식
발 행 인: 구본하
발 행 처: 도서출판 박학사
등록번호: 제10-2230호
주 소: 서울시 마포구 서교동 460-26 동아빌딩 2층
전 화: (02)3142-3764~5
팩 스: (02)3142-3766
이 메 일: pakhaksa@kornet.net
홈페이지: www.pakhaksa.co.kr
I S B N: 978-89-91633-64-3

정가 18,000원

- 역자와의 합의하에 인지첨부는 생략합니다.

- 이 책은 본사의 허락 없이 어떠한 형태로든 일부 또는 전부를 무단복제 또는 무단전사를 할 수 없습니다.